物理类专业系列教材

热学

何丽珠 邵渭泉 编著

清华大学出版社
北京

内容简介

本书是编者在多年讲授热学课程的基础上，认真参考近年来出版的优秀热学教材，针对热学课时数较少的物理专业编写的。体系和内容符合教学需要，内容简明扼要，突出物理图像，适当降低了难度。本书包括六章：气体的平衡态及其物态方程、气体动理论的基本概念、气体分子热运动速率和能量的统计分布律、气体内的输运过程、热力学第一定律、热力学第二定律（同时介绍了信息熵、自由能、自由焓的概念）。在引言中简要列出热学发展史上的重要事件年表。各章思考题、习题的配置围绕最基本知识点内容，适当进行了知识的扩展和深化。

本书可作为高等院校物理类专业热学课程教材，也可供其他专业选用。

图书在版编目（CIP）数据

热学/何丽珠，邵渭泉编著. —北京：清华大学出版社，2013（2025.2 重印）
物理类专业系列教材
ISBN 978-7-302-32635-9

Ⅰ. ①热… Ⅱ. ①何… ②邵… Ⅲ. ①热学—高等学校—教材 Ⅳ. ①O551

中国版本图书馆 CIP 数据核字（2013）第 122408 号

责任编辑：邹开颜　赵从棉
封面设计：常雪影
责任校对：王淑云
责任印制：沈　露

出版发行：清华大学出版社
网　　址：https://www.tup.com.cn，https://www.wqxuetang.com
地　　址：北京清华大学学研大厦 A 座　　邮　　编：100084
社 总 机：010-83470000　　邮　　购：010-62786544
投稿与读者服务：010-62776969，c-service@tup.tsinghua.edu.cn
质量反馈：010-62772015，zhiliang@tup.tsinghua.edu.cn
印 装 者：三河市铭诚印务有限公司
经　　销：全国新华书店
开　　本：185mm×260mm　　印　　张：11.25　　字　　数：272 千字
版　　次：2013 年 10 月第 1 版　　印　　次：2025 年 2 月第 9 次印刷
定　　价：32.00 元

产品编号：044183-02

前　言

本书是编者在多年讲授热学课程的基础上，认真参考近年来出版的优秀热学教材，本着既简明扼要又能满足后期课程所需要的基础知识的原则，适应热学课程课时数较少的情况（周学时 2），为物理类专业所编写的一部热学教材。

全书共分 6 章，第 1 章介绍气体的平衡态、温标及气体的状态方程；第 2 章介绍气体动理论的基本概念；第 3 章介绍气体分子热运动速率和能量的统计分布律；第 4 章介绍近平衡系统中的输运现象，并说明输运现象的微观本质；第 5 章介绍热力学第一定律及所涉及的基本概念和经典实验；第 6 章介绍热力学第二定律、热力学熵及信息熵，为了与后继课程《热力学统计物理》较好地衔接，还介绍了自由能、自由焓的概念。受课时数的限制，《热力学统计物理》中作为重点内容的相变等概念在本书中没有进行深入讨论。为了使学生对热学的历史沿革有全面的了解，在引言中还简要列出热学发展史上的重要事件年表。在课程内容编排顺序上，兼顾了课堂教学的方便，例如将分子力、范德瓦尔斯方程和真实气体状态方程简介编在了一起。全书采用国际单位制。书中有 * 号的部分为选学内容。

《热学》课程的主要内容基本上属于经典物理学的范畴。本书对基本概念、基本规律和基本方法的阐述力求透彻清楚、层次分明，重视对学生分析问题、解决问题能力的训练和培养，加强物理思维方法训练，重视理论联系实际。广泛吸取相关教材灵活求新的优点，在不同章节中适当引入了与热学相关的物理学史、科学前沿和交叉学科领域等有关内容的介绍。

本书在各章例题、思考题及习题的选择方面，从夯实学生对基本概念、基本规律的理解出发，围绕最基本的知识点内容，适当进行知识的扩展和深化。题目难度由浅入深，循序渐进，既能满足大多数同学的学习要求，又能使学有余力的同学接触到较深层次的问题。其目的是为了让学生通过这些练习，逐步加深对热运动本质的认识，形成独立思考问题的能力，运用所学的热学知识去解释日常生活中所遇到的热现象，去理解科学领域中所研究的热运动的规律，从而激发学生学习的积极性，形成良好的科学思维能力。

编者对关心和支持本书编辑出版的清华大学出版社邹开颜编辑、赵从棉编辑以及有关同行表示衷心的感谢。编者深感要编写一部易教易学且有创新的基础课教材是一件相当艰巨的工作，由于时间和水平所限，书中难免有错误或不妥之处，恳请广大同行和读者批评指正。

本书可作为普通高校物理类专业的少课时的教材，也可作为理工非物理类专业的教材或参考书。

编者

2013 年 9 月

目　录

引　言

0.1　热学研究的对象和内容

0.1.1　热现象

热学(calorifics)或热物理学(thermal physics)是物理学中的一部分。它是一门研究由大量微观粒子所组成的宏观物质与**热现象**(thermal phenomenon)有关的性质及其与物质的其他运动形式之间转化规律的学科。从宏观上说,热现象是与物质冷热程度有关的现象,即与温度有关的现象。当物质的温度发生变化时,物质的许多物理性质及状态也发生了变化。例如,物质固、液、气各物态(亦称"聚集态",是物质分子集合的状态)的相互转变、热胀冷缩、高温退磁等现象。从微观上说,热现象就是宏观物质内部大量分子、原子、离子或电子等微观粒子的永不停息的、无规则运动的平均效果,大量微观粒子的这种杂乱无章运动称为物质的**热运动**(thermal motion)。在实际过程中,热现象和其他现象往往是相伴而生的,经常发生着各种运动形态之间的相互转化以及与之相关的能量变化。这些都是热学研究的基本内容。

0.1.2　热力学系统

热学中的研究对象称为**热力学系统**(thermodynamic system),简称系统,它是有明确边界的被研究的宏观客体,如各种气体、液体、液晶、金属材料、薄膜材料、等离子体等。系统边界可以是实在的,如气缸中的气体的边界就是气缸的内壁;系统边界也可以是虚拟的,如大块流体中的一部分等。系统边界以外所有与系统存在密切联系的部分称为**外界**(surroundings)或**环境**(environment),这种联系可理解为存在做功、热量传递和物质交换,一个重要的环境是热源或称热库。根据系统与外界的交换特点,通常把系统分为以下几种:不受外界任何影响的系统称为**孤立系统**(isolated system),即孤立系统是与外界既无能量交换,又无物质交换的理想系统;与外界不发生物质交换,但可交换能量的系统称为**封闭系统**(closed system),如一杯密闭的热水;既可与外界交换能量又可与外界交换物质的系统称为**开放系统**(open system),如一杯无盖的热水、活体生物等;不与外界发生热交换的系统称为**绝热系统**(adiabatic system)。

系统与外界的划分具有相对意义,哪一部分物质作为系统,哪一部分物质作为外界,要根据讨论的问题的具体条件而予以确定。

0.2　热学研究方法

热力学系统较力学系统复杂,涉及的内容较多,用来描述和研究热学中的研究对象的方法有宏观和微观两种。

0.2.1 宏观方法

我们把可以直接感受和观测、表征系统整体状态(大量微观粒子集体特征)的物理量称为**宏观量**(macroscopic quantity),如压强、温度、内能、热容量等。宏观研究方法所对应的宏观理论称为**热力学**(thermodynamics)。它是从系统功、能的角度出发,用观察和实验的方法得出最基本的实验规律,再结合物质的具体特性,应用数学方法,通过逻辑推理及演绎,归纳总结出有关物质各种宏观性质之间的关系以及宏观过程进行的方向和限度的规律。由于这种理论以大量实验为基础,因而其具有普适性、可靠性和简洁性,是完整的公理化体系。不论所研究的系统是天文的、化学的、生物的或是其他的,也不论涉及的现象是力学的、电磁的、天体的或其他的,只要与热现象有关,就应遵循热力学规律。由于热力学不考虑物质的微观结构,因而不能揭示宏观热现象规律的微观本质。这正是热力学理论的局限性和缺陷所在。

0.2.2 微观方法

从微观上看,热力学系统是由大量的微观粒子组成,数量以阿伏伽德罗常量 $N_A=6.022\times10^{23}\,\mathrm{mol}^{-1}$ 计。就物质中的单个粒子而言,由于受到其他粒子的复杂作用,其运动状态瞬息万变,显得杂乱无章且具有很大的偶然性。因而如果像力学那样去追踪每个粒子的运动、对每个粒子都列出相应的动力学方程,就得到同样数量积的微分方程和初始条件,即使能有性能良好的超强计算机来求解这样庞大的联立方程,也由于存在混沌而难以求解的。但从总体上看,大量微观粒子的热运动遵循着确定的规律,这种大量偶然事件的总体所具有的规律性称为**统计规律性**(statistical regularity)。物质的热现象是大量微观粒子热运动的集体表现,服从统计规律。事实上,当我们关心的是系统的宏观性质而不是个别粒子的行为时,就没有必要精确地了解每个微观粒子在每个时刻的运动状态,只要知道单个微观粒子的统计行为或大量微观粒子的集体行为就可以。统计规律性使问题得到简化,因此我们用统计方法(微观研究方法)来研究热现象规律。

把表征个别粒子行为特征的物理量称为**微观量**(microscopic quantity),如分子的质量、速度、能量、动量等。微观量一般不能直接加以测量。微观研究方法所对应的微观理论称为**统计物理学**(statistical mechanics)。这种理论是从物质的微观结构出发,依据微观粒子所遵循的力学规律,对大量粒子的总体,应用统计方法找出微观量与宏观量之间的关系,讨论物质热运动所遵循的规律,将理论上得到的结果与实验进行对比、验证和修改,从而得到热现象规律。由于微观研究方法深入到了系统的内部,因此这种方法的优点是能揭示热现象的微观本质,正好弥补了热力学的缺陷。其缺点是会受到微观模型的局限,所得理论的正确性需要通过热力学来检验和证实。

热学研究的宏观理论和微观理论解决的问题是一致的,都是研究物质热现象性质和规律的学科。二者从不同角度研究物质的热现象性质和规律,自成独立体系。同时,又存在必然的联系,宏观性质是系统中大量微观粒子热运动的集体表现,宏观量是微观量的统计平均值。两种理论彼此密切联系,相辅相成,相互补充,使热学成为联系微观世界与宏观世界的一座桥梁。

本书的内容属于普通物理的热学,只讨论热力学的一些最基本的概念和规律,对统计物理学只讨论其中的初级理论——**气体动理论**(kinetics of gas molecules)部分。它从气体微观结构的理想模型出发,运用统计平均方法研究气体在平衡态下的热学性质以及由非平衡态向平衡态的转变过程等问题。它只是对经典统计物理学的基本出发点和工作模式的初步介绍。

热学中一般不考虑系统作为一个整体的宏观的机械运动(例如装有气体的容器的整体平动或转动),而认为系统处于相对静止状态。若系统在做整体运动,则常把坐标系建立在运动的物体上。

0.3 热学发展史上重要纪年简表

0.3.1 量热学与热力学

1592—1600年间,意大利科学家伽利略(Galileo Galiliei,1564—1642)利用热胀的性质制成了人类第一个显示冷热变化的仪器——空气温度计,开始了对物体的冷热程度(温度)进行定量测定的研究,这可作为"测温学"(thermometry)的开端。

1690年,英国哲学家洛克(John Locke,1632—1704)根据人们对物体冷热程度的感觉,提出了"热接触"和"热平衡"的概念。虽然这些概念是凭借人的感觉建立的,并不可靠,但它们对"测温学"的早期发展具有指导意义。

1714年和1742年,德国物理学家华仑海特(Gabriel Daniel Farenheit,1686—1736)和瑞典科学家摄尔修斯(Anders Celsius,1701—1744)分别建立了华氏温标和摄氏温标。

1620年,英国的唯物主义哲学家弗兰西斯·培根(Francis Bacon,1561—1626),通过两个物体之间的摩擦所产生的热效应,认为"热是运动",这可看作是人们对"热量"的本质进行科学研究的开端。热的"运动学说",在17世纪是一种比较流行的、被很多著名科学家所接受的学说。例如,波义耳(Robert Boyle,1627—1691)、笛卡儿(Rene Descartes,1596—1650)、牛顿(Isaac Newton,1642—1727)、胡克(Robert Hooke,1635—1695)、惠更斯(Christiaan Huygens,1629—1695)、洛克等著名学者都持这种观点。但由于当时还缺乏精确的实验依据,因此尚未形成科学的理论。到了18世纪,受古希腊的原子论的影响,人们认为热和冷都是由特殊的"热原子"和"冷原子"引起的。通过对"比热"及"潜热"的实验研究,提出了"热质说"(The Caloric Theory)。该理论认为"热质是一种到处弥漫的、细微的、不可见的流体",它是"既不能被创造也不会被消灭的"。作为量热学"理论"基础的"热质说",可以被用来似是而非地解释一些热现象,例如,物体的热胀冷缩、比热、潜热等,因此,这种错误观点也延续了将近80年。

1798年,英国学者伦福德(Count Rumfort,原名 Benjamin Thompsor,1753—1814)的著名的炮筒镗孔摩擦生热实验,以及1799年,英国科学家戴维(Humphry Davy,1778—1829)的两块冰在真空中相互摩擦熔化实验,有力地批驳了"热质说",指出"热是一种运动的方式,而绝不是一种神秘的、到处存在的物质"。

1827年,英国科学家布朗(Robert Brown,1773—1858)发现悬浮在液体中的细微颗粒在不断地做杂乱无章的运动,这是分子运动论的有力证据。

1712年,英国工程师纽科门(Thomas Newcomen),1764—1784年间,英国发明家瓦特

(James Watt),1804 年,爱文司(Oliver Evance)及 1829 年,史蒂文森(George Stephenson)等人,对早期的蒸汽动力机械作了重大的改进,并使蒸汽机逐步推广到煤矿开采、纺织、冶金、交通运输等部门。随着蒸汽机的广泛应用,促使人们对水蒸气热力性质进行研究并进行改善蒸汽机性能的研究,从而推动了热力学的发展。

1824 年,法国青年工程师卡诺(Sadi Carnot,1796—1832)发表了他人生中唯一的一篇不朽的论文《关于热动力的见解》。尽管他的论证依据(用"热质"守恒的观点)是错误的,但他所提出的卡诺定理是正确的。卡诺定理指出了热功转换的条件及热效率的最高理论限度,为热力学第二定律的建立奠定了基础。卡诺定理的提出,是一个重要的里程碑,标志着热力学的发展进入一个新的历史时期。

1840—1850 年间,英国科学家焦耳(James Prescott Joule,1818—1889)在大量实验研究的基础上,发现并提出了热功当量、焦耳-楞次(Joule-Lenz)定律,并进一步把这种当量关系扩展到电热现象。焦耳先后于 1843 年、1845 年、1847 年、1849 年直至 1878 年测量热功当量,历经 40 年,共进行 400 多次实验,为热力学第一定律的建立奠定了坚实的实验基础。

1842 年,德国医生迈耶(Robert Mayer,1814—1878)在"量热学"现成数据的基础上,得出了迈耶公式($R=C_p-C_V$);并把比热差公式中气体常量 R 的热学单位,与理想气体物态方程($pV=RT$)中气体常量 R 的力学单位相比较,得出热功当量关系。1847 年,德国物理学家和生理学家亥姆霍兹(Hermann von Helmholtz,1821—1894)采用不同的方法,证实了各种不同形式的能量(如热量、电能、化学能)与功量之间的转换关系,确定了热力学第一定律,即能量守恒定律。

1848 年,英国物理学家开尔文(Lord Kelvin,原名 William Thomson,1824—1907)根据卡诺定理,建立了与工作物质性质无关的热力学温标(也称开尔文温标),并提出采用一个固定点的建议。开尔文温标的建立,为"测温学"与热力学基本定律之间建立了联系,是"测温学"的一个重要进展。

1850 年,德国物理学家克劳修斯(Rudolph Clausius,1822—1888)提出了热力学第二定律的如下表述:"不可能使热量从低温物体传到高温物体而不引起其他变化",并应用此表述重新证明了卡诺定理。并把卡诺定理推广到任意循环,提出了著名的克劳修斯不等式,并于 1865 年正式命名为熵。1851 年,开尔文在卡诺原理的基础上,提出了热力学第二定律的如下表述:"不可能从单一热源吸热使之完全转变为功而不产生其他的影响"。

1868 年,英国物理学家麦克斯韦(Jemes Clark Maxwell,1831—1879)提出了温度的定性定律,他指出:"温度是表征一个物体与其他物体交换热量能力的热状态参数","如果两个物体处于热接触,其中一个失去热量,而另一个物体得到热量,则失去热量的物体比得到热量的物体具有更高的温度","与同一物体具有相同温度的其他物体,它们的温度都相等"。这为热力学第零定律奠定了基础。1931 年,福勒(R. H. Fowler)正式提出了热力学第零定律,可表述为:"两个系统与第三个系统处于热平衡,则这两个系统也处于热平衡。"

1906—1912 年间,德国化学物理学家能斯特(Walther Nernst,1864—1941)提出:"当温度趋近绝对零度时,化学均匀的凝聚物(有限密度的固体或液体)在两个不同的状态之间的熵的变化等于零"。这条热定律是最早的热力学第三定律的表述形式。1910 年,德国物理学家普朗克改述为:"当温度趋近绝对零度时,化学均匀的凝聚物的熵值趋近于零",建立了"绝对熵"的概念。1940 年,古根海姆(E. A. Guggenheim)提出了温度的绝对零度不可达原理。他指出："不可用任何有限的步骤使一个系统的温度降低到绝对零度。"1951 年，捷门斯基(M. W. Zemansky)提出了比较明确的热力学第三定律的表达形式，他指出："当温度趋近于绝对零度时，任何可逆的等温过程中的熵变趋近于零。"

0.3.2 经典统计物理

1857 年，克劳修斯第一次明确提出了物理学中的统计概念，他运用统计方法正确地导出了玻意耳定律等，统计概念对统计力学的发展起了开拓性的作用。

1860 年，麦克斯韦第一个运用数学统计的方法推导出了有关分子运动的麦克斯韦速度分布律，找到了由微观量求统计平均值的切实的途径，为气体分子运动论奠定了可靠的基础。

1868—1871 年间，奥地利物理学家玻尔兹曼(Ludwig Boltzmann，1844—1906)把麦克斯韦在分子碰撞下呈现的速度分布律推广到有外力场作用的情况，得出了粒子按能量大小分布的规律。1872 年，建立了气体在非平衡状态下的分布运动方程，指出在气体中一旦建立起麦克斯韦分布，这个分布就不会因为分子的碰撞而破坏。在统计物理学研究中，提出了研究宏观平衡性质的概率统计法和系统统计法，导出了计算涨落的普遍公式。

1877 年，玻尔兹曼进一步研究了热力学第二定律的统计解释，证明出熵与微观状态数目 W 的对数成正比。后来，普朗克把这个关系写成 $S=k\ln W$。

1902 年，美国物理化学家吉布斯(Josiah Willd Gibbs，1839—1903)完成了热力学与分子运动论两个方面的理论综合，建立了经典统计物理学(用经典的方法描述微观粒子的运动)。

在 20 世纪量子力学建立后，经典统计物理学在量子力学的基础上发展成为量子统计物理学(认为微观粒子服从量子力学规律)。与非平衡态热力学紧密联系的是非平衡态统计理论(包括输运现象、涨落、非平衡相变的研究：物质的自组织现象、耗散结构的形式)。非平衡态统计理论已成为当前统计物理中最活跃的前沿，并且与越来越多的领域(如生化基本过程、化学、流体、等离子体、固体、天体结构等)发生密切关系，受到各方面的重视。

第1章　气体的平衡态及其物态方程

1.1　平衡态　物态参量

1.1.1　热力学系统的平衡态与非平衡态

一定的热力学系统，在一定的条件下具有一定的热力学性质，处于一定的宏观状态，称之为系统的**热力学状态**(thermodynamic state)，简称状态。热力学系统按所处的状态不同，可以分为平衡态系统和非平衡态系统。在不受外界影响的条件下，一个系统的宏观性质不随时间改变的状态称为**平衡态**(equilibrium state)，反之称为**非平衡态**(non equilibrium state)。

图1-1所示是中间有一个隔板的绝热容器，起初左边密封有气体，右边为真空，左边气体有确定的体积、温度和压强。抽去隔板后气体向右边扩散，隔板刚抽走的瞬间，系统处于非平衡态。但是经过并不很长的时间，气体分子已经均匀分布在整个容器中，气体也有相应的体积、温度和压强。此时从微观上看，虽然气体分子的运动状态时刻在变，但空间各处的分子数密度相同，气体的所有宏观性质不随时间改变，气体处于平衡态。

由于平衡态是热力学系统宏观状态的重要的特殊情形，因而必须对它作以下几点说明。“不受外界影响”是指外界对系统既不做功又不传热，也没有电磁作用和化学作用，总之，系统与外界无能量交换，这是必不可少的条件。若系统与外界接触，只要外界条件不变，已经处于平衡态的系统可以长时间处于此状态。当外界条件改变时，状态也相应变化，但经过一段时间后，又达到新的平衡态。例如，在密闭容器内装有一定的液体(如保温杯中的热水)，在某温度下蒸发，经过一段时间后达到饱和状态，蒸发现象停止，液体和液体蒸汽都不再发生宏观变化，也就是说，系统处于平衡状态。若将外界条件改变，例如对容器加热，则平衡态受到破坏，温度升高。加热后，温度升高到另一温度，系统达到新的平衡态。要注意区分平衡态与稳定态，如果外界对系统做功或有热流(**单位时间流过的热量**)，即使各部分的宏观性质不随时间变化，也不是平衡态。这种在外界条件影响下(做功或有热流)而达到的稳定不变的状态称为**稳定态**。例如，金属杆的一端浸在沸水中，另一端浸在冰水混合物中，如图1-2所示，这时有热流从高温端流向低温端，经过一段时间后，杆上各点的冷热程度虽然不同，但不随时间改变，这个金属杆受到外界的影响(有热流)，故系统(金属杆)处于稳定态，而不是平衡态。接通电源的电炉，长时间后达到稳定的温度，但由于炉丝中有电流的流动，

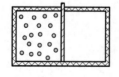

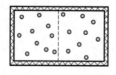

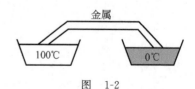

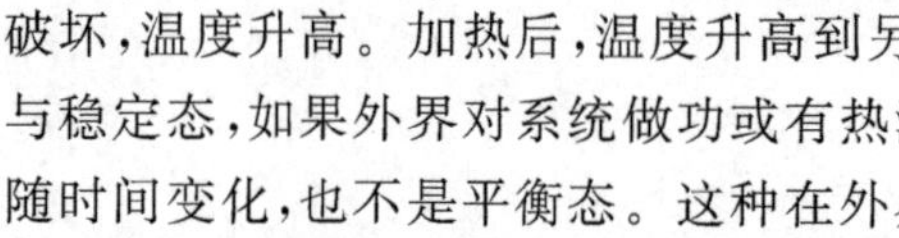

图　1-1

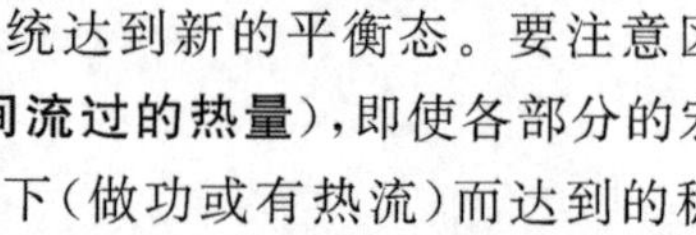

图　1-2

即有外界的影响，故电炉处于稳定态而不是平衡态。因此，不能单纯地把“宏观状态不随时间变化”看作平衡态与非平衡态的判别标准，正确判别平衡态的方法应该看是否存在热流与粒子流。这是因为热流和粒子流都是由系统状态变化或系统受到外界影响引起的。

“宏观性质不随时间改变”并不是说宏观性质处处相同。宏观性质是否处处相同，要根据具体情况而定。当无外力场或外力场可忽略不计时，处于平衡态下的均匀系统的各种宏观性质不但不随时间改变，而且各处相同；处于平衡态的非均匀系统（如上所说的密闭的水与水蒸气所组成的系统）的各种宏观性质不随时间改变，但不一定各处相同。非均匀系统的一些宏观性质各处相同，另一些则不一定各处相同，但是可将非均匀系统分成很多均匀部分，每一部分的宏观性质则处处相同，当有外力场（如重力场）作用时，处于平衡态的系统的某些宏观性质则各处不同。例如，在地面上不同高度处，大气的压强和密度都不相同。

处于平衡态时，系统的宏观性质虽然不随时间变化，但组成物质的分子却在永不停息地做无规则运动，只是大量分子运动的统计平均效果不变。系统处于平衡态时，系统宏观性质的数值（观测值）仍会出现偏离统计平均值的现象，称为**涨落现象**（fluctuation）。例如，处于平衡态下的气体的压强和温度值会偏离统计平均值。因此，平衡态的概念是相对的，不是绝对的。热力学的平衡状态是一种动态平衡，称为**热动平衡**（thermal equilibrium），简称**热平衡**。如上面讲的密闭容器内装有一定的液体（如热水）的例子，它在一定的外界条件（温度一定）时达到饱和状态（平衡态）。实际上，液体分子在不断地蒸发，气态分子在不断地凝结，达到饱和状态时，逸出液面的分子数与进入液体的分子数大致相等。

必须指出，处于平衡态的物体必须满足一定的平衡条件，包括力学平衡（在无外场时表现为系统内部各处压强相等），热平衡（温度相同），相平衡（若无相变的情形，则不考虑），化学平衡（本书只讨论无化学反应的情形）。因此，对于外力场作用可忽略的一定质量的气体而言，必须在各处的压强、温度相等时才是平衡态。任何一种平衡的破坏都将引起系统平衡态的破坏。

在现实生活中，不会有完全不受外界影响而宏观性质永远保持不变的系统存在，所以平衡态是理想概念，是最简单的和最基本的，是外界条件变化很慢时的近似。但有很多实际问题可以近似作为平衡态处理。因而，研究平衡态问题不仅具有理论意义，而且具有现实意义。

1.1.2 物态参量

如何描述一个热力学系统的平衡态？在力学中，物体的机械运动状态是由它的位置和动量来进行描述的，位置和动量就是表征物体机械运动状态的两个参量。对于热力学系统来说，当系统处于平衡态时，系统的宏观性质不随时间改变，因而可以用某些确定的物理量来描述系统的宏观性质。描述系统宏观性质和状态（平衡态性质）的物理量称为**物态参量**（state parameter）。热力学系统的物态参量可以分为几何、力学、电磁、化学和热学参量五类。

为了确定热力学系统的空间范围，需要引入几何参量。因为常见的热力学系统一般都分布于三维空间，所以常见的几何参量是体积。对于气体来说，几何参量就是气体的体积，是气体所能达到的空间即容器的体积，记为 V，在国际单位制（SI）中，体积的单位为立方米，

记为 m^3；实际应用中，体积的单位也常用升，记为 L，$1L=10^{-3}m^3$。对于某些特殊的热力学系统，有时以模型形式假定为一维或二维的。从而对一些特殊的热力学系统，其几何参量可以是长度或面积。

热力学系统与外界之间可能有相互作用，系统各部分之间通常也有相互作用，因此，力是热学中的一个重要的力学参量。因为单位面积所受的垂直压力为压强，所以，热力学系统常见的力学参量是压强(pressure)，记为 p。在国际单位制(SI)中，压强的基本单位为帕斯卡，简称帕，记为 Pa，

$$1\text{Pa}=1\text{N/m}^2$$

由于历史原因，在气象学、医学、工程技术等领域的各国文献中常用一些其他单位。如巴(bar)、毫米汞柱(mmHg)或托(Torr)、标准大气压(atm)等，它们之间的换算关系为

$$1\text{bar}=1.0\times10^5\text{Pa}$$

$$1\text{atm}=760\text{mmHg}=1.01325\times10^5\text{Pa}$$

$$1\text{Torr}=1\text{mmHg}$$

对于混合气体系统，在一定的条件下可能有化学反应，从而需要化学物态参量。表征系统化学组分的化学参量是**物质的量**，记为 ν。物质的量的单位为摩尔，记为 mol。1mol 物质所包含的基本单元(可以是分子、原子、离子、电子或其他粒子)的数目与 0.012kg 碳-12(^{12}C)的原子数相等，它对任何物质都为一个常数，称为阿伏伽德罗常量(A. Avogadro number)，记为 N_A。

$$1N_A\approx6.0221367\times10^{23}\text{mol}^{-1}$$

1mol 物质的质量称为该物质的**摩尔质量**，记为 M_m。

热力学系统可能受到电场或磁场的作用，有些系统本身就带电或具有磁性。因此，除了上述几类参量外，还需要电磁物态参量来描述系统的平衡态。例如，当有电磁场作用时，则需要加上电场强度、电极化强度、磁感应强度、磁化强度、电容和电阻等电磁参量来描述系统的电磁状态。

由于热学研究的特点是一切热现象及物质热运动的性质和规律，都与直观上可以感知的物体的冷热程度有关。那么，为了完备地描述热力学系统的宏观状态，需要引入一个表征物体(或系统)冷热程度的**热学参量**(thermal parameter)，该参量称为温度(temperature)，记为 T。关于温度的概念见 1.2 节。

1.2 温度

1.2.1 热力学第零定律

温度是表征物体冷热程度的物理量，是热力学中的核心概念之一。1690 年，英国哲学家洛克(John Locke，1632—1704)设计了一个简单的实验。将左手放入热水中，右手放入冷水中，然后双手同时放入同一个温水中，则左手会感觉水冷，右手会感觉水热。这个实验说明，由于人的主观因素的影响，只凭触觉来判断物体的温度的高低是不可靠的。因此，要正确地定量表示物体的温度，必须对温度的概念给出严格的、科学的定义。

温度的概念的建立和温度的定量测量都是以热平衡现象为基础的。

1. 热平衡实验

假设有两个热力学系统(物体)A 和 B,处在各自的平衡态,如图 1-3 所示。现在使系统 A 和 B 互相接触,如果二者之间是用刚性绝热板(insulating wall)(如厚石棉板等)隔开(无热交换),则 A、B 两系统互不影响,仍各自处于平衡态。如果二者之间是用刚性导热板(diathermanous wall)(如金属板)隔开(有热交换),使它们之间能发生热传递,这种接触称为**热接触**(thermal contact)。一般说来,热接触后系统 A 和 B 的状态都将发生变化,但经过充分长的一段时间后,系统 A 和 B 将达到一个共同的平衡态。由于这种共同的平衡态是在两系统有传热的条件下实现的,因此称为**热平衡**(thermal equilibrium)。然后再将它们分开,它们仍各自保持热平衡状态不变。

2. 热力学第零定律(热平衡定律)

如果有 A、B、C 三个热力学系统,如图 1-4 所示。系统 A 和系统 B 用刚性绝热板隔开,但各自经刚性导热板同时与系统 C 热接触,经过一段时间后,它们都分别与系统 C 处于热平衡状态。再将系统 A、B 用绝热板与系统 C 分开,将系统 A、B 间的绝热板换成导热板,使系统 A、B 热接触,则系统 A、B 的状态也不再发生变化。这就表明系统 A、B 已达到热平衡。通过大量的实验事实,概括为一条定律。

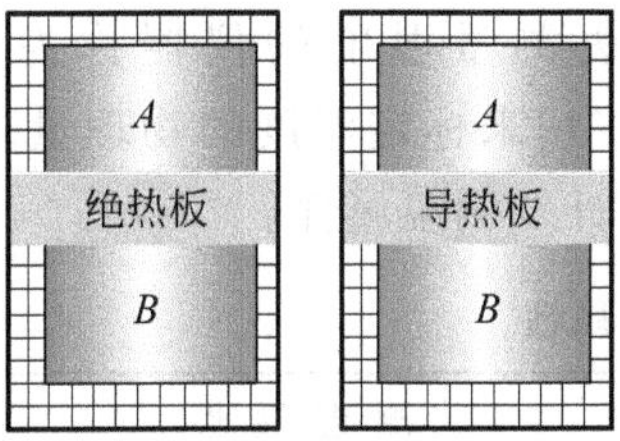

图 1-3　绝热板与导热板

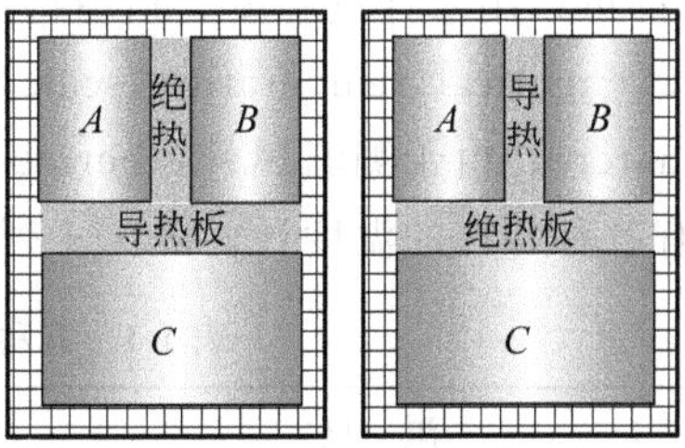

图 1-4　热平衡实验

如果两个热力学系统中的每一个都与第三个热力学系统处于热平衡,则它们彼此也必定处于热平衡,这称为**热力学第零定律**(zeroth law of thermodynamics),也称**热平衡定律**。这个定律道理很简单,但并非显然如此。例如,两块铁都能吸引磁铁,但它们彼此并不能相互吸引。之所以称为第零定律是因为在 1931 年福勒(R. H. Fowler)正式提出这个定律之前已经建立了热力学第一、二定律,但从性质上说,这个有关热平衡的定律更基本,应该在热力学第一、二定律之前,所以称为热力学第零定律。由于这是有关热平衡的规律,因而又称为热平衡定律。热力学第零定律为温度概念的建立提供了可靠的实验基础。

1.2.2　温度、温标

1. 温度

根据热力学第零定律,我们有理由相信,处于同一热平衡状态的所有热力学系统都具有某种共同的宏观性质,描述这个宏观性质的物理量就是**温度**(temperature),也就是说,一切互为热平衡的系统都具有相同的温度①。经验表明,当几个系统作为一个整体已经达到热

① 关于热力学第零定律与温度的进一步讨论可参考李椿等编著的《热学》(第 2 版)第 26 页的内容。

平衡后，如果再将它们分开，并不会改变各个系统本身的热平衡状态。由此可见，温度是一个宏观概念，量化以后就是一个宏观量，与系统和何种介质相接触及经过哪条路径到达这个平衡状态无关。上面对温度的定义并未限制温度的范围、方向甚至正负。

2. 测温的基本依据

一切互为热平衡的系统都具有相同的温度。这不仅给出了温度的基本概念，也指出了比较温度、测量温度的方法。我们在比较两物体的温度时，不需要使两物体直接接触，只需要取一个标准物体分别与这两个物体进行热接触。这个作为标准的物体就是温度计，而温度计的计数值可通过平衡态的物态参量表示，测温时将温度计与待测物体接触，经过一段时间达到热平衡，由于温度计的热容量小，则加入温度计测出的温度与未加温度计时待测物体的真实温度基本无异。于是，温度计指示的数值(温标)就是待测物体的温度。

3. 温标

为了定量地测量温度，给出温度的数值表示方法，就必须制定一个标准。温度的数值表示就是**温标**(temperature scale)。

我们知道物质的许多属性(如压强、体积、电阻、热电动势、光的亮度等)都随着物体冷热程度的变化而发生变化。一般来说，任何物质的任一属性，只要它随冷热程度发生单调的显著的变化都可以用来计量温度。利用特定物质的一种随温度变化的属性来建立的温标称为**经验温标**(empirical temperature scale)。按经验温标去测量温度的仪器称为**温度计**(thermometer)。由于测温属性(thermometric property)(用来标定温度的物理量)各不相同，因而有各种各样的温度计。表 1-1 列出一些常用温度计及测温属性。

表 1-1 几种常用温度计和测温属性

温度计		测温属性
液体温度计	水银温度计	体积
	酒精温度计	
定容气体温度计		压强
定压气体温度计		体积
铂电阻温度计		电阻
热电偶温度计		温差电动势
光学高温计		光亮度或黑体辐射的全辐射定律

温标的选取不仅要考虑实验上的方便，还要依据在表述物理定律时此温标是否有效而定。建立经验温标的要素有：①选择测温物质(thermometric substance)；②选择物质的测温属性(thermometric property)；③选定固定点；④进行分度，即对测温属性随温度变化的关系做出规定。通常为线性关系，$T=\alpha x$，其中 α 为与测温属性 x 无关的待定系数，由所选的固定点决定。自 1954 年以后，为了提高标定的温度的准确性，国际上规定只采用一个固定点确定系数 α，这个固定点就是水的三相点(the triple point)。水的三相点是指纯水、纯冰和水蒸气三相平衡共存的状态，水的三相点温度值规定为 273.16 开尔文，记为 273.16K。该状态只有在一定压强(6.106×10^2 Pa)和一定温度下才能实现，因而这个状态是唯一的。

几种常见物质三相点的数据见表1-2。

三相点亦称"三态点"。一般指各种稳定的纯物质处于固态、液态、气态三个相(态)平衡共存时的状态。该点具有确定的温度和压强。所谓相，指的是系统中物理性质均匀的部分，相与相间必有明显可分的界面。例如，食盐的水溶液是一相，若食盐水浓度大，有食盐晶体，即成为两相。水和食油混合，是两个液相并存，而不能成为一个相。水在三相平衡共存的状态称为水的三相点状态。其中的水、水蒸气、冰都是物理、化学性质完全相同、成分相同的均匀物质的聚集态，并且有边界把它们分隔开。水、冰和汽三相共存时，其温度为273.16K(0.01℃)，压强为6.106×10^2Pa。由于在三相点物质具有确定的温度，因此用它来作为确定温标的固定点比汽点和冰点具有优越性，所以三相点这个固定温度适于作为温标的基点，现在都以水的三相点的温度作为确定温标的固定点。

下面我们以水银温度计为例来说明摄氏温标(由瑞典天文学家摄尔修斯(Anders Celsius,1701—1744)在1742年建立)是如何建立的。水银温度计是以水银作为测温物质，以水银的体积作为测温属性，摄氏温度的单位为摄氏度，记为℃。在一个标准大气压下，选水的冰点的温度为0℃，沸点的温度为100℃，设水银体积随温度作线性变化，即记摄氏温度t(℃)与水银柱长度(水银体积)L的关系为

$$t(L)=aL+b$$

再记$t=0$℃时，水银柱长度为L_i，$t=100$℃时，水银柱长度为L_s，则有

$$t(L)=100\,\frac{L-L_i}{L_s-L_i}$$

于是从水银柱的长度L即可直接读得温度t的数值。若将沸点与冰点中间等分100份，则一份为一个单位，即1℃。这种温标简单方便，但测温范围小(一般在−30～300℃)，受水银凝固点和沸点的限制。

表1-2　几种物质三相点的数据

	温度/K	压强/Pa		温度/K	压强/Pa
氢	13.81	7038.2	氮	63.18	12 530.2
氘	18.63	17 062.4	二氧化碳	216.55	517 204
氖	24.56	43 189.2	水	273.16	610.6

例题1-1　设水银温度计浸在冰水中时，水银柱的长度为0.040m。温度计浸在沸水中时，水银柱的长度为0.240m。

(1) 在室温22.0℃时，水银柱的长度为多少？

(2) 温度计浸在某种沸腾的化学溶液中时，水银柱的长度为0.254m，试求溶液的温度。

解：设水银柱长L与温度t之间的线性关系为：

$$L=at+b$$

当$t_i=0$℃时，则$L_0=a\times0+b$，得$b=L_0$；

当$t_s=100$℃时，则$L_{100}=a\times100+b$，得$a=\dfrac{L_{100}-L_0}{t_2}$；

所以

$$L = \frac{L_{100} - L_0}{t_2} t + L_0$$

(1) 在室温 22.0℃时，水银柱的长度为

$$L = \frac{L_{100} - L_0}{t_2} t + L_0 = \frac{0.240 - 0.040}{100} \times 22.0 + 0.040 = 0.084(\mathrm{m})$$

(2) 温度计浸在某种沸腾的化学溶液中，水银柱长度 0.254m，相应溶液的温度为

$$t = \frac{L - L_0}{L_{100} - L_0} t_2 = \frac{0.254 - 0.040}{0.240 - 0.040} \times 100 = 107(℃)$$

实验表明，选择不同测温物质（如水银、酒精等）或同一物质的不同测温属性（如体积、压强等）所确定的经验温标，除固定点（如冰点、沸点）一致外，其他温度并不严格一致。即**不同测温物质或同一物质的不同测温属性所确定的温标不会严格一致**。例如，利用摄氏温标下的二氧化碳定压温度计、铂电阻温度计或其他温度计，测量一系列状态的温度所得的结果，相对于横坐标氢定体温度计测量结果的差别如图 1-5 所示。究竟将哪种物质的哪种属性作为温标更符合实际？为了使温度的计量统一，需要建立统一的温标，以它为标准来校正其他各种温标。由图 1-5 可知，二氧化碳定压温度计测量的结果与氢定体温度计测量结果的差别相对其他温度计最小。进一步的实验表明，各种气体温度计的测量结果比较接近。特别是随着气体温度计中的气体压强的减少，不同气体温度计的测量结果之间的差异也随之减少。于是，为建立统一的温标可选低压气体作为测温物质。在温度的计量工作中，实际采用的是理想气体温标为标准温标，这种温标是用气体温度计来实现的。

4. 理想气体温标

1) 气体温度计

现在我们来讨论气体温标。气体温度计分为定体气体温度计（气体的体积保持不变，压强随温度改变）和定压气体温度计（气体的压强保持不变，体积随温度改变）。定压气体温度计结构复杂，不便操作，一般使用定体气体温度计。

图 1-6 是定体气体温度计的示意图，测温泡 B（其材料由待测温度范围和所用的气体决定，如玻璃、石英、瓷料、铂或铂铱合金等）内储存有一定质量的气体（一般装有氦、氢或氮

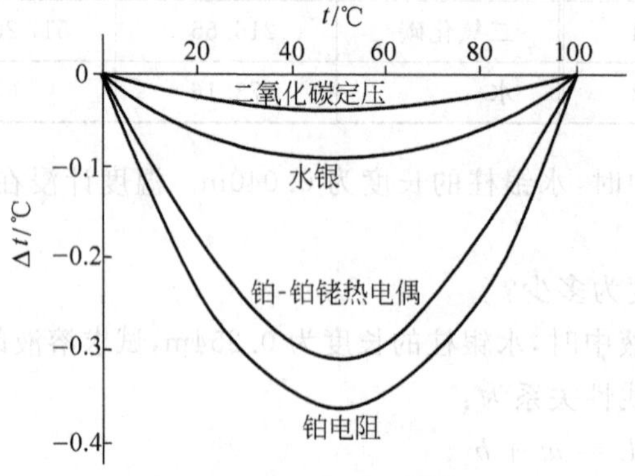

图 1-5　横坐标 t 表示氢定体温度计的读数，纵坐标 Δt 表示其他温度计相对氢定体温度计测量结果的偏差

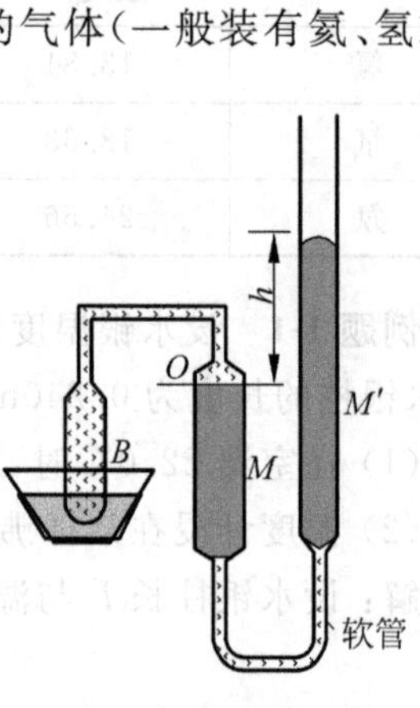

图 1-6　定体气体温度计

气)，经毛细管与水银压强计的左臂 M 相连。测量时，使测温泡 B 与待测系统相接触，然后上下移动压强计的右臂 M'，使左臂 M 中的水银面在不同的温度下始终保持固定在同一位置 O 处，以保持气体的体积不变。当待测温度不同时，气体温度计的测温泡内气体的压强不同，即测温属性为压强，这个压强可由压强计两臂水银面的高度差 h 和右臂上端水银面所受的大气压强求得。这样，就可由压强随温度的改变来确定温度。测温规定，体积一定时温度 T 随压强 p 作线性变化，即

$$T(p) = \alpha p \tag{1.2.1}$$

式中，α 为比例系数，由固定点确定。选取水的三相点为固定点，规定在三相点有

$$T_{tr} = 273.16\text{K}$$

令 p_{tr} 为温度计测温泡内气体在水的三相点时的压强，则

$$T_{tr} = \alpha p_{tr}$$

$$\alpha = \frac{T_{tr}}{p_{tr}} = \frac{273.16K}{p_{tr}}$$

将 α 代入式(1.2.1)中得定体气体温标公式为

$$T(p) = T_{tr}\frac{p}{p_{tr}} = 273.16K\frac{p}{p_{tr}} \tag{1.2.2}$$

设右臂上端水银面所受的大气压强为 p_0，则测温泡内的气体压强 p 可表示为

$$p = \rho g h + p_0$$

代入式(1.2.2)就可得到待测系统的温度 T。

在实际测量过程中，还必须考虑到各种误差的影响。例如，测温泡和毛细管的体积随温度的改变，以及毛细管内那部分气体的温度与待测温度不一致等。因此，还必须对测量的结果进行修正。

对于定压气体温度计，测温属性为体积，将式(1.2.2)中的压强 p 换成体积 V，得到定压气体温标公式为

$$T(V) = T_{tr}\frac{V}{V_{tr}} = 273.16\text{K}\frac{V}{V_{tr}} \tag{1.2.3}$$

式中，V_{tr} 为温度计测温泡内气体在水的三相点时的体积；V 为在任一待测温度 $T(V)$ 时的体积。

2) 理想气体温标

气体温度计测温泡中的气体在水的三相点时的压强 p_{tr} 取决于气体的性质和量。现在用某种定体气体温度计来测量水的沸点温度 T_s。所得到的温度 T_s 与 p_{tr} 有关，减少测温泡中气体的量，使 p_{tr} 逐渐减小，依次重复测量沸点的温度，可以得到一系列的(T_s，p_{tr})值。取 p_{tr} 为横坐标，T_s 为纵坐标作图，就可得到一条直线。将这条直线外推至 $p_{tr}=0$，此直线与纵坐标的交点就是沸点温度。即 $p_{tr}\to 0$ 时，沸点温度的极限值为 373.125K。图 1-7 中给出了用不同定体气体温度计测量水的沸点温度的结果，在给定的 p_{tr} 下各种定体气体温度计所测得的结果并不相同，但随着 p_{tr} 的减小，测量结果的差异也在减小。实验结果表明，对于不同量的不同气体，只有当

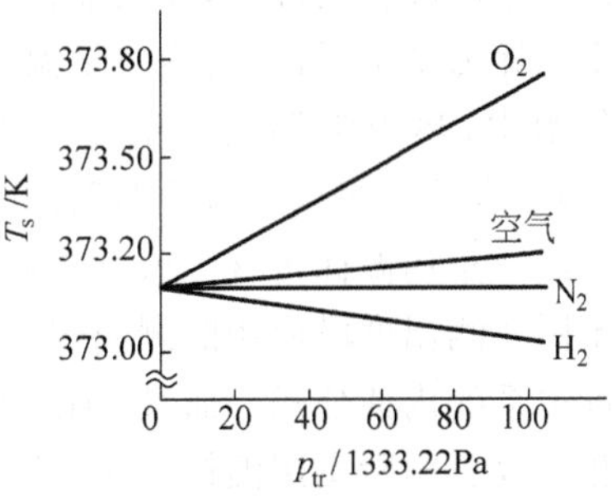

图 1-7

$p_{tr}\to 0$ 时才有一个共同的沸点温度 373.125K。可以设想在这样的条件下，不但沸点如此，其他温度也会一样。这对于真实气体是不可能的，我们可以设想存在一种"理想气体"，其行为如同无限稀薄的真实气体，但它没有密度方面的限制。关于理想气体我们将在后面讨论。进一步实验的结果表明，**无论用什么气体，无论是定体还是定压，所建立的温标在气体压强趋于零时都趋于共同的极限值**。这个极限温标称为**理想气体温标**(ideal gas temperature scale)(简称气体温标)。理想气体温标 T 的定义式为

$$T=\lim_{p_{tr}\to 0}T(p)=273.16\text{K}\lim_{p_{tr}\to 0}\frac{p}{p_{tr}}\quad(\text{体积}\ V\ \text{不变})\tag{1.2.4}$$

或

$$T=\lim_{p\to 0}T(V)=273.16\text{K}\lim_{p\to 0}\frac{V}{V_{tr}}\quad(\text{压强}\ p\ \text{不变})\tag{1.2.5}$$

必须注意：理想气体温标相比经验温标，其优点在于它与任何气体的任何特定性质均无关。不论用何种气体，在外推到压强为零时，由它们所确定的温度值都一样。因而，理想气体温标比一般的经验温标具有广泛的意义。但是，理想气体温标毕竟还要依赖于气体的共性，对极低温度(氦气在低于 1.01×10^5 Pa 的蒸汽压下的沸点 1K 以下)和高温(1000℃以上)不再适用，而且理想气体温标在具体操作上也不够便捷。因此理想气体温标还不能完全满足理论上和实践上的需要。事实上也找不到一种经验温标，能把测温范围从绝对零度覆盖到任意温度。

5. 热力学温标

开尔文(Lord Kelvin，原名 William Thomson，1824—1907)在热力学第二定律的基础上建立了**热力学温标**(thermodynamic scale of temperature)。热力学温标是不依赖任何测温物质、任何测温属性的理论温标。由于热力学温标不依赖任何测温物质和任何测温属性，因而用任何测温物质的任何测温属性由热力学温标定义的温度的数值均相同。正因为它与测温物质及测温属性无关，它已不是经验温标，所以也称为**绝对温标**。理论证明(6.5.2 节)，理想气体温标在它所能确定的温度范围内等于热力学温标。因而我们不再区分它们，可以用气体温度计来实现热力学温标。即热力学温标不仅具有理论意义，而且具有现实意义。国际上规定，热力学温标为基本温标，一切温度测量最终都以热力学温标为准。

6. 国际实用温标

国际实用温标(international temperature scale)是国际间协议性的温标，记为 ITS。理想气体温标测温程序繁复，极不方便快捷，并有一定的适用范围。国际计量大会曾多次开会讨论制定国际实用温标，以便能简单、方便、正确地测量温度。1990 年，国际温标规定以热力学温标为基本温标，由热力学温标确定的温度称热力学温度或绝对温度，记为 T，在国际单位制中，热力学温度是七个基本量之一，其单位为开尔文(Kelvin)，简称开，记为 K。1K 等于水的三相点热力学温度的 1/273.16。

国际实用温标包含三项基本内容：①定义一系列纯物质的平衡相变点(固定点)；②规定不同待测温度段使用的测温仪器(标准器)；③给出为确定不同固定点之间的温度与测温属性关系的内插公式。而且，国际实用温标必须做到尽可能地与作为基本温标的热力学温标相一致。国际实用温标于 1927 年制定第一版，其后曾多次进行修订。现在国际上采用的是 1990 年国际温标(ITS—90)。表 1-3 所示为 ITS—90 定义的 17 个标准温度点。

表 1-3　ITS—90 定义的 17 个标准温度点

物质状态	温　度	
	T/K	t/℃
氦在一大气压下的沸点	3～5	－270.15～－268.15
平衡氢的三相点	13.8033	－259.3467
平衡氢在 25/26 标准大气压下的沸点	≈17	≈－256.15
平衡氢在一个标准大气压下的沸点	≈20.3	≈－252.85
氖三相点	24.5561	－248.5939
氧三相点	54.3584	－218.7916
氩三相点	83.8058	－189.3442
汞三相点	234.3156	－38.8344
水三相点	273.16	0.01
镓熔点	302.9146	29.7646
铟凝固点	429.7485	156.5985
锡凝固点	505.078	231.928
锌凝固点	692.677	419.527
铝凝固点	933.473	660.323
银凝固点	1234.93	961.78
金凝固点	1337.33	1064.18
铜凝固点	1357.77	1084.62

ITS—90 规定摄氏(Celsius)温度 t 由公式

$$t = T - 273.15 \tag{1.2.6}$$

导出。即规定热力学温度 273.15K 为摄氏温度的零点。摄氏温标与热力学温标之间仅是温度的计量起点不同,温度间隔是一样的,因此,涉及温度差或温度间隔时,可直接以摄氏度代表开尔文,或用开尔文代替摄氏度,无需换算。现在的摄氏温度(℃)为导出单位,不再有独立的摄氏温标。

在一些国家中,还沿用另一种温标——华氏温标。华氏温标由德国物理学家华伦海特(Fahrenheit)于 1714 年建立,它也是利用了水银体积随温度变化的属性,是世界上第一个经验温标。华氏温标的单位为华氏度,记为℉。华氏温度 t_F 与摄氏温度 t 之间的换算关系为

$$t_F = 32 + \frac{9}{5}t \tag{1.2.7}$$

即 1 华氏度为 1 摄氏度的 5/9。华氏度标的冰点为 32 ℉,汽点为 212 ℉。把氯化氨、冰、水混合物的熔点定为 0 ℉。

现代技术涉及的温度范围可以从 5×10^{-8}K 到 5×10^{8}K。

1.3 理想气体物态方程

所谓物态方程就是处于平衡态系统的热力学参量之间所满足的函数关系。实验表明，描述一个没有外力场作用、一定质量气体平衡态的三个物态参量压强 p、体积 V、温度 T 中，三者之间必然存在一定的函数关系，表示这种函数关系的数学公式可记为

$$f(p,V,T)=0 \tag{1.3.1}$$

式(1.3.1)就是一定质量气体处于平衡态时的**物态方程**(equation of state)，其具体形式与气体的性质有关。由于 p、V、T 之间存在这一函数关系，当任一参量发生变化时，其他两个也将随之变化。即 p、V、T 中只有两个是独立的。在实际问题中，我们可以将其中两个量看作独立参量，而将第三个量看作这两个量的函数。例如，若将 V 和 T 看作独立参量，p 就是它们的函数；若将 p 和 T 看作独立参量，V 便是它们的函数。

应用热力学理论研究实际问题时，要用到物态方程的知识，因此物态方程在热力学中是一个很重要的方程。各种物质的物态方程的具体函数关系一般是很复杂的，通常要由实验确定。

1.3.1 玻意耳定律

实验证明：当一定质量的气体温度保持不变时，它的压强和体积的乘积是一个常量，即

$$pV=C \tag{1.3.2}$$

常量 C 只与温度有关，与气体的性质无关。此关系称为玻意耳定律，有时也称为玻意耳-马略特定律。这是因为英国科学家玻意耳(R. Boyle，1627—1691)和法国科学家马略特(E. Mariotte，1620—1684)二人先后于1662年和1667年从实验上独立地发现了这个定律。

实验证明：玻意耳定律并不完全正确。不过其偏差会随着气体的压强的减小而减小，气体的压强越低，遵守以上定律的准确程度越高。我们可以设想，当气体的压强趋于零时，各种气体都严格遵守此定律。

关于零压气体温标的研究，促进了人们对气体热力学性质的研究。人们发现，当压强趋近于零时，所有真实气体具有相同的热力学性质。我们现在称压强趋于零的极限状态下的气体为理想气体。在此基础上，建立理想气体物态方程。

1.3.2 理想气体物态方程

设有定压气体温度计，气泡中充满遵守玻意耳定律式(1.3.2)的气体，由定压气体温标定义式(1.2.3)可得

$$V=\frac{V_{tr}}{T_{tr}}T(V)$$

其中 $T_{tr}=273.16\text{K}$，V_{tr}是气体在水的三相点时的体积。V 是在任意温度 $T(V)$ 时的体积。上式两边同乘气体在水的三相点时的压强 p_{tr}得

$$p_{tr}V=\frac{p_{tr}V_{tr}}{T_{tr}}T(V) \tag{1.3.3}$$

实验指出，在一定的温度和压强下，气体的体积与其质量 M 或气体的物质的量 $\nu\left(\nu=\dfrac{M}{M_m}, M_m \text{ 为气体的摩尔质量}\right)$成正比。用 $V_{m,tr}$表示 1mol 气体在水的三相点时的体积，

则$V_{tr}=\nu V_{m,tr}$，代入式(1.3.3)中得

$$p_{tr}V=\frac{p_{tr}\nu V_{m,tr}}{T_{tr}}T(V) \tag{1.3.4}$$

由玻意耳定律知，对一定量的气体，当温度不变时，式(1.3.4)的右边是一个常量。即温度不变时，在任意压强 p 时，压强和体积的乘积都是一个常量，即

$$pV=\frac{p_{tr}\nu V_{m,tr}}{T_{tr}}T(V)$$

注意此式中左侧的体积 V 与式(1.3.4)中左侧的体积 V 不相等。根据理想气体温标定义：不论是什么气体，不论是定压还是定体，所建立的温标在气体压强 p 趋于零都趋于一个共同的极限值——理想气体温标 T。因此在气体压强 p 趋于零的极限情形下，我们用 T 代替上面的 $T(V)$，则上式改写为

$$pV=\frac{p_{tr}\nu V_{m,tr}}{T_{tr}}T=\frac{p_{tr}\nu V_{m,tr}}{273.16}T \tag{1.3.5}$$

1811年，意大利化学家阿伏伽德罗(A. Avogadro)提出，在相同的温度和压强下，相等体积所含有各种气体的物质的量相等，这称为**阿伏伽德罗定律**。通过精确的实验表明，只有在压强趋于零的极限条件下，此定律才成立。由于1mol的任何气体所含分子数都相等，所以阿伏伽德罗定律也可表述为：在相同的温度和压强下，1mol的任何气体所占的体积都相同。因此，对各种气体，在压强趋于零的极限情形下，式(1.3.5)中$\frac{p_{tr}V_{m,tr}}{273.16\text{K}}$的数值都是一样的。令

$$R=\frac{p_{tr}V_{m,tr}}{T_{tr}}=\frac{p_{tr}V_{m,tr}}{273.16\text{K}} \tag{1.3.6}$$

对于任何气体，R 都是相同的常量，称 R 为**普适气体常量**(universal gas constant)，也称摩尔气体常量。将式(1.3.6)代入式(1.3.5)中，得

$$pV=\nu RT=\frac{M}{M_m}RT \tag{1.3.7}$$

式中 M 是气体的质量，式(1.3.7)就是单一化学成分的**理想气体物态方程**。

实验表明，各种实际气体都近似地遵守式(1.3.7)，在温度不太低时，压强越低，近似程度越高，在压强趋于零的极限情况下，各种实际气体才严格地遵守式(1.3.7)。这个事实表明，一切实际气体在 p、V、T 之间的变化关系上都具有共性，它们都近似地遵守式(1.3.7)。至于各种气体的不同个性，则反映在它们遵守物态方程的近似程度上。所有气体表现出的共性反映了气体的一种内在的规律性，为了概括研究气体的这一规律性，而引入了理想气体的概念。我们从宏观上对什么是理想气体做出的定义为：在任何情况下，**严格满足理想气体物态方程的气体称为理想气体**。理想气体实际上是不存在的，它只是真实气体的初步近似和理想化模型。在一般的温度和较低的压强下，可以近似地用这个模型来概括真实气体，压强越低，这种概括的精度越高。

1.3.3　普适气体常量 R

由式(1.3.6)，普适气体常量可表示为

$$R=\frac{p_{tr}V_{m,tr}}{T_{tr}}$$

普适气体常量 R 的数值，可由 1mol 气体在标准状态下的温度 $T_0=273.15\text{K}$、压强 $p_0=1.01325\times10^5\,\text{Pa}$ 和体积 $V_{\text{m},0}=22.41410\times10^{-3}\,\text{m}^3\cdot\text{mol}^{-1}$ 求得。由式(1.3.7) 得

$$R=\frac{p_{\text{tr}}V_{\text{m,tr}}}{T_{\text{tr}}}=\frac{p_0V_{\text{m},0}}{T_0}=\frac{1.01325\times10^5\times22.41410\times10^{-3}}{273.15}$$
$$=8.31451(\text{J}/(\text{mol}\cdot\text{K}))(\text{SI})$$

若压强和体积分别用 atm(大气压)和 L(升)为单位，得

$$R=8.205\times10^{-2}\,\text{atm}\cdot\text{L}/(\text{mol}\cdot\text{K})$$

若用热化学卡为单位，因 1cal(卡)=4.184J(焦耳)(5.4 节)，则

$$R=1.9872\text{cal}\cdot\text{atm}\cdot\text{L}/(\text{mol}\cdot\text{K})$$

1.3.4 混合理想气体物态方程

式(1.3.7)是化学成分单一的理想气体物态方程。真实气体往往是包含多种不同化学成分的混合气体。

混合气体有一条重要的实验定律——**道尔顿**(J. Dalton)**分压定律**(Dalton law of partial pressure)：混合气体的总压强等于各组分气体的分压强之和。所谓分压强，是指每一种气体在与混合气体温度和体积相同的条件下，这种气体单独存在时的压强。这个实验定律是英国科学家道尔顿(J. Dalton)在 1801 年总结出来的，它只适用于理想气体。

以 p 表示混合气体总压强，以 $p_1,p_2,\cdots,p_n$ 分别表示各组分的分压强，则道尔顿分压定律可表示为

$$p=\sum_i p_i=p_1+p_2+\cdots+p_n \tag{1.3.8}$$

设气体由 n 种理想气体混合而成，第 i 组分质量为 M_i，摩尔质量为 $M_{\text{m}i}$，分压强为 p_i，根据式(1.3.7)有

$$p_iV=\frac{M_i}{M_{\text{m}i}}RT \quad (i=1,2,\cdots,n)$$

式中，V 和 T 分别为混合理想气体的体积和温度。对 n 个方程求和，即

$$(p_1+p_2+\cdots+p_n)V=\left(\frac{M_1}{M_{\text{m}1}}+\frac{M_2}{M_{\text{m}2}}+\cdots+\frac{M_n}{M_{\text{m}n}}\right)RT$$

即

$$pV=\sum_i p_iV=\sum_i\frac{M_i}{M_{\text{m}i}}RT \tag{1.3.9}$$

这就是混合理想气体的物态方程。式中，$\sum_i\frac{M_i}{M_{\text{m}i}}$ 为混合理想气体的总物质的量，用 ν 表示。

$$\nu=\sum_i\nu_i=\frac{M_1}{M_{\text{m}1}}+\frac{M_2}{M_{\text{m}2}}+\cdots+\frac{M_n}{M_{\text{m}n}} \tag{1.3.10}$$

引入混合理想气体的平均摩尔质量 M_m，

$$M_\text{m}=\frac{M}{\nu}$$

式中，$M=\sum_i M_i$ 是各种成分气体的质量总和。

则式(1.3.9)可写为

$$pV = \nu RT = \frac{M}{M_m}RT \tag{1.3.11}$$

式(1.3.11)就是混合气体的物态方程。形式上,混合理想气体物态方程完全类似于化学成分单一的理想气体的物态方程,但各项的含义却不同。

例题 1-2　本例题图所示是低温测量中常用的压力表式气体温度计示意图。上端 B 是压力表,下端 A 是测温泡,二者通过导热性能很差的毛细管 C 相连通。毛细管很细,其容积与 A、B 的容积 V_A 和 V_B 相比可以忽略不计。测量时先将温度计在室温 T_0 下抽成真空后充气到压强 p_0 再加以密封,然后将测温泡 A 浸入待测物质,而 B 仍置于室温 T_0。当 A 中气体与待测物质达到平衡后,压力表 B 的读数为 p,试求待测物质温度 T。

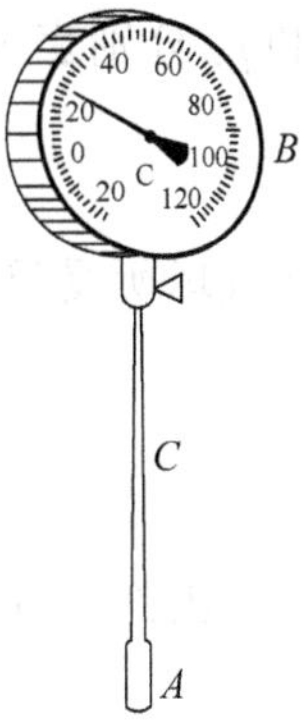

例题 1-2 图

解:由于毛细管很细,则整个测温系统可看作由 A 和 B 组成。设气体的摩尔质量为 M_m,并设温度为 T_0 时 A 和 B 中气体的质量分别为 M_A 和 M_B。当 A 浸入待测物质后,有质量为 ΔM 的气体由 B 进入 A,压强平衡后,A、B 中气体的质量分别为 $M_A+\Delta M$ 和 $M_B-\Delta M$,由理想气体物态方程可得:

测温前压力表 B 中

$$p_0V_B = \frac{M_B}{M_m}RT_0 \quad ①$$

测温前测温泡 A 中

$$p_0V_A = \frac{M_A}{M_m}RT_0 \quad ②$$

测温后压力表 B 中

$$pV_B = \frac{M_B-\Delta M}{M_m}RT_0 \quad ③$$

测温后测温泡 A 中

$$pV_A = \frac{M_A+\Delta M}{M_m}RT \quad ④$$

式①+②并整理得

$$p_0\frac{V_A+V_B}{T_0} = \frac{M_A+M_B}{M_m}R \quad ⑤$$

式③+④并整理得

$$p\left(\frac{V_A}{T}+\frac{V_B}{T_0}\right) = \frac{M_A+M_B}{M_m}R \quad ⑥$$

式⑥−⑤得

$$\frac{p-p_0}{T_0}V_B + \left(\frac{p}{T}-\frac{p_0}{T_0}\right)V_A = 0 \quad ⑦$$

由此解出

$$T = \frac{p}{p_0}\cdot\frac{T_0}{1+\frac{V_B}{V_A}\left(1-\frac{p}{p_0}\right)}$$

例题 1-3 一个大热气球的容积为 $2.1\times10^4\,m^3$，气球本身和负载质量共 4.5×10^3 kg，若其外部气温为 20℃，要想使气球上升，其内部空气最低要加热到多少？

解：以热气球内部的气体为研究对象，在加热气球内部气体的过程中，气球的容积及气体的压强不变，气体从气球中逸出，质量不断减少。因而，当达到一定温度时，热气球所受的浮力就会大于或等于热气球系统整体的重力。标准状况下空气的密度 $\rho_0=1.29\,kg/m^3$。以 ρ_1 和 ρ_2 分别表示热气球外内空气的密度，由于热气球外内压强相等（均取 1atm），所以有

$$\rho_1=\frac{\rho_0 T_0}{T_1},\quad \rho_2=\frac{\rho_0 T_0}{T_2}$$

由热气球所受浮力与负载质量平衡可得

$$(\rho_1-\rho_2)Vg=Mg$$

即

$$\rho_0 T_0\left(\frac{1}{T_1}-\frac{1}{T_2}\right)V=M$$

由此得内部空气所需的最低温度为

$$T_2=\frac{V\rho_0 T_0 T_1}{V\rho_0 T_0-MT_1}=\frac{2.1\times10^4\times1.29\times273\times293}{2.1\times10^4\times1.29\times273-4.5\times10^3\times293}$$
$$=357\text{K}=84℃$$

另外，此题有多种解法。解题时，分析清楚具体发生的过程非常重要。由分析可知，若初始时热气球中气体的质量小于气球本身和负载的总质量，则热气球中的气体无论温度多高都不会上升。

例题 1-4 (1) 太阳内部距中心约 20%半径处氢核和氦核的质量百分比分别约为 70%和 30%。该处温度为 9.0×10^6 K，密度为 $3.6\times10^4\,kg/m^3$。求此处的压强。（视氢核和氦核都构成理想气体而分别产生自身的压强。）

(2) 由于聚变反应，氢核聚变为氦核，在太阳中心氢核和氦核的质量百分比变为 35%和 65%。该处的温度为 1.5×10^7 K，密度为 $1.5\times10^5\,kg/m^3$。求此处的压强。

解：由

$$pV=\frac{M}{M_m}RT$$

得

$$p=\frac{\rho RT}{M_m}$$

(1) $$p_H=\frac{\rho_H RT}{M_{m,H}}=\frac{3.6\times10^4\times0.7\times8.31\times9.0\times10^6}{1\times10^{-3}}=1.9\times10^{15}\,(\text{Pa})$$

$$p_{He}=\frac{\rho_{He} RT}{M_{m,He}}=\frac{3.6\times10^4\times0.3\times8.31\times9.0\times10^6}{4\times10^{-3}}=2.0\times10^{14}\,(\text{Pa})$$

$$p=p_H+p_{He}=1.9\times10^{15}+0.2\times10^{15}=2.1\times10^{15}\,\text{Pa}=2.1\times10^{10}\,(\text{atm})$$

(2) $$p_H=\frac{\rho_H RT}{M_{m,H}}=\frac{1.5\times10^5\times0.65\times8.31\times1.5\times10^{76}}{1\times10^{-3}}=6.5\times10^{15}\,(\text{Pa})$$

$$p_{He}=\frac{\rho_{He} RT}{M_{m,He}}=\frac{1.5\times10^5\times0.65\times8.31\times1.5\times10^7}{4\times10^{-3}}=3.0\times10^{15}\,(\text{Pa})$$

$$p=p_H+p_{He}=(6.5+30)\times10^{15}=9.5\times10^{15}\,\text{Pa}=9.4\times10^{10}\,(\text{atm})$$

第 1 章思考题

1.1 气体的平衡状态有何特征？当气体处于平衡状态时还有分子热运动吗？与力学中所指的平衡有何不同？实际上能不能达到平衡态？

1.2 一个绝热容器中储有一定质量的气体，考虑到重力场的影响时，气体中各处的温度虽然相同，各处的压强、分子数密度沿高度按一定规律变化，但分布却保持稳定，这种情况下气体是否处于平衡态？为什么？

1.3 做匀加速直线运动的车厢中放一相对于车厢静止的容器，容器中的气体是否处于平衡态？从地面上看，容器内的气体不是形成粒子流了吗？容器内气体的密度是否处处相等？

1.4 系统 A 和 B 原来各自处在平衡态，现使它们互相接触。试问在下列情况下，两系统接触部分是绝热的还是导热的，或两者都可能？(1)当 V_A 保持不变，p_A 增大时，V_B 和 p_B 都不发生变化；(2)当 V_A 保持不变，p_A 增大时，p_B 不变而 V_B 增大；(3)当 V_A 减小，p_A 增大时，V_B 和 p_B 均保持不变。

1.5 理想气体温标是利用气体的什么性质建立的？

1.6 在建立温标时是否必须规定热的物体具有较高的温度，冷的物体具有较低的温度？是否可做相反的规定？在建立温标时，是否须规定测温属性一定随温度作线性变化？

1.7 1743 年，瑞典天文学家摄尔修斯规定将水的沸点作为 0℃，冰点记为 100℃，8 年后摄尔修斯的同事施勒默尔将摄氏标度倒转过来，即以冰的熔点为 0℃、以水的沸点为 100℃，这就是百分刻度的摄氏温标。如果像当年摄尔修斯本人的规定的那样，即水的沸点为 0℃，冰点为 100℃，温度的高低与冷热的定义将如何？如果将水的三相点温度定为 −273.16℃，则温度的高低与冷热的关系又如何？

1.8 用水银温度计和乙醇温度计分别测量水的正常沸点(汽点)时都指示 100℃，测水的正常凝固点(冰点)时都指示 0℃。但用二者测量其他温度时，例如水银温度计指示为 30.0℃时，乙醇温度计指示为 30.4℃；而水银温度计指示为 70.0℃时，乙醇温度计指示为 70.3℃，如何解释此现象？

1.9 水银气压计中上面空着的部分为什么要保持真空？如果混进了空气，将产生什么影响？能通过刻度修正这一影响吗？

1.10 若一个物体的某种状态量与其物质的量成正比，那么该状态量属于广延量；若状态量与物质的量没有关系，则属于强度量。试分析理想气体的三个状态量(p,V,T)哪个属于广延量，哪个又属于强度量。

1.11 盖吕萨克(Gay Lussac，1778—1850)定律：当一定质量的气体的压强保持不变时，其体积随温度作线性变化：

$$V = V_0(1+\alpha t)$$

式中，V 和 V_0 分别表示温度为 t℃和 0℃时气体的体积；α 为气体的体膨胀系数。

查理(Charles，1746—1823)定律：当一定质量的气体的体积保持不变时，其压强随温度作线性变化：

$$p = p_0(1+\beta t)$$

式中，p 和 p_0 分别表示温度为 t℃和 0℃时气体的压强；β 为气体的压强系数。

试由理想气体物态方程推证以上二定律，并求出 α 和 β 的值。

1.12 一长方形容器用一隔板分开为容积相同的两部分，一边装二氧化碳，另一边装着氢气，两边气体的质量相同，温度相同。如果隔板与器壁之间无摩擦，那么隔板释放后是否会发生移动？

1.13 人坐在橡皮艇里，艇浸入水中一定的深度，到夜晚大气压强不变，温度降低了，问艇浸入水中的深度将如何变化。

1.14 一年四季大气压强一般差别不大，为什么在冬天空气的密度比较大？

1.15 宇宙中的恒星是由高温高密原子核组成的自引力系统，其能源主要是引力势能和核燃烧（即核反应）产生的能量，而核燃烧只有在一定温度以上才能"点火"。试用理想气体物态方程定性讨论恒星"永恒"存在的原理。

第1章习题

1-1 关于温度的意义，有下列几种说法：

(1) 气体的温度是分子平均平动动能的量度；

(2) 气体的温度是大量气体分子热运动的集体表现，具有统计意义；

(3) 温度的高低反映物质内部分子运动剧烈程度的不同；

(4) 从微观上看，气体的温度表示每个气体分子的冷热程度。

这些说法中正确的是________。

(A) (1)、(2)、(4)　　　　(B) (1)、(2)、(3)

(C) (2)、(3)、(4)　　　　(D) (1)、(3)、(4)

1-2 有一截面均匀的封闭圆筒，中间被一光滑的活塞分隔成两边，如果其中的一边装有0.1kg 某一温度的氢气，为了使活塞停留在圆筒的正中央，则另一边应装入同一温度的氧气的质量为________。

(A) (1/16)kg　　(B) 0.8kg　　(C) 1.6kg　　(D) 3.2kg

1-3 如图所示，两个大小不同的容器用均匀的细管相连，管中有一水银滴作活塞，大容器装有氧气，小容器装有氢气。当温度相同时，水银滴静止于细管中央，则此时这两种气体中________。

(A) 氧气的密度较大

(B) 氢气的密度较大

(C) 密度一样大

(D) 哪种的密度较大是无法判断的

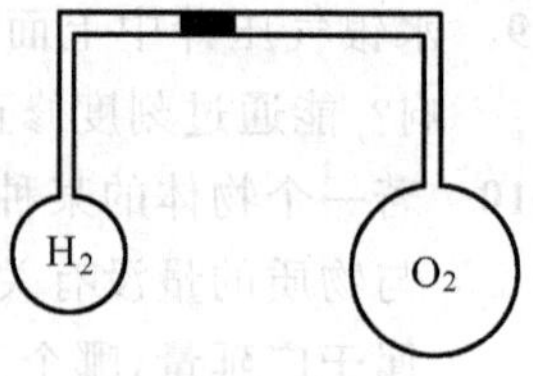

习题 1-3 图

1-4 一个容器内储有 1mol 氢气和 1mol 氦气，若两种气体对器壁产生的压强分别为 p_1 和 p_2，则两者的大小关系是________。

(A) $p_1 > p_2$　　(B) $p_1 < p_2$　　(C) $p_1 = p_2$　　(D) 不确定

1-5 定体气体温度计的测温泡浸在水的三相点槽内时，其中气体的压强为 6.64×10^3 Pa。

(1) 用温度计测量 373.15K 的温度时，气体的压强是多少？

(2) 当气体的压强为 2.20×10^3 Pa 时，待测温度是多少？

1-6 用定体气体温度计测量某种物质的沸点。测温泡在水的三相点时，测得其中气体的压强 $p_{tr}=0.667\times10^5\,Pa$；当测温泡浸入待测物质中时，测得压强值为 $p=0.978\times10^5\,Pa$；当从测温泡中抽出一些气体，使 $p_{tr}=0.267\times10^5\,Pa$ 时，重新测得 $p=0.391\times10^5\,Pa$；当再抽出一些气体使 $p_{tr}=0.133\times10^5\,Pa$ 时，测得 $p=0.196\times10^5\,Pa$。试确定待测沸点的理想气体温度。

1-7 铂电阻温度计的测温泡浸在水的三相点槽内时，铂电阻的阻值为 90.35Ω，当温度计的测温泡与待测物体接触时，铂电阻的阻值为 90.28Ω，试求待测物体的温度。假设温度与铂电阻的阻值成正比，并规定水的三相点为 273.16K。

1-8 设一定体气体温度计是按摄氏温标刻度的，它在冰点和沸点时，其中气体的压强分别为 $0.405\times10^5\,Pa$ 和 $0.553\times10^5\,Pa$。

(1) 当气体的压强为 $0.101\times10^5\,Pa$ 时，待测温度是多少？

(2) 当温度计在沸腾的硫中时(硫的沸点为 444.60℃)，气体的压强是多少？

1-9 用 L 表示液体温度计中液柱的长度。定义温标 t^* 与 L 之间的关系为 $t^*=a\ln L+b$，式中 a、b 为常数，规定冰点为 $t_i^*=0℃$，沸点为 $t_s^*=100℃$。设在冰点时液柱的长度 $L_i=0.05\,m$，在沸点时液柱的长度 $L_s=0.25\,m$，试求 $t^*=0℃$ 到 $t^*=10℃$ 之间液柱长度差以及 $t^*=90℃$ 到 $t^*=100℃$ 之间液柱的长度差。

1-10 一立方容器，每边长 0.20m，其中储有压强 $p=1.013\times10^5\,Pa$、温度 300K 的气体，当把气体加热到 400K 时，容器每个壁所受的压力为多大？

1-11 测定气体摩尔质量的一种方法是：容积为 V 的容器内装满被测的气体，测出其压力为 p_1，温度为 T，并称出容器连同气体的质量为 M_1；然后放出一部分气体，使压力降到 p_2，温度仍不变，再称出容器连同气体的质量为 M_2，试由此求出该气体的摩尔质量 M_m。

1-12 一定质量的气体在压强保持不变的情况下，温度由 50℃ 升到 100℃ 时，其体积将改变百分之几？

1-13 一氧气瓶的容积为 $3.2\times10^{-2}\,m^3$，其中氧气的压强为 $1.31\times10^7\,Pa$，规定当瓶内氧气压强降到 $1.013\times10^6\,Pa$ 时就得充气，以免混入其他气体而需洗瓶。今有一玻璃室，每天需用 $1.013\times10^5\,Pa$ 氧气 $0.4\,m^3$，问一瓶氧气能用几天。

1-14 一个带有塞子的烧瓶，体积为 $2.0\times10^{-3}\,m^3$，内盛 0.1MPa、300K 的氧气。当系统加热到 400K 时塞子被顶开，立即盖上塞子并且停止加热，烧瓶又逐渐降温到 300K。设外界气体压强始终为 0.1MPa。试问：(1)烧瓶中所剩氧气压强是多少？(2)烧瓶中所剩氧气质量是多少？

1-15 水银气压计中混进了一个空气泡，因此它的读数比实际的气压小。当精确的气压计的读数为 $1.024\times10^5\,Pa$ 时，它的读数只有 $0.997\times10^5\,Pa$，此时管内水银面到管顶的距离为 0.08m。当此气压计的读数为 $0.978\times10^5\,Pa$ 时，实际气压应是多少？设空气的温度保持不变。

1-16 容积为 $10^{-2}\,m^3$ 的瓶内储有氢气，因开关损坏而漏气，在温度为 7.0℃ 时，气压计的读数为 $5.065\times10^5\,Pa$，过了些时候，温度上升为 17℃，气压计的读数未变，问漏去的氢的质量是多少。

1-17 一打气筒，每打开一次可将原来压强为 $p_0=1.013\times10^5\,Pa$、温度为 $t_0=-3.0℃$ 以及

体积为$V_0=4.0\times10^{-3}\,m^3$的空气压缩到容器内。设容器的容积为$V=1.5m^3$，问需要打几次气，才能使容器内的空气温度变为$t=45℃$，压强变为$p=2.026\times10^5\,Pa$。

1-18 在标准状态下给一球充氢气。此球的体积可随着外界压强的变化而改变。充气完成时该气球的体积为$566m^3$，而球皮体积可以忽略。(1)若储有氢气的气罐的体积为$0.0566m^3$，罐中氢气压强为$p=1.25\times10^6\,Pa$，且气罐与大气处于热平衡，在充气过程中的温度变化可以不计，试问要给上述气球充气需这样的储气罐多少个？(2)若球皮的质量为12.8kg，而某高度处的大气温度仍为0℃，试问气球上升到该高度时还能悬挂多重的物品而不至坠下？

1-19 按质量计，空气是由76%的氮、23%的氧和约1%的氩组成的(其余成分很少，可以忽略)，计算空气的平均分子质量及在标准状态下的密度。

1-20 把温度为20℃、压强为1atm、体积为$5\times10^{-4}\,m^3$的氮气压入一容积为$2\times10^{-4}\,m^3$的容器，容器中原来已充满同温同压的氧气。试求混合气体的压强和各种气体的分压强，假定容器中的温度保持不变。

1-21 在制造氦氖激光器的激光管时，需要充以一定比例的He和Ne混合气体，如本题图所示。原来在容器1和2中分别充有压强为$2.0\times10^4\,Pa$的氦气和压强为$1.2\times10^4\,Pa$的氖气，容器1的容积是容器2容积的2倍。现打开活塞，使这两部分气体混合。试求混合后气体的总压强和两种气体的分压强。

1-22 用排水取气法收集某种气体，如本题图所示，气体在温度为20℃、压强为$1.022\times10^5\,Pa$时的体积为$1.5\times10^{-4}\,m^3$。已知水在20℃时的饱和蒸气压为$2.332\times10^3\,Pa$，试求此气体在20℃干燥时的体积。

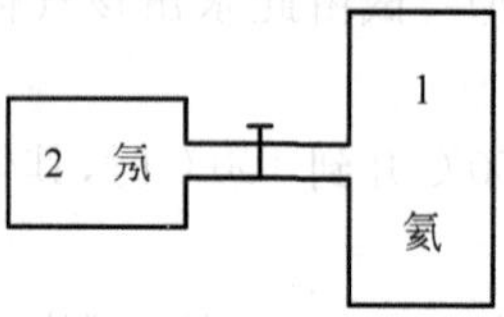

习题1-21图

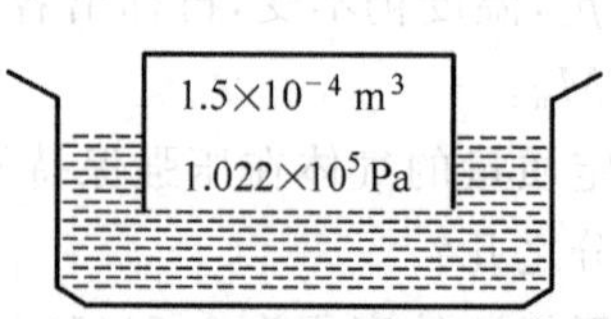

习题1-22图

1-23 在一容器中有氮气和氢气的混合气体。当温度为T时，氮气全部分离成原子，而氢气基本上没有分离(即氢气的分离可忽略)，此时的压强为p。当温度升高到$3T$时，两种气体全部分离成原子，容器中的压强为$4p$。求混合气体中氮和氢的质量比。

第 2 章　气体分子动理论的基本概念

2.1　物质分子动理论基本图像

2.1.1　物质的微观模型

常见的宏观物体——气体、液体、固体等，都是由大量的分子（或原子）组成的。这些分子（或原子）在永不停息地运动着，彼此之间存在着强或弱的相互作用。这是分子动理论的基础。

1. 宏观物体由大量分子组成，气体是彼此有很大间距的分子集合

事实表明，通常的宏观物体——气体、液体、固体等，都是由大量的分子或原子组成的。所谓分子（molecule）就是组成这种物质而具有该物质的化学性质的最小微粒。例如，组成水的最小微粒是水分子，水分子不能再分，再分就不是水了。在物质的状态发生变化时，分子是不变的。例如，水变成水蒸气或水结成冰，水的分子不变。

实验表明，分子之间是有空隙的。例如，水在 4.052×10^9 Pa 的压强下，体积减为原来的 1/3；用 2.026×10^9 Pa 以上压强压缩钢筒中的油，会发现油可透过筒壁渗出；水与酒精混合后的体积小于两者原来体积之和。这些都说明分子之间有空隙。随着科学技术的高速发展，时至今日，我们通过扫描隧道显微镜能直接观察到物质表面的原子，用电子扫描探针技术不仅能够观察而且可以操纵单个分子和原子，用原子做画已不再是梦想。

气体是彼此有很大间距的分子集合。气体很容易被压缩，可自由流动，就是气体分子间距离变化的结果。气体的体积变化就是未被分子占据的空间发生变化。

组成宏观物体的分子数目是巨大的。$1\mathrm{cm}^3$ 的水中含有的水分子数为 $N=\nu N_\mathrm{A}=6.022\times10^{23}/18\approx3.35\times10^{22}$。一般物质含有如此多的分子，表明分子是非常小的。实验测量表明，一般气体分子（如氧气分子、氮气分子等），其线度的数量级约为 10^{-10} m，其固有体积的数量级约为 $10^{-30}\mathrm{m}^3$；塑料（高分子化合物等）分子，其线度的数量级约为 10^{-7} m。标准状态下，1mol 气体的体积约是 $V_\mathrm{m}=22.4\times10^{-3}\mathrm{m}^3$，则分子之间的平均间距约为 $l=\left(\frac{V_\mathrm{m}}{N_\mathrm{A}}\right)^{\frac{1}{3}}=3.34\times10^{-9}$ m。即在标准状态下，两相邻气体分子间的平均距离约是分子本身线度的 10 倍左右，分子的占有体积约为其固有体积的 1000 倍。因此，对于气体，在某些情况下，可以忽略分子的大小，把分子看成是一个质点。

2. 组成物质的分子处于永不停息的无规则运动状态，其激烈程度与温度 T 有关

在房间里某个角落打开风油精的盖子，在房间的另外一个角落能够闻到风油精的味道；一滴墨水滴入水中会慢慢地扩散开来；即便无风，浓烟也会四处弥散；沸水冲茶水的颜色发生了变化。这类现象都说明了气体、液体中的分子在永不停息地运动着。这种由于分子无规则运动而产生的物质迁移现象称为**扩散**（diffuse）。固体中也有扩散现象。将两块不同的金属，如一块铅和一块表面磨光的金紧压在一起，经过较长时间后，在两金属界面上会形成一层合金，室温下这两种金属是不会熔化的，这层合金的形成就是两种金属扩散的结果。工业中有很多应用气体固体扩散的例子，如钢铁表面渗碳、渗氮等热处理工艺等。扩散的速度与温度有关，温度越高，扩散越快。扩散现象表明，组成物质的分子在永不停息地做无规则运动，分子无规则运动的剧烈程度随温度的升高而加剧。

分子运动的最形象化的实验观察是**布朗运动**(Brownian motion)。1827 年，英国植物学家布朗(Robert Brown，1773—1858)在显微镜下观察到悬浮在液体里的植物花粉微粒在不停地做无规则运动，这种运动后来被称为布朗运动，把悬浮着的微粒称为布朗粒子。起初，布朗假设花粉是活的，但无生命的尘埃颗粒也悬浮在液体中飘忽不定地游荡着，这就否定了“活的粒子”的假设。起初人们也误认为布朗运动是由外界影响引起的，后来精确的实验证明：布朗运动的存在与外界影响无关，并发现布朗粒子越小，布朗运动越显著。直到 1877 年，德耳索(Delsaulx，1828—1891)才正确指出了布朗运动的实质。布朗运动是分子热运动的反映。微粒之所以能够不停地运动，是因为微粒受到周围分子无规则的撞击不平衡而引起的。对于一个宏观的物体，周围分子的撞击所传递给它的动量，平均说来相互抵消，因而观察不到布朗运动。若微粒足够小(其线度的数量级一般为 10^{-6} m)，由于涨落(fluctuation)现象(物理量的数值随机地偏离统计平均值的现象)，各个瞬时力或多或少有些不平衡。受力的物体越小，力的涨落效果越明显，这就是引起微粒无规则运动的原因。因而，布朗运动并非分子的运动，但它能间接地反映出液体(气体)内分子运动的无规则性。实验还表明，液体温度越高，布朗运动越剧烈，与构成微粒的物质性质无关。正是由于分子的无规则运动与温度有关，因此通常把它称为分子热运动。

3. 分子间有相互作用力，气体分子除了碰撞的瞬间外，相互作用力极为微小

物质由分子、原子等微观粒子组成，微观粒子又在做永不停息的无规则运动。同时，物质又以液体、固体、气体等形态存在而没有分散开来且具有一定的体积，拉断一根绳子必须用很大的拉力；锯断的铅柱在常温加压可黏合，玻璃熔化可接合，胶水、糨糊有黏合作用，液体或固体变为蒸汽时需要汽化热或升华热。这些现象都说明组成物质的原子或分子之间必定有相互吸引力。液体、固体很难压缩，气体分子经过碰撞而相互远离，说明原子或分子之间不但有引力，必定还有斥力。总之，分子之间存在相互作用力。

分子间相互作用的关系很复杂，无法通过实验直接测定，从理论上也不容易得到一般性的解决，很难用简单的数学公式表示出来。通常采用的办法是在实验的基础上采用简化模型来处理，我们将在 2.4 节中讨论几种简化模型。

2.1.2 理想气体微观模型

为了便于分析和讨论气体的分子运动，我们在物质的微观模型的基础上，结合理想气体的宏观性质，建立理想气体的微观模型。理想气体是一种最简单的热力学系统，由于理想气体在一定范围内表达了各种真实气体共有的一些性质，它的微观模型实际上就是在压强不太大和温度不太低的条件下对真实气体的理想化、抽象化的结果。

1. 分子本身的线度与分子之间的平均距离相比可忽略不计

如前所述，在标准状态下，两相邻气体分子间的平均距离约是分子本身线度的 10 倍，而当气体越稀薄时越接近理想气体。可见理想气体分子之间的平均距离比分子本身的线度大得多，气体中分子本身所占据的空间很小，气体分子的空间分布是稀薄的。因而，对于理想气体，可以忽略分子本身的大小，把分子看成是一个质点。

2. 分子间除碰撞瞬间外，无相互作用

实验表明，气体分子之间的引力和斥力的作用距离都很短，且随距离的增加而快速递减。对于理想气体，分子之间的距离比它们的自身线度大得多，所以气体分子间的引力一般很小，斥力也只在分子之间发生碰撞的一瞬间才显示出来。所以，可以认为气体分子若不发生碰撞可以不计相互作用。

3. 分子间和分子与器壁间的碰撞是完全弹性的

如果两分子间发生碰撞或分子与容器壁发生碰撞，碰撞过程时间远比分子在空间自由运动的时间短。对于理想气体，碰撞过程的时间可略去不计。处于平衡态下的理想气体的温度、压强不随时间改变，因而可以认为分子在碰撞时无动能损失，即碰撞是完全弹性的。也就是认为分子是弹性质点，容器壁是光滑的，分子与器壁的碰撞就像是分子与光滑平面发生碰撞一样。

综上，**理想气体可以看成是自由和无规则运动着的无大小的弹性分子球的集合**。

2.2 理想气体压强公式

2.2.1 理想气体压强的微观意义

这里从微观上解释理想气体的压强。虽然对单个气体分子来说，其运动是非常复杂的，但它仍然遵循力学规律。根据理想气体微观模型，气体分子与器壁的碰撞为完全弹性碰撞，气体分子在与容器器壁发生碰撞时受到壁面的冲力作用，分子的动量得到一个垂直壁面的增量。根据牛顿第三定律，同样有一个冲量垂直作用于器壁上。单个气体分子每次与器壁的碰撞都要给予器壁一个冲量，这个冲量可以用牛顿力学来计算。就每一个单个分子来说，它的各次碰撞是不连续的，在什么时间和什么地方碰撞器壁、施予器壁多大的冲量都是随机的。器壁某一面积上有大量的分子对它进行不断碰撞，从总体效果上来看，可认为是一个持续的、均匀的作用。根据统计观点，任何宏观量均是微观量的统计平均值。因此，**器壁所受到的气体的压强是单位时间内大量分子无规则运动中频繁碰撞器壁所给予单位面积器壁的平均总冲量**。这与密集的雨点打在雨伞上，使雨伞受到一个持续压力的情形很相似。少数单个雨点落在雨伞上，持雨伞者感受到的是一次次断续的作用力；大量的密集的雨点落在雨伞上时，则将感受到一个持续的压力。根据这一思想来求解理想气体的压强，就是求气体分子在单位时间内给予器壁单位面积上的平均冲量。

2.2.2 推导理想气体压强公式的统计假设

1. 平衡态时分子按位置的分布是均匀的，分子数密度各处一致

气体中单个分子的运动是极为复杂的，运动状态瞬息万变，我们不能确定某一时刻它究竟是沿着哪个方向运动，它的运动是完全偶然的、是不可预测的。但对于处于平衡态的气体整体来说，在没有外场作用的任意时刻，平均来看，气体分子应均匀分布于整个容器中，气体中各处的分子数密度相同，即分子按位置的分布是均匀的。如以 N 表示容器体积 V 内的分子总数，则平均分子数密度应等于空间各点的分子数密度。即

$$n=\frac{N}{V}=\frac{\mathrm{d}N}{\mathrm{d}V} \tag{2.2.1}$$

2. 在平衡态时，速度取向各方向等概率

在平衡态下，气体的性质与方向无关。由于碰撞，分子可以有各种不同的速度（相对质心系），因此气体分子沿各个方向运动的机会均等，即处于平衡态的气体中，不存在任何一个特殊的方向，气体分子沿这个方向的运动比其他方向更占优势。由于平衡态下任何系统的任何分子都没有运动速度的择优方向，在任一宏观瞬间（所谓宏观瞬间是指宏观上极短暂的时间，如小至 $1\mu\mathrm{s}$，但在 $1\mu\mathrm{s}$ 内一个分子却已平均碰撞了 10^3 次或更多）向一个方向运动的平均分子数必等于向相反方向运动的平均分子数，或者说，分子的速度按方向的分布是均匀的，说明分子的速度在各个方向投影的各种统计平均值也应相等。除了相互碰撞外，分子间的速度和位置都相互独立。在直角坐标系中，假设各分子的速度 $\boldsymbol{v}$ 分解为 v_x、v_y 和 v_z，则对大量分子速度取平均值应有

$$\overline{v_x}=\overline{v_y}=\overline{v_z}=0$$

其中

$$\overline{v_x}=\frac{\sum_i v_{ix}}{N}=0,\quad \overline{v_y}=\frac{\sum_i v_{iy}}{N}=0,\quad \overline{v_z}=\frac{\sum_i v_{iz}}{N}=0$$

而速度平方的平均值应该相等，即

$$\overline{v_x^2}=\overline{v_y^2}=\overline{v_z^2}\neq 0$$

其中

$$\overline{v_x^2}=\frac{\sum_i v_{ix}^2}{N},\quad \overline{v_y^2}=\frac{\sum_i v_{iy}^2}{N},\quad \overline{v_z^2}=\frac{\sum_i v_{iz}^2}{N}$$

由于

$$v^2=v_x^2+v_y^2+v_z^2$$

所以

$$\overline{v_x^2}=\overline{v_y^2}=\overline{v_z^2}=\frac{1}{3}\overline{v^2} \tag{2.2.2}$$

式(2.2.2)是平衡态气体热运动的基本规律，与气体的性质以及物态参量无关。

2.2.3 理想气体压强公式推导

设在任意形状的容器中储有一定量的某种理想气体，气体不受外场的作用并处于平衡态。设气体的体积为 V，共有 N 个同类分子，每个分子的质量为 m。分子的运动是杂乱无章的，分子具有各种可能的速度。为了讨论方便，我们可将分子按速度分为若干组，认为每组内的分子的运动方向基本一致，速度的大小基本相等，并且将与 v_i 相近的第 i 组分子的速度全部当作为 v_i，第 i 组中分子数为 N_i，分子数密度为 $n_i=\dfrac{N_i}{V}$，这样气体分子数密度 $n=n_1+n_2+\cdots+n_i+\cdots=\sum_i n_i$。由于在平衡态下作用于各个器壁上任一点的压强都相等，所

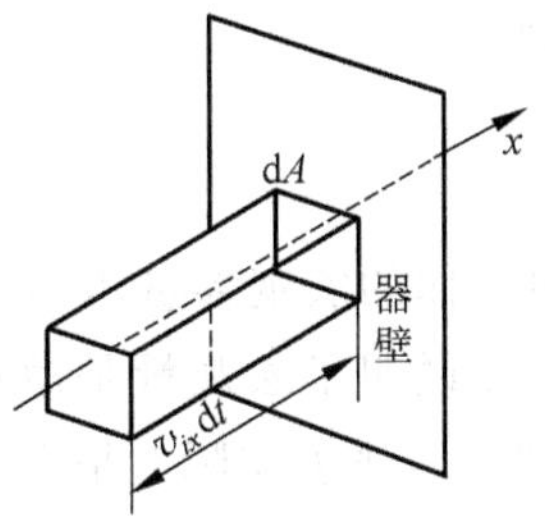

图 2-1　理想气体压强公式推导

以可以选取器壁上任一面积元来计算气体的压强。由于大量分子相对于质心的无规则运动才是气体的热运动，因而取气体的质心坐标系为参考坐标系，在垂直于 x 轴的器壁上任取一小面积元 dA（≫分子截面(4.1.1 节)面积），如图 2-1 所示，计算其所受的压强。

首先考虑速度为 v_i 的任意分子在一次碰撞中对器壁的作用，其在 x 轴上的速度分量为 v_{ix}。由力学知识易得，单个分子在对面积元 dA 的一次碰撞中施于 dA 的冲量为 $2mv_{ix}$，由于分子与器壁的碰撞是完全弹性的，故在碰撞中，分子的动量沿 y、z 坐标轴的分量不变。在全部速度为 v_i 的分子中，在 dt 时间内，能与面积元 dA 相碰的只是那些位于以 dA 为底，以 v_{ix}dt 为高的柱体内的分子。在这个柱体中分子数为 $n_iv_{ix}\mathrm{d}t\mathrm{d}A$，这些分子都将在 d$t$ 时间内与面积元 dA 碰撞。所以 dt 时间内碰到 dA 面的第 i 组所有 v_i 分子对 dA 的冲量为

$$\mathrm{d}I_i = (2mv_{ix})(n_iv_{ix}\mathrm{d}t\mathrm{d}A) = 2mn_iv_{ix}^2\mathrm{d}t\mathrm{d}A \qquad (2.2.3)$$

现在求 dt 时间内具有各种速度的所有分子对 dA 的冲量。注意到 $v_{ix}<0$ 的分子不与 dA 碰撞，因容器中气体整体无定向运动，在平衡状态下，平均来讲 $v_{ix}>0$ 的分子数等于 $v_{ix}<0$ 的分子数应各占总分子数的一半。故 dt 时间内碰到 dA 面的所有分子对 dA 的总冲量为

$$\mathrm{d}I = \sum_{(v_{ix}>0)}\mathrm{d}I_i = \frac{1}{2}\sum_i\mathrm{d}I_i = \sum_i n_imv_{ix}^2\mathrm{d}t\mathrm{d}A \qquad (2.2.4)$$

（v_{iy} 和 v_{iz} 可取任意值），引入统计平均值，用 $\overline{v_x^2}$ 表示 v_x^2 对所有分子的平均值，即

$$\overline{v_x^2} = \frac{\sum_i n_iv_{ix}^2}{n}$$

将上式和式(2.2.2)代入式(2.2.4)得

$$\mathrm{d}I = mn\,\overline{v_x^2}\mathrm{d}t\mathrm{d}A = \frac{1}{3}mn\,\overline{v^2}\mathrm{d}t\mathrm{d}A$$

气体对容器壁的压强，在数值上应等于器壁单位面积上受的力。所以气体对容器壁的压强为

$$p = \frac{\mathrm{d}F}{\mathrm{d}A} = \frac{\mathrm{d}I}{\mathrm{d}t\mathrm{d}A} = \frac{1}{3}nm\,\overline{v^2} \qquad (2.2.5)$$

由于 $\boldsymbol{p}=m\boldsymbol{v}$，那么

$$\boldsymbol{p}\cdot\boldsymbol{v} = mv^2$$

因此，$\overline{\boldsymbol{p}\cdot\boldsymbol{v}}=m\,\overline{v^2}$ 理想气体的压强公式还可以写为

$$p = \frac{1}{3}n\,\overline{\boldsymbol{p}\cdot\boldsymbol{v}} \qquad (2.2.6)$$

令 $\bar{\varepsilon}_{\mathrm{k}}=\frac{1}{2}m\,\overline{v^2}$ 是大量分子平动动能的统计平均值，称为分子的**平均平动动能**。则由式(2.2.5)得理想气体压强公式为

$$p = \frac{2}{3}n\left(\frac{1}{2}m\,\overline{v^2}\right) = \frac{2}{3}n\bar{\varepsilon}_{\mathrm{k}} \qquad (2.2.7)$$

式(2.2.7)就是平衡态下**理想气体的压强公式**,简称压强公式。

2.2.4 压强公式的意义及压强的实质

式(2.2.7)是分子动理论的基本方程之一。压强公式将理想气体的宏观参量压强 p 和系统的微观量的统计平均值分子平均平动动能 $\bar{\varepsilon}_k$ 联系起来,从而说明了宏观量是微观量的统计平均值。压强公式推导体现了压强的微观本质和统计意义:压强 p 实际上是大量气体分子单位时间内给予器壁单位面积冲量的平均值,从而得出理想气体的压强 p 与单位体积内的分子数 n 和气体分子的平均平动动能 $\bar{\varepsilon}_k$ 成正比。这也可以从分子碰撞的角度来理解,由式(2.2.7)可知,当分子的平均平动动能 $\bar{\varepsilon}_k$ 一定时,分子数密度 n 越大,则压强 p 也越大,这是因为 n 越大时,单位时间内撞击到单位器壁上的分子数越多,因而器壁所受的压强也越大;当分子数密度 n 一定时,则分子的平均平动动能 $\bar{\varepsilon}_k$ 越大,分子速度平方的平均值就越大,因而器壁所受的压强也越大。

由式(2.2.7)还可以看出,理想气体的压强公式非常简单,我们可以从压强公式的推导,建立初步的统计概念,学习统计规律及处理问题的统计方法。在压强公式推导中所使用的 $\mathrm{d}A$ 与 $\mathrm{d}t$,都是宏观小而微观大的量,例如,在标准状态下,气体分子在 $\mathrm{d}t=10^{-3}\,\mathrm{s}$ 的时间内对 $\mathrm{d}A=10^{-8}\,\mathrm{m}^2$ 的小面积元上碰撞次数仍有 10^{16} 之多。因此在 $\mathrm{d}t$ 时间内撞击 $\mathrm{d}A$ 面积上的分子数是非常大的,这才使得压强有一确定的值。对于单个分子而言,它对器壁的碰撞不连续,给予器壁的冲量的大小也是偶然的,因而对于微观小的时间和微观小的面积元,碰撞该面积元的分子数将很少而且变化很大,因此也就不会产生有一确定数值的压强。只有对大量分子而言,器壁获得的冲量才可能具有确定的统计平均值。所以气体的压强所描述的是大量分子的集体行为,离开了大量分子,压强就失去了意义。

例题 2-1 已知在标准状态下 $1.00\,\mathrm{m}^3$ 气体中有 2.69×10^{25} 分子,试求在此状态下分子的平均平动动能。

解:标准状态下的压强 $p=1.013\times10^5\,\mathrm{Pa}$。

由 $p=\frac{2}{3}n\bar{\varepsilon}_k$ 可得

$$\bar{\varepsilon}_k=\frac{3}{2}\frac{p}{n}$$

代入数据并求得

$$\bar{\varepsilon}_k=\frac{3}{2}\times\frac{1.013\times10^5}{2.69\times10^{25}}=5.65\times10^{-21}(\mathrm{J})$$

即标准状态下气体分子的平均平动动能为 $5.65\times10^{-21}\,\mathrm{J}$。

例题 2-2 一个内壁光滑的球形容器,半径为 R,内盛处于平衡态的理想气体,分子数密度为 n,每个分子的质量为 m。(1)若某分子的速率为 v_i,与容器壁法向呈 θ_i 角射向器壁并发生完全弹性碰撞,该分子在连续两次碰撞期间经过的路程是多少?(2)该分子每秒撞击容器器壁多少次?(3)每次撞击给予器壁的冲量多大?(4)该分子在单位时间内碰撞在器壁上的总冲量是多少?(5)单位时间内所有分子碰撞在器壁上的总冲量是多少?从而导出理想气体压强公式。

解：分子运动路径如图所示，由于器壁光滑，碰撞为弹性碰撞，反射角等于入射角。

(1) 分子连续两次碰撞间走过距离为

$$S = 2R\cos\theta_i$$

(2) 连续两次碰撞所经过的时间

$$\Delta t_i = \frac{2R\cos\theta_i}{v_i}$$

因此，单位时间内对器壁的碰撞次数为

$$z_i = \frac{1}{\Delta t_i} = \frac{v_i}{2R\cos\theta_i}$$

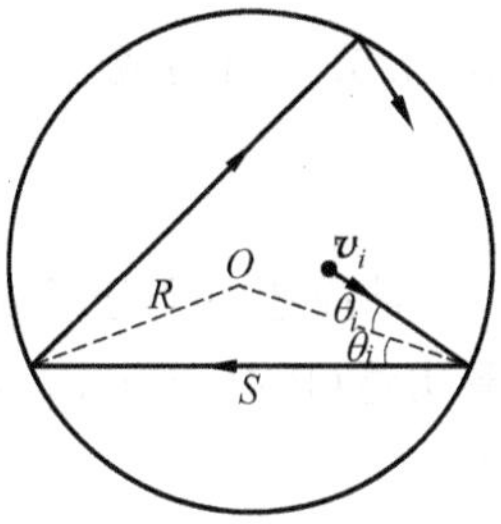

例题 2-2 图

(3) 每次碰撞给予器壁的冲量为

$$\Delta I = 2mv_i\cos\theta_i$$

(4) 一个分子在单位时间内碰撞在器壁上的总冲量为

$$I_i = \frac{v_i}{2R\cos\theta_i}\cdot 2mv_i\cos\theta_i = m\frac{v_i^2}{R}$$

(5) 单位时间内所有分子给予器壁的总冲量为

$$I = \sum_{i=1}^{N} I_i = \sum_{i=1}^{N} m\frac{v_i^2}{R} = N\frac{m}{R}\overline{v^2}$$

其中，N 为分子总数，$N = 4\pi R^3 n/3$。

压强是所有分子单位时间给予器壁单位面积上的平均冲量，即

$$P = \frac{I}{A} = N\frac{m}{R}\overline{v^2}\cdot\frac{1}{4\pi R^2} = \frac{1}{3}nm\overline{v^2}$$

此例给出了的推导压强公式的另一种方法，但不具有普遍性。

2.3 温度公式及温度的实质

2.3.1 温度的微观解释

温度是热学中最重要的一个物理量。与宏观量温度相对应的微观量是分子的动能。我们用由统计方法得到的理想气体压强公式(2.2.7)和由实验总结出的理想气体物态方程式(1.3.7)联立，推导出温度与分子平均平动动能的关系式，从而阐明温度的微观本质。

由式(2.2.7)压强公式

$$p = \frac{2}{3}n\bar{\varepsilon}_k$$

和式(1.3.7) 理想气体物态方程

$$pV = \frac{M}{M_m}RT$$

考虑到气体单位体积内分子数 $n = \frac{N}{V}$，总分子数 $N = \frac{M}{M_m}N_A$，这里 M 为气体的质量，N_A 为阿伏伽德罗常量。将以上各式联立得

$$\bar{\varepsilon}_k = \frac{3}{2}\frac{R}{N_A}T \tag{2.3.1}$$

R 和 N_A 都是常量，它们可用另一个常量 k 来表示，

$$k \equiv \frac{R}{N_A} = 1.380\,650 \times 10^{-23}\,\mathrm{J/K}$$

则式(2.3.1)可写成

$$\bar{\varepsilon}_k = \frac{3}{2}kT \qquad (2.3.2)$$

k是描述一个分子或一个粒子行为的普适常量，是个非常重要的物理常数，称为**玻尔兹曼常量**(Boltzmann constant)。这是奥地利物理学家玻尔兹曼(Boltzmann)于1872年引入的。

式(2.3.2)称为分子动理论的**温度公式**。它从分子动理论角度揭示了温度的实质。系统的宏观量温度T直接与构成物质的大量分子的无规则运动的分子平均平动动能$\bar{\varepsilon}_k$相联系，因而**温度的本质是物体内部分子无规则运动的剧烈程度的量度**。平均说来，温度越高就表示物体内部分子热运动的平均平动动能越大，分子无规则运动越剧烈。温度是大量分子热运动的集体表现，是具有统计意义的，对少数分子是无意义的。

两热力学系统达到热平衡是两系统分子平均平动动能相同。如果一种气体的温度高于另一种气体，则意味着这种气体的分子平均平动动能比另一种气体的分子平均平动动能要大。分子间的碰撞使两系统间发生能量交换，进而重新分配能量，最终使两系统各自的分子平均平动动能达到相等，两系统就达到了热平衡。系统的温度一定，分子的平均平动动能也确定，与分子种类无关。

式(2.3.2)最初是由克劳修斯针对理想气体引入的，后来英国物理学家麦克斯韦和奥地利物理学家玻尔兹曼证明了这一关系对任何物质都成立，实际气体、液体和固体的温度都由分子平均平动动能所决定。近代量子理论证明，当温度趋于零时，式(2.3.2)不再成立。

在式(2.3.2)中，气体分子平均平动动能又有$\bar{\varepsilon}_k=\frac{1}{2}m\overline{v^2}=\frac{3}{2}kT$，从而得到方均根速率为

$$\sqrt{\overline{v^2}} = \sqrt{\frac{3kT}{m}} = \sqrt{\frac{3RT}{M_m}} \qquad (2.3.3)$$

式中，$M_m=N_A m$为气体的摩尔质量。式(2.3.3)也是分子速率的一种统计平均值。由此式说明，在同一温度下，质量大的分子的方均根速率小。表2-1所示为0℃时几种气体分子的方均根速率。

表 2-1　0℃时几种气体分子的方均根速率

气体种类	方均根速率/(m/s)	摩尔质量/(10^{-3} kg/mol)	气体种类	方均根速率/(m/s)	摩尔质量/(10^{-3} kg/mol)
O_2	4.61×10^2	32.0	CO_2	3.93×10^2	44.0
N_2	4.93×10^2	28.0	H_2O	6.15×10^2	18.0
H_2	1.84×10^3	2.02			

2.3.2　对理想气体定律的验证

压强p是宏观量，可以通过实验直接测量得到。而分子的平均平动动能$\bar{\varepsilon}_k$是微观量，是不能直接测量的，所以压强公式(2.2.7)是无法通过实验直接验证。但从理想气体压强公

式出发推导出的一些实验定律就是对式(2.2.7)的间接验证。

1. 理想气体物态方程

将式(2.2.7)和式(2.3.2)联立得

$$p = nkT \tag{2.3.4}$$

将分子数密度 $n = N/V = \nu N_A/V$，玻尔兹曼常量 $k \equiv R/N_A$ 代入上式得

$$p = \frac{\nu N_A}{V}\frac{R}{N_A}T = \frac{1}{V}\nu RT$$

即

$$pV = \nu RT = \frac{M}{M_m}RT$$

恰为理想气体物态方程式(1.3.7)。式(2.3.4)是理想气体物态方程的另一重要形式。式(2.3.4)是从微观理论推导得到，而式(1.3.7)是从实验规律中总结出来的。二者相符合，也证实了微观理论本身的正确性因而可以从微观上说明理想气体实验定律(例如玻意耳定律)的微观本质。

2. 阿伏伽德罗定律

式(2.3.4)可改写为

$$n = \frac{p}{kT}$$

由此可见，在压强 p 和温度 T 相同的条件下，各种理想气体在相同的体积内所含的分子数相等，即具有相同分子数的不同气体必然占有相同的体积，而 1mol 任何气体拥有相同的分子数，所以，在相同温度和相同压强下，1mol 的任何气体的体积都相同，这就是阿伏伽德罗定律。

标准状态下，任何气体的分子数密度 n_0 为

$$n_0 = \frac{p_0}{kT_0} = \frac{1.01325 \times 10^5}{1.38066 \times 10^{-23} \times 273.15} \approx 2.69 \times 10^{25}\,(\mathrm{m}^{-3})$$

n_0 是奥地利物理学家洛施密特(Loschmidt，1821—1895)在 1865 年得出，因而 n_0 称为**洛施密特**(Loschmidt)常量。

式(2.3.4)直接将压强和温度这两个重要的物理量联系起来，因而也是气体动理论的常用公式。利用此表达式可以较为方便地讨论一些实际问题。例如，如果飞行物的飞行速度大于声波在空气中的传播速度，引起空气疏密的变化，在空气中就会形成实际的高密度气体层。由式(2.3.4)可知，压强也以相同的倍数增加。对于飞行物体，强大的压强就会使之受到严重的破坏，这种现象称为“声障”。因此，对超声速飞行物(超声速飞机、火箭等)都需要从飞行动力学的角度进行研究，设计出合适的外形(尤其是前端)，避免“声障”造成破坏。闪电雷击、火山爆发、太阳耀斑等现象也与式(2.3.4)有关。

3. 道尔顿分压定律

体积为 V 的容器中储有多种不同的理想气体，处于平衡态。混合气体与各组分气体都具有相同的温度，因此，由式(2.3.2)可知，各组分气体的分子平均平动动能相等，并等于混合气体的分子平均平动动能，即

$$\bar{\varepsilon}_{1k} = \bar{\varepsilon}_{2k} = \cdots = \bar{\varepsilon}_{ik} = \bar{\varepsilon}_k$$

混合气体分子数密度 n 等于各组分气体的分子数密度 n_i 之和，即

$$n=\sum_i n_i$$

混合气体的压强为

$$p=\frac{2}{3}(n_1+n_2+\cdots+n_i)\bar{\varepsilon}_k=\frac{2}{3}n_1\bar{\varepsilon}_k+\frac{2}{3}n_2\bar{\varepsilon}_k+\cdots+\frac{2}{3}n_i\bar{\varepsilon}_k$$

即

$$p=p_1+p_2+\cdots+p_i$$

由此可知，混合气体的压强等于组成此气体的各组分气体的分压强之和。这就是道尔顿分压定律。

例题 2-3 储存于体积为 $V=10^{-3}\text{m}^3$ 容器中某种气体，气体分子总数 $N=10^{23}$，每个分子的质量 $m=5\times10^{-26}\text{kg}$，分子方均根速率 $\sqrt{\overline{v^2}}=400\text{m/s}$。求气体的压强和气体分子的总平均平动动能以及气体的温度。

解：由压强公式得

$$p=\frac{2}{3}n\left(\frac{1}{2}m\overline{v^2}\right)=\frac{2}{3}\frac{N}{V}\left(\frac{1}{2}m\overline{v^2}\right)$$

则

$$p=\frac{2\times10^{23}\times5\times10^{-26}\times400^2}{3\times10^{-3}\times2}=2.67\times10^5(\text{Pa})$$

气体分子的总平均平动动能为

$$E_k=N\bar{\varepsilon}_k=\frac{N}{2}m\overline{v^2}=\frac{10^{23}\times5\times10^{-26}\times400^2}{2}=400(\text{J})$$

由 $p=nkT$，得气体的温度为

$$T=\frac{p}{nk}=\frac{pV}{Nk}=\frac{2.67\times10^5\times10^{-3}}{10^{23}\times1.38\times10^{-23}}=193(\text{K})$$

例题 2-4 处于平衡状态的 A、B、C 三种理想气体，储存在密闭的容器内。A 种气体的分子数密度为 n_1，其压强为 p_1，B 种气体的分子数密度为 $2n_1$，C 种气体的分子数密度为 $3n_1$，求混合气体的压强。

解：由理想气体的压强公式

$$p=\frac{1}{3}nm\overline{v^2}=\frac{2}{3}n\bar{\varepsilon}_k$$

得 A 种气体的压强为

$$p_1=\frac{2}{3}n_1\bar{\varepsilon}_k$$

B 种气体的压强为

$$p_2=\frac{2}{3}\times2n_1\bar{\varepsilon}_k=2p_1$$

C 种气体的压强为

$$p_3=\frac{2}{3}\times3n_1\bar{\varepsilon}_k=3p_1$$

则混合气体的压强为

$$p = p_1 + p_2 + p_3 = 6p_1$$

例题 2-5 一容器内储有氧气，其压强为 1.013×10^5 Pa，温度为 27.0℃。求：(1)气体的分子数密度；(2)氧气的密度；(3)氧分子的质量；(4)分子的平均平动动能；(5)分子间的平均距离(设分子间均匀等距排列)；(6)若容器是边长为 0.30m 的正方形，当一个分子下降的高度等于容器的边长时，其重力势能改变多少？并将重力势能的改变与其平均平动动能相比较。

解：(1) 由理想气体物态方程 $p=nkT$ 可得气体的分子数密度为

$$n = \frac{p}{kT} = \frac{1.013\times10^5}{1.38\times10^{-23}\times(273+27)} = 2.447\times10^{25}(\text{m}^{-3})$$

(2) 由理想气体物态方程 $pV=\dfrac{M}{M_\text{m}}RT$ 可得氧气的密度为

$$\rho = \frac{M}{V} = \frac{pM_\text{m}}{RT} = \frac{1.013\times10^5\times32.0\times10^{-3}}{8.31\times(273+27)} = 1.30(\text{kg/m}^3)$$

(3) 设氧气分子的质量为 m，则由 $\rho=mn$ 可得

$$m = \frac{\rho}{n} = \frac{1.30}{2.447\times10^{25}} = 5.312\times10^{-26}(\text{kg})$$

(4) 由气体分子平均平动动能的公式可得氧分子的平均平动动能为

$$\bar{\varepsilon}_\text{k} = \frac{3}{2}kT = \frac{3}{2}\times1.38\times10^{-23}\times(273+27)\text{J} = 6.21\times10^{-21}\text{J}$$

(5) 设氧气分子间的平均距离为 d，由于分子间均匀等距排列，平均每个分子所占有的体积为 d^3，则 1m³ 含有的分子数为 $\dfrac{1}{d^3}=n$。

因此

$$d = \sqrt[3]{1/n} = \left(\frac{1}{2.447\times10^{25}}\right)^{1/3}\text{m} = 3.444\times10^{-9}\text{m}$$

(6) 题设过程中氧分子重力势能的改变为

$$\Delta E_\text{p} = mg\Delta h = (5.312\times10^{-26}\times9.80\times0.30)\text{J} = 1.562\times10^{-25}\text{J}$$

则

$$\frac{\Delta E_\text{p}}{\bar{\varepsilon}_\text{k}} = 2.52\times10^{-5}$$

由此可见，与氧气分子的平均平动动能相比，其重力势能的改变可以忽略不计。

2.4 分子力 分子势能曲线

前面所讲的理想气体除碰撞瞬间外，分子之间无相互作用力，而物质的热学性质均与分子间相互作用有关。组成物质的分子之间的相互作用力称为**分子力**(intermolecular force)。分子是由电子、质子等组成的复杂带电系统，因而分子间的相互作用是所有各个成分之间力的总和，是非常复杂的。不过总地来说，分子力基本上是电磁力，很难用简单的数学公式来精确表示。在统计物理中，一般是在实验的基础之上，根据讨论的对象，将分子间的相互作用简化成模型来处理，其目的是为了使所讨论的问题简单化和形象化，便于讨论。通常更多的是用分子间的势能曲线来描述分子间的相互作用。下面对热学中常用的几种分

子相互作用模型及其势能曲线进行简单介绍。

1. 无引力的弹性质点模型

在推导理想气体压强公式时用到了理想气体无引力的弹性质点模型。即将分子看成质点，不计分子本身的体积，除碰撞瞬间外分子间无相互作用力，碰撞是完全弹性的。其势能曲线如图 2-2 所示。分子间势能 E_p 与分子质心间的距离 r 的关系为：当 $r=0$ 时，$E_p=\infty$；当 $0<r<\infty$ 时，$E_p=0$。

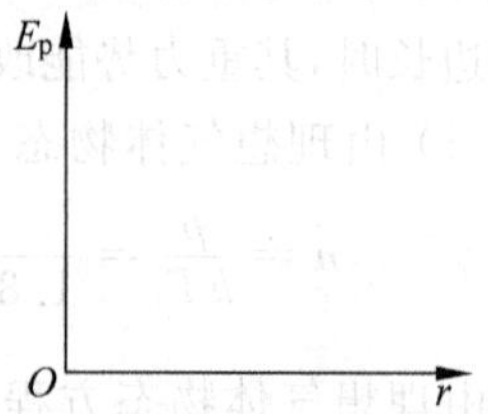

图 2-2　无引力弹性质点模型的势能曲线

2. 无引力的弹性刚球模型

在讨论分子的平均碰撞频率及平均自由程时(将在第 4 章介绍)，就要考虑分子间极其频繁的碰撞。而碰撞的实质是当分子的质心间距离逐渐减小时，在强大斥力作用下的散射过程。既然考虑了分子间的斥力，就不能再假设分子为质点。为了简化所讨论的问题，可以将分子看作无引力的弹性刚球模型。当分子之间互不接触时，其间无相互作用，分子做匀速直线运动；当分子与分子接触时，便突然产生无穷大的斥力，以阻止分子间的接近，并使分子运动改变方向。我们将两个分子间的这种相互作用过程看成是两个无引力的弹性刚球之间的碰撞。其分子间相互作用势能曲线如图 2-3 所示。设分子的直径为 d，分子间势能 E_p 与分子质心间的距离 r 的关系为：当 $0<r\leqslant d$ 时，$E_p=\infty$；当 $d<r<\infty$ 时，$E_p=0$。

3. 弱引力的弹性刚球模型

真实气体分子之间既有斥力作用又有引力作用，为讨论方便，将分子间的斥力作用看成两分子碰撞时，它们中心所能接近的最短距离不变，记为 d，就如同两直径为 d 的刚性小球相碰，但两分子之间互不接触时，分子之间仍有引力作用。即把分子看成彼此间有弱引力的弹性刚球。这种模型称为苏则朗(Sutherland)模型(也称范德瓦尔斯模型)。其势能曲线如图 2-4 所示。势能 E_p 与分子质心间的距离 r 的关系为：当 $0<r\leqslant d$ 时，$E_p=\infty$；当 $r>d$ 时，$E_p=-C'/r^{t-1}$，式中，C' 为系数，t 近似为常数。

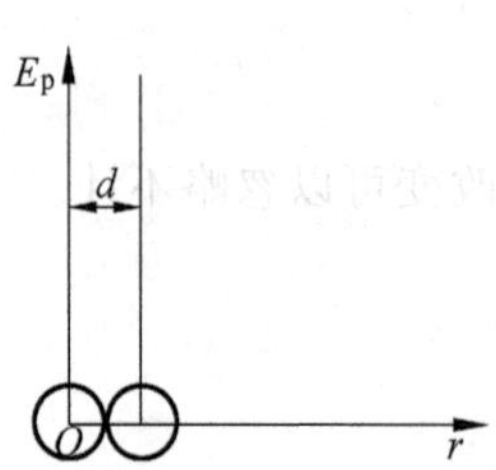

图 2-3　无引力弹性刚球模型的势能曲线

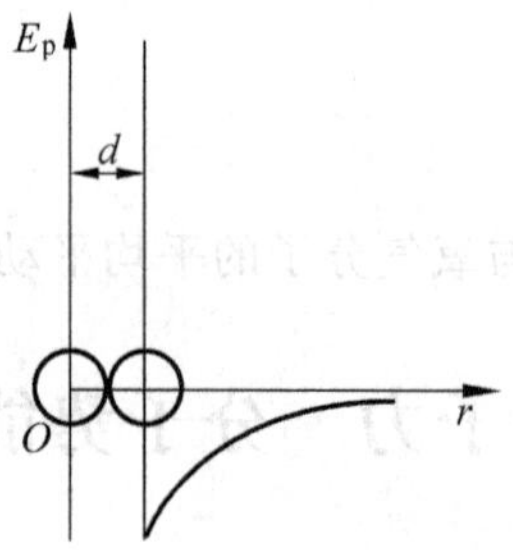

图 2-4　弱引力弹性刚球模型的势能曲线

4. 有心力模型

大量实验表明，当原子或分子的间距 r 较大时，它们之间有微弱的引力，随着 r 的减小，引力逐渐加强。但是当两原子或分子靠近到一定距离以内时，就像有个硬芯一样，相互之间强烈地排斥，以阻止对方透入(即“物质的不可入性”)。由此，不考虑分子或原子的内部结构，将分子看成中性弹性球。设分子之间的相互作用具有球对称性，是有心力。有心力一

定是保守力，可以定义相关势能。根据力学知识，保守力 F 与势能 E_p 的关系为

$$F=-\frac{\mathrm{d}E_p}{\mathrm{d}r} \tag{2.4.1}$$

式中，r 为两个分子中心的间距。

1907 年米(Mie,1868—1957)指出，分子或原子间相互作用势可用式

$$E_p=\frac{\alpha}{r^s}-\frac{\beta}{r^t} \tag{2.4.2}$$

表示，α、β、s、t 都是正数，其值需要由实验确定。

1924 年伦纳德-琼斯(Lenard-Jones)在米氏模型的基础上又提出如下半经验公式：

$$E_p=\Phi_0\left[\left(\frac{r_0}{r}\right)^s-2\left(\frac{r_0}{r}\right)^t\right] \tag{2.4.3}$$

其中 Φ_0 与在平衡位置 r_0 处的势能大小有关。

式(2.4.2)称米势，式(2.4.3)称伦纳德-琼斯势(Lenard-Jones potential)，两式形式相同，通常近似用式(2.4.2)进行讨论，习惯上也称为伦纳德-琼斯势。式(2.4.2)中第一项为正值，表示排斥势，第二项为负值，表示吸引势。在多数情况下，取 $s=12$，$t=6$，可以得到与实验较好符合的结果。由于 $s>t$，所以斥力有效作用距离比引力小，由于两种势能都与分子间距的高次方成反比，随着距离增加而迅速减小，故气体分子间的引力与斥力都属短程力。

米势或伦纳德-琼斯势的势能曲线如图 2-5 所示。正斜率的虚线$\left(对应-\frac{\beta}{r^t}\right)$代表引力的势能曲线，负斜率的虚线$\left(对应\frac{\alpha}{r^s}\right)$代表斥力的势能曲线，实线是二者的叠加。两分子或原子质心间应存在某一平衡位置 r_0(称 r_0 为平衡距离)，r_0 处就是分子合力为零的位置，即分子之间的引力与斥力相互抵消，r_0 的数量级在 10^{-10} m 左右。在该位置分子或原子间的相互作用势能具有最小值 $-E_0$，E_0 称为势阱深度或结合能(binding energy)，就是将两分子或原子拆散所需的能量。当 $r>r_0$ 时，势能曲线斜率为正值，分子间引力起主要作用，引力的数值随分子间距离的增大而迅速减小，当 r 大于某一距离时，引力就小得可以忽略不计了，引力有效作用距离 $r_\beta\approx 6r_0$；当 $r<r_0$ 时，势能曲线斜率为负值，分子间斥力起主要作用，随着距离的减小，斥力急剧增大，斥力有效作用距离 $r_\alpha\approx 2r_0$。

用两分子间的势能曲线(图2-6)可以解释分子间的“碰撞”过程。设两分子沿坐标轴

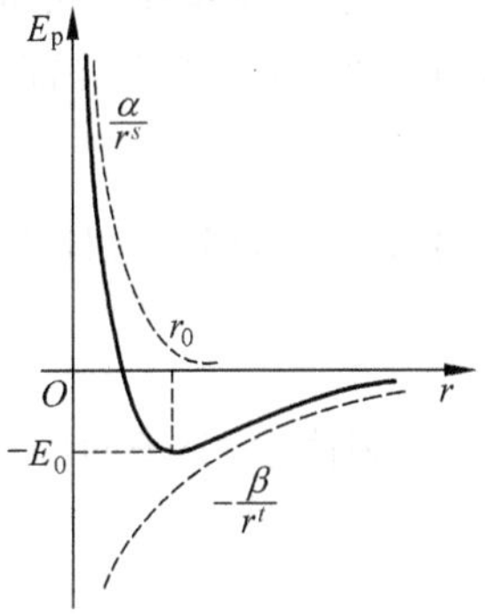

图 2-5　有心力模型分子间相互作用势

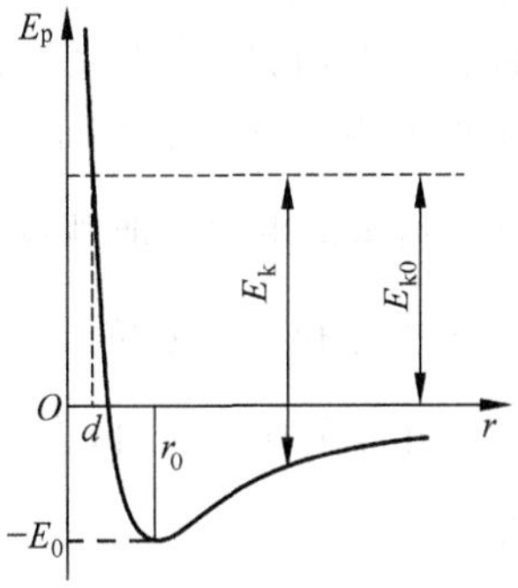

图 2-6　分子间势能随分子中心间距的变化

Or 相向运动，其中一个分子处在坐标原点 O 上不动，另一分子从相对无限远处以相对动能 E_{k0} 趋近，这时相互作用势能为零，所以 E_{k0} 也是两分子系统总能量 E。由于两分子间相互作用力是保守力，分子间距变化时，系统的机械能守恒，总能量不变。在图 2-6 中用一条平行横轴的虚直线表示总能量 E。势能曲线的纵坐标表示势能 E_p 的大小，在横轴以上为正值，表示斥力势能；在横轴以下为负值，表示引力势能。由于机械能守恒，则相对动能为 $E_k=E-E_p$，两分子间距为 r 处的分子相对动能等于在 r 处作平行于纵轴的直线与总能量线及势能曲线相交两点间的距离。当分子间相对距离 r 大于分子间引力的有效力程时，彼此不受力的作用；当 r 的大小进入引力作用范围后，两分子相互吸引，势能不断减小(负势能的绝对值增大)，相对动能不断增大；当 $r=r_0$ 时，势能最小，相对动能最大，相当于两分子刚好“接触”；当 $r<r_0$ 时，两分子在受到“挤压”过程中会产生强斥力，且随 r 的减少而剧烈增大，这时势能急剧增大而相对动能减小；当 $r=d$ 时，相对动能全部转化为势能，分子相对速度为零，此时两分子不能再趋近，并且由于强大排斥力作用，二者必定分开。在此过程中，总能量不变，这通常被形象地看作分子间的“弹性碰撞”过程。可见碰撞实质是分子间作用的一种简化形式。

从图 2-6 还可以看出，d 是两分子所能靠近的中心距离的最小值。分子的总能量不同(即 E 线的高度不同)，则 d 值不同。当温度升高时，总能量 E 增加，d 将减小，说明 d 与气体温度有关，温度越高，d 越小。由于分子势能曲线在斥力起作用的这段范围非常陡，所以不同的总能量 E 值对应的 d 值相差很小，可近似地将 d 看成常量。d 的平均值称为分子的**有效直径**，其数量级为 10^{-10}m。实际发生的分子间“碰撞”基本上都是非对心的，因而以后要引入分子碰撞截面的概念(4.1.1 节)。

对于气体分子系统，当分子之间的距离 r 远大于平衡距离 r_0 时，相互作用势能为零，这时图 2-6 中总能量 E 为正值，说明气体分子具有足够的能量运动到无限远处而成为自由粒子。在液态或固态中，分子系统的总能量为负值，总能量图线在横坐标轴 r 的下方，在这种情况下，分子的运动受到限制，形成束缚状态，从而形成稳定的物质凝聚态。因而可利用分子力这一特性和分子热运动来解释物质三种不同形态的基本差别，差别就在于分子力和分子热运动这两个因素在物质中所处的地位不同。当温度较高时，分子热运动的动能 $\frac{1}{2}m\overline{v^2}$ 远大于分子间的相互作用势能 E_p，分子的无规则热运动破坏了分子力的束缚作用，物质处于气态；当温度较低时，分子无规则热运动的动能小于分子间的相互作用势能，分子的总能量小于零，呈束缚态，分子只在平衡位置有微小的振动，这与弹簧在平衡位置附近被压缩和拉伸相类似，物质处于凝聚态。总之，物质形态与分子间相互作用势能 E_p 密切相关。大体来说分为以下几个方面：

(1) 分子热运动平均动能胜过势能时，$\frac{1}{2}m\overline{v^2}\gg E_0$，物质呈气态，即在气体中，分子的无规则运动处于主导和支配地位。

(2) 势能胜过平均动能时，$\frac{1}{2}m\overline{v^2}\ll E_0$，物质呈固态，即在固体中，分子间的相互作用处于主导地位。

(3) 两者势均力敌时，$\frac{1}{2}m\overline{v^2}\sim E_0$，物质呈液态，分子间的相互作用介于气态与固态两者之间。

2.5 范德瓦尔斯物态方程

理想气体是一种理想化的气体模型，不考虑分子之间的相互作用力。但真实气体分子之间都有相互作用力。为了使气体的物态方程与实际相符，必须对理想气体物态方程进行修正。19世纪以来，许多物理学家从理论上和实验上进行了大量工作，从不同角度先后提出了各种设想，建立了不同形式的实际气体物态方程。其中，形式较为简单而物理意义又较为明显的是范德瓦尔斯方程。

1873年，荷兰物理学家范德瓦尔斯(J. D. van der Waals，1837—1923)针对理想气体模型的两个假定(视分子为弹性质点和分子之间无相互作用力，)，考虑到分子自身占有的体积和分子间的相互作用力，对理想气体物态方程进行了修正。他采用类似于图2-4所示的弱引力的弹性刚球模型，假设①分子是直径为 d(有效直径) 的刚球；②在有效作用距离范围内，分子间有恒定引力；③分子间和分子与器壁间的碰撞是完全弹性碰撞，这点与理想气体是相同的；④气体不是十分稠密，只允许发生成对分子的两两碰撞，而三个分子或更多分子同时碰在一起的情况几乎不发生。范德瓦尔斯用此模型得到的气体物态方程称为范德瓦尔斯物态方程。

1. 分子体积所引起的修正

1mol理想气体的物态方程为 $pV_m=RT$，由于理想气体不考虑分子本身的体积，所以 V_m 是理想气体中每个分子可自由活动的空间，也是容器的体积。当把分子看成是有效直径为 d 的钢球时，每个分子能自由活动的空间小于容器的体积 V_m，应从 V_m 中减去反映气体分子占有体积而引进的修正量 b。故经体积修正的物态方程为

$$p(V_m-b)=RT \tag{2.5.1}$$

式中，b 为1mol气体分子占有的最小体积，称为体积修正量。从理论上可以证明 b 的数值约等于1mol气体内所有分子体积总和的4倍。

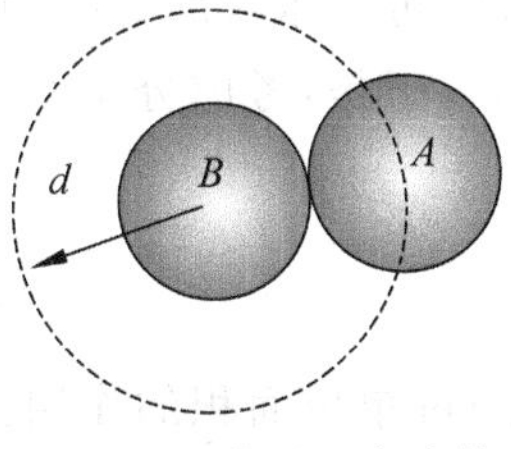

图2-7 b 约为4倍分子自身体积之和

下面从理论上对 b 进行简单估算，如图2-7所示。设只有分子两两相碰，分子有效直径为 d，现选 A 分子碰向 B 分子。当两个分子 A 和 B 相碰撞时，因分子占有一定体积，就有一块空间是 A 分子的中心所不能到达的。这个空间区域是以 B 分子的球心为中心，以有效直径 d 为半径的球体，如图2-7中虚线所示，其体积为 $\frac{4}{3}\pi d^3$，此球称为两分子中心的排斥球。它也是由于一个分子 B 的存在而造成的另一个分子 A 中心的活动禁区。实际上，A 和 B 相靠近本来是相对的，上述禁区(排除球心)同时限制了两个分子中心不能在其中活动，所以该排斥球应同时归属于一对分子，每个分子分得一半的活动禁区。于是，对于1mol气体中的 N_A 个分子来说，总的活动禁区 b 约为

$$b\approx N_A\times\frac{1}{2}\times\frac{4}{3}\pi d^3=4N_A\frac{4}{3}\pi\left(\frac{d}{2}\right)^3 \tag{2.5.2}$$

即 b 为4倍分子本身体积之和，也就是应从 V_m 中排除的体积。

由于分子有效直径数量级为 10^{-10}m，所以可由式(2.5.2)估算出 b 的数量级为 $10^{-5}\,m^3/mol$。在标准状态下，1mol 气体的体积 $V_m = 22.4\times10^{-3}\,m^3/mol$。也就是说 b 仅为 V_m 的 4/10 000，可以忽略不计。若压强增大 1000 倍，在约 10^8 Pa 时，设想理想气体物态方程仍成立，则 1mol 的气体体积将缩小到 $V_m=22.4\times10^{-6}\,m^3/mol$，这时修正量就不能忽略了。

将式(2.5.1)与理想气体物态方程相比较可知，在相同的温度和体积下，考虑气体分子体积时的压强将比不计分子体积时的压强有所增大。这是由于分子具有一定的体积，分子的活动空间比不计分子体积时小，因而碰撞更频繁，从而使压强增大。

2. 分子间引力所引起的修正

式(2.5.1)中的压强是把气体分子看作无引力弹性刚球时作用于器壁的压强。它也等于气体内部任意截面两边两部分气体相互作用的压强。如果分子间有相互作用力，则除此压强外，还应考虑由于分子间的相互引力而引起的压强变化。现在考虑分子引力所引起的修正。分子间的引力是短程力，其作用距离约为 10^{-9}m。设引力的有效作用半径为 s，当两分子的中心距离超过 s 以后，引力可忽略。那么对于气体中的任意分子 α，只有处在以它为中心，以 s 为半径的球内的那些分子才对 α 分子有吸引作用，我们称此球为"引力作用球"。平衡态下，周围的分子相对于 α 分子有球对称分布，它们对 α 分子的引力平均说来相互抵消。

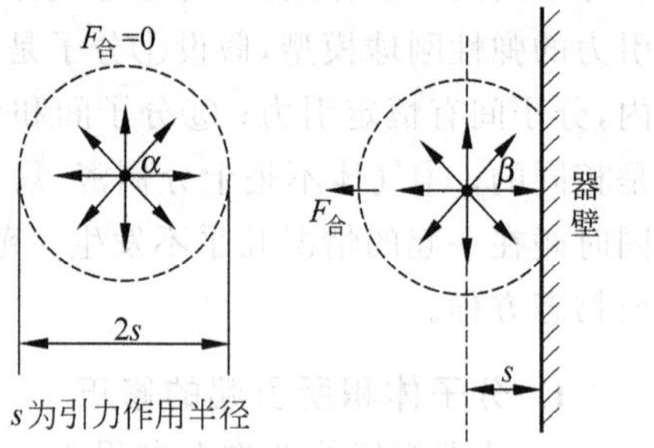

图 2-8　分子引力产生内压强

对于那些处于器壁附近厚度为 s 的表层内的分子，如 β 分子，引力作用球被器壁切割为球缺，周围的分子不再呈球对称分布，总效果使 β 分子受到一个指向气体内部的合力。因此，器壁附近存在一个厚度为 s 的气体层，所有运动到器壁附近要与器壁相碰的分子必然通过此区域，则指向气体内部的力，势必会减小分子与器壁碰撞时的分速度，使分子撞击器壁的动量减小，从而减小对器壁的冲力。这层气体分子由于受到指向气体内部的引力所产生的总效果相当于一个指向内部的压强，称为内压强，用 Δp 表示。于是，考虑分子间引力后，气体施于器壁的实际压强为

$$p=\frac{RT}{V_m-b}-\Delta p \tag{2.5.3}$$

下面来确定 Δp。由于 Δp 是表面层分子受到内部分子的通过单位面积的作用力，此力一方面与被吸引的表面层内的数密度 n 成正比，另一方面与施加引力的内部分子的数密度 n 成正比。平衡态下，这两个的数值是一样的。所以 Δp 与 n^2 成正比。而 n 与气体体积 V_m 成反比，所以有

$$\Delta p\propto n^2\propto\frac{1}{V_m^2}\quad 或\quad \Delta p=\frac{a}{V_m^2}$$

其中系数 a 也称范德瓦尔斯修正量。它表示 1mol 气体在占有单位体积时，由于分子间存在相互吸引力而引起的压强减少量。

这样，1mol 范德瓦尔斯气体的物态方程为

$$p=\frac{RT}{V_m-b}-\frac{a}{V_m^2}\quad 或\quad \left(p+\frac{a}{V_m^2}\right)(V_m-b)=RT \tag{2.5.4}$$

对于物质的量为 ν 的任意气体，若气体体积 V，则其摩尔体积 $V_m=\frac{V}{\nu}$，代入式(2.5.4)，得

$$\left(p+\nu^2\frac{a}{V^2}\right)(V-\nu b)=\nu RT \tag{2.5.5}$$

式中，a、b 与气体分子种类有关，其具体数据由实验测量。对压强不是很高、温度不是太低的真实气体，近似遵守范德瓦尔斯方程。通常把严格遵守式(2.5.4)或式(2.5.5)的气体称为范德瓦尔斯气体。在推导式(2.5.4)中将 p 看作是作用于器壁的压强，根据气体处于平衡态时满足的力学平衡条件可知，它也等于气体内部任意截面两边两部分气体相互作用的压强。即也是气体压强，也就是用压强计测出的压强。

3. 与实验比较

范德瓦尔斯方程是半经验的，其中的参数 a、b 对于确定的气体都是常量，要通过实验测定。表 2-2 给出了一些气体的范德瓦尔斯常量 a 和 b 的实验值。

在范德瓦尔斯方程中，b 是斥力修正量。从表 2-2 中可以看出，各种气体的 b 值相差不大，这也说明各种气体分子间斥力的强弱相差不大。

表 2-2　一些气体范德瓦尔斯常数 a 和 b 的实验值

气体种类	$a/(\mathrm{m^6\cdot Pa/mol^2})$	$b/(10^{-6}\,\mathrm{m^3/mol})$	气体种类	$a/(\mathrm{m^6\cdot Pa/mol^2})$	$b/(10^{-6}\,\mathrm{m^3/mol})$
氩	0.1345	32.2	氢	0.0247	25.6
二氧化碳	0.3643	42.7	水蒸气	0.5464	30.5
氧	0.1369	31.8	氮	0.1361	38.5
氦	0.0034	23.7	氖	0.0211	17.1

为了定量比较范德瓦尔斯方程的准确程度，在表 2-3 中列出了 0℃时 1mol 氢气在不同压强下的实验数据。在温度一定时，理想气体的 pV_m 应为常量，范德瓦尔斯气体的 $\left(p+\frac{a}{V_m^2}\right)(V_m-b)$ 应为常量。通过表 2-3 所列的实验结果和理论值相比较可以看出，当 1mol 氢气在等温压缩过程中以及压强在 10^7 Pa 以下时，理想气体物态方程和范德瓦尔斯方程都能较好地描述氢气的行为。压强增大到 5.065×10^7 Pa 时，pV_m 已经明显地偏离了理想气体模型，而范德瓦尔斯方程中两乘积的数值基本保持不变。所以，范德瓦尔斯方程比理想气体物态方程能更广泛、更精确地反映实际气体行为。实验还表明，对于一些像二氧化碳这样的气体，在几十个大气压以上，理想气体物态方程就已不再适用。

表 2-3　0℃时，1mol H_2 在不同压强下的实验数据

p/Pa	$V_m/\mathrm{m^3}$	$pV_m/(10^3\,\mathrm{J})$	$\left(p+\frac{a}{V_m^2}\right)(V_m-b)/(10^3\,\mathrm{J})$
1.013×10^5	2.24×10^{-2}	2.27	2.27
1.013×10^7	2.40×10^{-4}	2.43	2.29
5.065×10^7	6.17×10^{-5}	3.13	2.23
1.013×10^8	3.86×10^{-5}	3.91	1.91

综上可知，对于压强不太高(小于 5.065×10^{7} Pa)、温度不太低的真实气体，范德瓦尔斯方程是一个很好的近似。在压强过大时，范德瓦尔斯方程与真实气体的偏差也较大，这说明范德瓦尔斯方程并不完善，也是近似地表示了真实气体的宏观性质。实际上，无论是理想气体还是范德瓦尔斯气体，都是从实际气体抽象出的理想模型，它们都只是在不同的近似程度上反映了气体的实际情况，后者的近似程度较高一些。

尽管如此，范德瓦尔斯建立真实气体物态方程的工作曾对这一领域产生过巨大的影响，由他建立的方程，也对气体(特别是氢、氦)的液化理论起到了指导作用，并且在现代工程技术问题中仍有一定的指导意义。

范德瓦尔斯方程特别重要的特点是它的物理图像十分鲜明，突出了真实气体与理想气体的本质差别，即真实气体分子间有不同的斥力和引力作用。而且，推导中的核心思想之一是将众多分子对一个分子的引力以平均作用力来表示。这看起来很简单，但所产生的影响却十分深远，在后来人们处理多粒子系统时它得到了广泛应用。在 20 世纪相变理论中广为应用的平均场理论就是在这一想法的启发下发展起来的。例如，解释铁磁体变为顺磁体的外斯(Weiss)“分子场理论”，以及解释超流相变、超导相变、液晶相变的理论，都是平均场思想的光辉发展。不仅如此，该方程还是第一个能同时描述气态、液态及气-液相互转变的性质的物态方程，它能说明临界点的特征，从而揭示相变与临界现象的特点，是这类方程中形式最为简单的一个。因此，它是许多近似方程中物理意义清晰和使用最方便的一个。范德瓦尔斯获得 1910 年诺贝尔物理学奖。

2.6 其他气体的物态方程

真实气体的物态方程相当复杂，不同气体所遵循的规律也不同。研究真实气体的性质首先要求得精确的物态方程式。为了寻求适用于真实气体的物态方程，19 世纪以来，许多物理学家从不同的角度提出了各种设想，得到了许多不同形式的物态方程，至今仍在不断地发展和改进。物态方程的具体函数形式是不可以由热力学理论推导出来的，得出物态方程的方法一般有两种。一是从理论分析出发，考虑气体分子运动的行为而对理想气体物态方程引入一些常量加以修正，从而得出方程的表达形式。引入常量的值则根据实验数据确定，如我们上面介绍的范德瓦尔斯方程就是采用的这种方法。这类方程的特点是物理意义较为明确，形式简单，但在简化模型中作了某些假设，因而不够精确。二是直接利用由实验得到的各种状态参数数据，按热力学关系组成物态方程。其特点是准确性较高，但形式复杂，每个方程只能在某一特定范围内使用。这类方程最有代表性的是昂内斯(物态)方程(Onnes equation of state)，也称昂内斯方程，是荷兰物理学家卡默林·昂内斯(K. Onnes，他于 1908 年首次液化氦气，并于 1911 年发现超导电性)在研究永久性气体(氢、氦等)液化时，于 1901 年提出的描述真实气体的物态方程。按体积展开的卡默林·昂内斯方程为

$$pV_{\mathrm{m}} = A\left(1+\frac{B}{V_{\mathrm{m}}}+\frac{C}{V_{\mathrm{m}}^{2}}+\frac{D}{V_{\mathrm{m}}^{3}}+\cdots\right) \tag{2.6.1}$$

按压强展开的卡默林·昂内斯方程为

$$pV_{\mathrm{m}} = A'(1+B'p+C'p^{2}+D'p^{3}+\cdots) \tag{2.6.2}$$

这种展开称为位力展开(virial expansion)(在统计物理学中称为集团展开)。式中，V_{m} 为摩

尔体积；A、B、C 及 A'、B'、C' 分别为以体积展开和以压强展开的第一、第二、第三位力系数，它们不仅与气体种类有关，且都是温度的函数，其数值一般由实验确定。位力系数也可通过粒子间相互作用势能函数由统计物理推导出。比较位力系数的实验值和理论值，是得到粒子间势能函数的一种重要方法。

真实气体偏离理想气体越远，则展开级数越高。对于温度相同的所有理想气体，pV_m 具有相同的数值。由位力展开式(2.6.1)和式(2.6.2)知，当压强趋于零时，$A=A'$。与理想气体物态方程 $pV_m=RT$ 相比较，可知

$$A = A' = RT$$

说明第一位力系数只是温度的函数，与气体的性质无关。理想气体第二及以后所有位力系数均为零。即理想气体物态方程是一级近似下的卡默林·昂内斯方程。

对于 1mol 气体，将式(2.5.4) 形式的范德瓦尔斯方程按密度($1/V$)的幂次展开，得

$$p = \frac{RT}{V_m}\left(1-\frac{b}{V_m}\right)^{-1} - \frac{a}{V_m^2} = \frac{RT}{V_m}\left[1+\frac{b}{V_m}+\left(\frac{b}{V_m}\right)^2+\cdots\right]-\frac{a}{V_m^2}$$

与式(2.6.1)对比得范德瓦尔斯气体的位力系数为

$$B = b-\frac{a}{RT},\quad C = b^2$$

即范德瓦尔斯气体物态方程是二级近似下的卡默林·昂内斯方程。式中，R 为普适气体常量；a 和 b 都是常量，由实验测定。B 在低温下是负的，高温时变为正的，在转折点 $T_B=\frac{1}{R}\cdot\frac{a}{b}$ 处为零，称为玻意耳温度。

昂内斯方程主要应用于计算气体在低压及中等压强下的状态。关于真实气体的物态方程还有很多种，这里不再赘述。一般来说，通用性强的物态方程精确性较低，而精确性较高的物态方程通用性较差。

以下介绍几个与物态方程有关的物理量。

1）体积膨胀系数 α

$$\alpha = \frac{1}{V}\left(\frac{\partial V}{\partial T}\right)_p \tag{2.6.3}$$

α 给出在压强保持不变的条件下，温度升高 1K 所引起的物体体积的相对变化。

2）压强系数 β

$$\beta = \frac{1}{p}\left(\frac{\partial p}{\partial T}\right)_V \tag{2.6.4}$$

β 给出在体积保持不变的条件下，温度升高 1K 所引起的物体压强的相对变化。

3）等温压缩系数 κ_T

$$\kappa_T = -\frac{1}{V}\left(\frac{\partial V}{\partial p}\right)_T \tag{2.6.5}$$

κ_T 给出在温度保持不变的条件下，增加单位压强所引起的物体体积的相对变化。式中的负号是为了使 κ_T 取正值。

如果已知物态方程，由式(2.6.3)和式(2.6.5)可以求得 α 和 κ_T；反之，通过实验测得 α 和 κ_T 也可以获得有关物态方程的信息。

例题 2-6　密闭容器容积 $V=2.0\times10^{-2}\,\text{m}^3$，容器内盛有质量为 1.1kg 的 CO_2 气体，试

用范德瓦尔斯方程分别计算温度为13℃和1013℃时CO_2气体的压强。并将结果与相同状况下的理想气体进行比较。已知CO_2的范德瓦尔斯修正量为$a=0.3643\text{m}^6\cdot\text{Pa/mol}^2$，$b=4.27\times10^{-5}\text{m}^3/\text{mol}$，$CO_2$的摩尔质量为$M_m=44.0\times10^{-3}\text{kg/mol}$。

解：由式(2.5.5)，质量为M的气体的范德瓦尔斯方程为

$$\left(p+\nu^2\frac{a}{V^2}\right)(V-\nu b)=\nu RT$$

于是有

$$p_{范}=\frac{\frac{M}{M_m}RT}{V-\frac{M}{M_m}b}-\left(\frac{M}{M_m}\right)^2\frac{a}{V^2}$$

$$=\frac{\frac{1.1}{44.0\times10^{-3}}\times8.314\times(273+13)}{2.0\times10^{-2}-\frac{1.1}{44.0\times10^{-3}}\times4.27\times10^{-5}}-\left(\frac{1.1}{44.0\times10^{-3}}\right)^2\times\frac{0.3643}{(2.0\times10^{-2})^2}$$

$$=25.72\times10^5(\text{Pa})$$

若近似为理想气体，由理想气体物态方程得

$$p_{理}=\frac{\frac{M}{M_m}RT}{V}=\frac{\frac{1.1}{44.0\times10^{-3}}\times8.314\times(273+13)}{2.0\times10^{-2}}=29.32\times10^5(\text{Pa})$$

通过比较两计算结果可知，在体积为$2.0\times10^{-2}\text{m}^3$、温度为13℃的状态下，1.1kg的$CO_2$的范德瓦尔斯气体压强小于同状态下理想气体的压强。这是因为在此条件下，a对压强的影响比b的影响大，故按范德瓦尔斯方程算出的压强较小。

当温度$T=(273+1013)\text{K}=1286\text{K}$时，同理可得

$$p_{范}=133.55\times10^5\text{Pa}$$

$$p_{理}=131.82\times10^5\text{Pa}$$

由此可知，在温度为1013℃的状态下，CO_2的范德瓦尔斯气体压强大于理想气体的压强。进一步讨论获悉，在温度较高时，真实气体对理想气体偏离较小。

第2章思考题

2.1 1mol水占有多大体积？其中有多少水分子？假定水分子是紧密排列的，试估算1cm长度上排列有多少水分子？两相邻水分子间的距离和水分子的线度有多大？

2.2 无规则热运动首先由生物学家布朗在观察悬浮在水中的细小花粉颗粒运动时发现。有人说，热运动就是指花粉颗粒的无规则运动，这种说法正确吗？进一步说，若将水加热，花粉颗粒运动更加剧烈，这又说明了什么道理？

2.3 在推导理想气体压强公式中用到的理想气体的微观模型是什么？它有哪些实验根据？

2.4 在推导理想气体压强公式的过程中，什么地方用到了理想气体的微观模型？什么地方用到了平衡态的条件？什么地方用到了统计平均的概念？

2.5 在推导理想气体压强公式时，我们没有考虑分子与分子之间的碰撞。试问如果考虑到这种碰撞，是否会影响得到的结果？如果分子与器壁的碰撞是非弹性的，只要容器壁

和气体的温度相同，弹性和非弹性的效果就没有什么不同，这是为什么？

2.6 为什么说对于单个分子或少数分子根本不能谈温度的概念？

2.7 除课本给出的推导方法外，理想气体压强公式是否还有更为简单的推导方法，试述之。

2.8 对于一定量的气体来说，当温度不变时，气体的压强随体积的减小而增大(玻意耳定律)；当体积不变时，压强随温度的升高而增大(查理定律)。从宏观来看，这两种变化都会使压强增大。从微观(分子运动)来看，它们有什么区别？

2.9 保持气体的压强不变，使其温度升高1倍，则每秒与器壁碰撞的气体分子数以及每个分子在碰撞时给予器壁的冲量将如何变化？

2.10 从微观上来看，气体内声波的传播也是靠气体分子间的碰撞来实现的。试由此说明为什么气体中的声速和气体分子的方均根速率的数量级相同。

2.11 同一温度下，不同气体分子的平均平动动能相等。就氢分子 H_2 与氧分子 O_2 比较，H_2 分子的质量小，所以一个 H_2 分子的速率一定比 O_2 分子的速率大，这种说法对吗？

2.12 装有一定量气体的容器以一定的速度运动着，容器的器壁是用绝热材料做成的。如果容器由于和外界摩擦而使运动突然停止，保持体积不变，那么，里面的气体分子的运动将发生变化。问当气体再达到新平衡状态时，温度是否有变化？

2.13 小球在非弹性碰撞时会产生热，弹性碰撞时则不会产生热。气体分子的碰撞是弹性的，为什么气体会有热能？

2.14 为什么气体分子的热运动可以看作是在惯性支配下的自由运动？固体和液体中分子的运动是否也可以这样看？

2.15 试从分子动理论的观点，说明物质三态(固态、液态、气态)为什么有不同的宏观特性？

2.16 一容器内储有某种气体，若容器漏气，则容器内气体的温度是否会因漏气而变化？

2.17 范德瓦尔斯方程中 $p+\frac{a}{V^2}$ 和 $V-b$ 两项各有什么物理意义？其中，p 表示的是理想气体的压强，还是实测的压强？

第2章习题

2-1 一定量的理想气体储存于某一容器中，温度为 T，气体分子的质量为 m。根据理想气体的分子模型和统计假设，分子速度在 x 方向的分量平方的平均值应为________。

(A) $\overline{v_x^2}=\sqrt{\frac{3kT}{m}}$　(B) $\overline{v_x^2}=\frac{1}{3}\sqrt{\frac{3kT}{m}}$　(C) $\overline{v_x^2}=3kT/m$　(D) $\overline{v_x^2}=kT/m$

2-2 一定量的理想气体储存于某一容器中，温度为 T，气体分子的质量为 m。根据理想气体分子模型和统计假设，分子速度在 x 方向的分量的平均值________。

(A) $\overline{v_x}=\sqrt{\frac{8kT}{\pi m}}$　(B) $\overline{v_x}=\frac{1}{3}\sqrt{\frac{8kT}{\pi m}}$　(C) $\overline{v_x}=\sqrt{\frac{8kT}{3\pi m}}$　(D) $\overline{v_x}=0$

2-3 若室内生起炉子后温度从15℃升高到27℃，而室内气压不变，则此时室内的分子数减少了________。

(A) 0.5%　(B) 4%　(C) 9%　(D) 21%

2-4 一瓶氦气和一瓶氮气密度相同，分子平均平动动能相同，而且它们都处于平衡状态，则它们________。

(A) 温度相同、压强相同

(B) 温度、压强都不相同

(C) 温度相同,但氦气的压强大于氮气的压强

(D) 温度相同,但氦气的压强小于氮气的压强

2-5 已知某理想气体分子的方均根速率为 500m/s,当其压强为 $p=1.013\times10^5$ Pa 时,求气体的密度。

2-6 目前可获得的极限真空度为 1.013×10^{-13} Pa。求在此真空度下,温度为 20℃时,1cm³ 空气内的平均分子数?

2-7 试估计水的分子互作用势能的数量级,可近似认为此数量级与每个分子所平均分配到的汽化热数量级相同。再估计两个邻近水分子间的万有引力势能的数量级,判断分子力是否可以来自万有引力。(水的汽化热为 2.25×10^6 J/kg)

2-8 容积为 1.12×10^{-2} m³ 的真空系统已被抽到压强为 1.33×10^{-3} Pa 的真空。为了提高其真空度,将它放在 300℃的烘箱内烘烤,使器壁释放出吸附的气体。若烘烤后压强增为 1.33Pa,问器壁原来吸附了多少个气体分子。

2-9 容积 $V=1$ m³ 的容器内混有 $N_1=1.0\times10^{25}$ 个氢气分子和 $N_2=4.0\times10^{25}$ 个氧气分子,混合气体的温度为 400K,求:

(1) 气体分子的平动动能总和;

(2) 混合气体的压强。

2-10 容积为 2.5×10^{-3} m³ 的烧瓶内有 1.0×10^{15} 个氧分子、4.0×10^{15} 个氮分子和 3.3×10^{-10} kg 的氩气。设混合气体的温度为 150℃,求混合气体的压强。

2-11 一容器内储有 N_2,其压强为 $p=1.013\times10^5$ Pa,温度为 $t=27$℃,求:(1) 单位体积内的分子数;(2)氮气的密度;(3)氮分子的质量;(4)分子间的平均距离;(5)分子的平均平动动能。

2-12 容器内有质量 $M=2.66$ kg 氧气,已知其气体分子的平动能总和是 $E_K=4.14\times10^5$ J,求:(1)气体分子的平均平动动能;(2)气体温度。(阿伏伽德罗常量 $N_A=6.02\times10^{23}$ mol⁻¹,玻尔兹曼常量 $k=1.38\times10^{-23}$ J/K)

2-13 气体的温度为 $T=273$ K,压强为 $p=1.013\times10^3$ Pa,密度为 $\rho=1.29\times10^{-2}$ kg/m³。(1)求气体分子的方均根速率;(2)求气体的摩尔质量,并确定它是什么气体。

2-14 一粒小到肉眼恰好可见且质量为 10^{-11} kg 的灰尘微粒落入一杯冰水中,由于表面张力而浮在液体表面做二维自由运动。试问它的方均根速率是多少。

2-15 有一种生活在海洋中的单细胞浮游生物,它完全依赖热运动能量的推动在海水中浮游,以便经常与新鲜食物相接触。已知海水的温度为 27℃,这种生物的质量为 10^{-13} kg。它的方均根速率是多少?在一天中它浮游的平均总路程是多少?

2-16 一立方容器,每边长 1.0m,其中储有标准状态下的氧气,试计算容器壁每秒受到的氧分子碰撞的次数。(假设分子的平均速率和方均根速率的差别可以忽略)

2-17 一密闭容器中储有水及饱和蒸汽,水的温度为 100℃,压强为 1.013×10^5 Pa,已知在这种状态下每克水汽所占的体积为 1.67×10^{-3} m³ 水的汽化热为 2.25×10^6 J/kg。

(1) 每立方厘米水汽中含有多少个分子?

(2) 每秒有多少个水汽分子碰到水面上?

(3) 设所有碰到水面上的水汽分子都凝结为水,则每秒有多少分子从水中逸出?

(4) 试将水汽分子的平均动能与每个水分子逸出所需的能量进行比较。

2-18 把标准状态下 $22.4\times10^{-3}\text{m}^3$ 的氮气不断压缩,它的体积将趋于多少?设此时的氮分子是一个挨着一个紧密排列的,试计算氮分子的直径。此时由分子间引力所产生的内压强约为多大?已知对于氮气,范德瓦尔斯方程中的常数 $a=0.1361\text{m}^6\cdot\text{Pa/mol}^2$,$b=38.5\times10^{-6}\text{m}^3/\text{mol}$。

2-19 一立方容器的容积为 V,其中储有 1mol 的某气体。设把分子看作直径为 d 的刚体,并设想分子是一个一个放入容器的,问:

(1) 第一个分子放入容器后,其中心能够自由活动的空间体积是多大?

(2) 第二个分子放入容器后,其中心能够自由活动的空间体积是多大?

(3) 第 N_A 个分子放入容器后,其中心能够自由活动的空间体积是多大?

(4) 平均地讲,每个分子的中心能够自由活动的空间体积是多大?

由此证明,范德瓦尔斯方程中的修正量 b 约等于 1mol 气体所有分子体积总和的 4 倍。

2-20 1mol 氧气,压强为 $1.013\times10^8\text{Pa}$,体积为 $5.0\times10^{-5}\text{m}^3$,其温度是多少?若在此温度下气体可看作理想气体,其体积应为多少?

2-21 试计算压强为 $1.013\times10^7\text{Pa}$、密度为 100kg/m^3 的氧气的温度,并与理想气体作比较。已知氧气的范德瓦尔斯常量为 $a=0.1369\text{m}^6\cdot\text{Pa/mol}^2$,$b=31.8\times10^{-6}\text{m}^3/\text{mol}$。

第3章 气体分子热运动速率和能量的统计分布律

3.1 统计规律的基本概念

把一个硬币掷向高空，谁也不知道它落下来时是国徽朝上还是数字朝上。这类有可能出现多种结果，事先不能预言的现象称为**偶然现象**(haphazard phenomenon)，亦称随机现象。硬币落下后，要么是国徽朝上，要么是数字朝上。在一定条件下，一个偶然现象可以出现的多种结果中的一个，就称为一个**偶然事件**(haphazard)，亦称**随机事件**(random event)。硬币是国徽是一个偶然事件，硬币是数字也是一个偶然事件。用来描述事件的变量，如骰子的点数、分子速率等，称为**随机变量**(random variable)。随意掷出一个骰子(如果骰子公平)，可能会出现1点到6点中的任意一个；走到某十字路口时，可能正好是红灯，也可能正好是绿灯；组成气体的每一个分子在某一时刻的位置和运动状态是无法预知的。这些现象都是偶然的现象。研究这类现象的数学工具是概率论和统计。

有些规律是可以估计的。比如掷骰子，掷出骰子之后得到的结果只可能是6个数目之一，这体现了偶然性。描述大量偶然事件发生的可能性大小的数值称**概率**(probability)，记为P。数学中研究概率的理论称为**概率论**(probability theory)。如果你掷出一个骰子掷了1000次，得到6个数目中的任何一个的数值的概率就是1/6，这也说明大量偶然事件的整体是有规律可循的。而且有可能通过试验等方法来推测其规律。说明偶然事件中规律性的规律就是**统计规律**(statistical regularity)，统计规律是指通过对偶然现象的大量观察，所呈现出来的事物的整体性规律。概括地说，**统计规律性是支配大量个别偶然事件的整体行为的规律性**。统计规律与事物的单一个体的性质时而偶合，时而近似，时而没有什么联系。

概率是在0和1之间的一个数，即$0<P<1$，常用小数或百分数表示。比如，你对别人说你下个周末去崂山的概率是70%。但到了周末，你或者去，或者不去，不可能有分身术把70%的你放到崂山，而其余的放到别处。P越接近1，表示某事件发生的可能性越大；P越接近0，表示某事件发生的可能性越小。$P=1$表示事件必然发生，$P=0$表示事件不可能发生。它们是确定性的，不是偶然事件，但可以把它们看成偶然事件的特例。

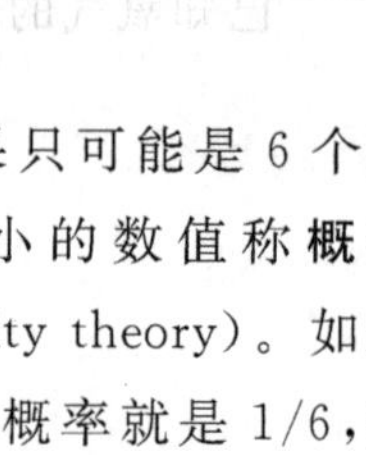

图3-1 伽尔顿板

为了说明统计分布规律，我们来看伽尔顿板实验。如图3-1所示，在一块竖直板的上部错落而有规则地钉上许多钉子，木板的下部用竖直的隔板隔成许多等宽的狭槽。板前挡上一块玻璃。从板顶漏斗形的

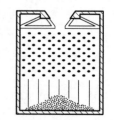

入口处可投入小球(类似绿豆大小),这种装置称为伽尔顿板。实验时可以将小球一个一个地投入漏斗,也可以将许多小球一起落入漏斗,观察比较这两种情形下各个不同槽中小球的数目。实验结果表明,把一个小球投入漏斗后,小球在钉子间弹来弹去,最后落入某一个狭槽中,然后,以相同条件再投入一个小球,结果发现它可能落入另外一个狭槽,多次重复这样的操作可以发现,单个小球经与钉子碰撞后落入哪个狭槽完全是随机的、偶然的。然后每次投入少量小球,则小球在各个槽中的分布情况也是无规律的。但是,如果同时投入大量的小球,则可看到,落入各狭槽的小球数目是不相等的,有些狭槽中落入的小球较多,另一些狭槽中落入的小球较少。多次重复该操作可以发现,只要小球数目足够大,各个狭槽中落入的小球数目的分布就基本上保持不变。例如,正对入口下方的附近狭槽内落入的小球总是较多,远离入口下方的狭槽内小球总是较少。总之,实验结果表明,尽管单个小球落入哪个狭槽这一个别事件是偶然的,少量小球按狭槽的分布也带有一定的偶然性,但大量小球按狭槽的分布情况则是确定的。这就是说,大量小球整体按狭槽的分布遵从一定的统计规律。

如何用数学描述小球按狭槽的分布或是小球按空间位置的分布呢?把小球按狭槽的分布用笔在玻璃板上画一条曲线,取横坐标 x 表示狭缝的水平位置,纵坐标 h 为狭槽内积累的小球的高度,得到如图 3-2(a)所示的小球按狭槽分布的直方图(histogram)。

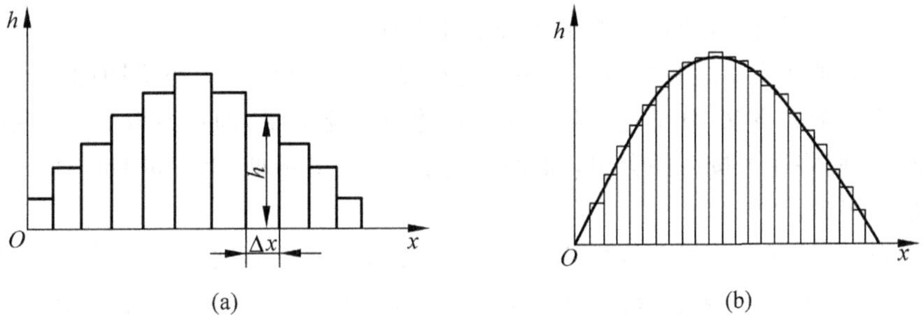

图 3-2　小球按狭槽分布

设小球总数为 N,落入第 i 个狭槽的小球数为 ΔN_i,则 $\frac{\Delta N_i}{N}$ 就是落入第 i 个狭槽的小球占总小球数的比率。$\frac{\Delta N_i}{N}$ 与第 i 个狭槽的宽度 Δx_i 以及狭槽中累积小球的高度 h_i 有关,小球经多次与钉子碰撞后落下来的最后位置 x 实际上是连续取值的。如果将狭槽的宽度精细化,在每个狭槽的宽度 Δx_i 趋于零的极限情况下,小球按狭槽分布的直方图就趋于一条连续光滑的曲线,如图 3-2(b)所示。在 $\Delta x_i \to 0$ 的极限情况下,小球落在 x 处附近 $\mathrm{d}x$ 区间内的概率,或 x 处附近 $\mathrm{d}x$ 区间内的小球数占总数 $N(N\to\infty)$ 的比率为

$$P = \lim_{\Delta x \to 0} \frac{\Delta N_i}{N} = \frac{\mathrm{d}N}{N} \tag{3.1.1}$$

3.2 气体分子的速率分布律

3.2.1 速率分布函数

处于平衡状态下的气体分子的速度的大小、方向是千差万别的，由于分子的频繁碰撞，每个分子在每一瞬时的速度大小、方向都在随机地变化着，使分子具有各种速度。因为分子数目巨大，且分子速度的大小和方向是无规则的，所以无法知道具有确定速度 v 的分子数是多少。但从总体统计地说，处于平衡态气体分子的速度还是有规律的。宏观物理量是微观量的统计平均值，计算统计平均值不需要知道每个分子的速度，但需要知道分子速度分布规律。1859 年，麦克斯韦用概率论首先得到平衡态气体分子按速度的分布律，我们称为麦克斯韦速度分布律。1868 年，玻尔兹曼用统计物理方法又做了严格地推导，结果与 1859 年麦克斯韦最初的推导结果完全一致。1920 年，德国物理学家施特恩(Otto Stern，1888—1969)首先通过分子射线使其得到证实。

如果不考虑分子运动速度的方向，只考虑分子速度的大小，则处于平衡态的气体分子按速率分布的规律称为麦克斯韦速率分布律。就是指出在总数为 $N(N\to\infty)$ 的分子中，具有各种速率的分子各有多少或它们各占分子总数的比率有多大。我们在 3.1 节伽尔顿板实验中讨论过小球按位置的分布，这里对分子速率分布的讨论与伽尔顿板实验中小球按位置的分布类似，只是我们将位置变量 x 换成了分子速率 v。

气体中的分子速率通过频繁碰撞而不断地改变，分子以各种大小不同的速率向各方向运动。按经典力学的概念，分子速率是一个可以连续变化的量，即可以取 0～∞区间内的任何值。因此，我们将速率按区间分组，如速率区间 $v\sim v+\mathrm{d}v$(如 300～301m/s)，来说明各区间的分子数是多少。

在平衡态下，设气体分子总数为 $N(N\to\infty)$，分布在速率区间 $v\sim v+\mathrm{d}v$ 之间的分子数目为 $\mathrm{d}N$($\mathrm{d}N$ 在宏观上足够小，在微观上充分大，即其中包含的分子数仍然足够多)，则在 $v\sim v+\mathrm{d}v$之间分子数与总分子数的比率为$\frac{\mathrm{d}N}{N}$，它也表示单个分子的速率在 $v\sim v+\mathrm{d}v$ 范围内出现的概率。在不同的速率区间，比率$\frac{\mathrm{d}N}{N}$不同，它与速率 v 有关，应是 v 的函数。另一方面，在给定的速率 v 附近，所取的区间 $\mathrm{d}v$ 越大，则分布在这个区间内的分子数就越多，比率$\frac{\mathrm{d}N}{N}$也就越大，在 $\mathrm{d}v$ 足够小的情况下，可认为$\frac{\mathrm{d}N}{N}$与 $\mathrm{d}v$ 成正比。因此，有

$$\frac{\mathrm{d}N}{N}=f(v)\mathrm{d}v \tag{3.2.1}$$

或

$$f(v)=\frac{\mathrm{d}N}{N\mathrm{d}v} \tag{3.2.2}$$

式中，$f(v)$为气体分子的**速率分布函数**，其物理意义是分子速率在 v 附近单位速率间隔内的分子数占总分子数的比率。它也表示单个分子的速率出现在 v 附近单位速率间隔内的概率。

由式(3.2.1)得

$$dN = Nf(v)dv$$

对上式积分则得分布在任意有限速率范围 $v_1 \sim v_2$ 的分子数 ΔN 为

$$\Delta N = \int_{v_1}^{v_2} Nf(v)dv$$

速率范围 $v_1 \sim v_2$ 内的分子数 ΔN 占总分子数 N 的比率，或单个分子速率出现在 $v_1 \sim v_2$ 范围内的概率为

$$\frac{\Delta N}{N} = \int_{v_1}^{v_2} f(v)dv \tag{3.2.3}$$

同样，对所有速率区间积分，有

$$\int_0^{\infty} f(v)dv = 1 \tag{3.2.4}$$

所有速率分布函数必须满足这一条件，式(3.2.4)称为速率分布函数的**归一化条件**。

3.2.2　麦克斯韦速率分布律

1859 年，麦克斯韦根据气体在平衡状态下大量分子无规则运动所满足的统计假设并借助于概率论，从理论上推导出气体分子的数目按速率分布的规律为

$$\frac{dN}{N} = 4\pi\left(\frac{m}{2\pi kT}\right)^{\frac{3}{2}} e^{-\frac{mv^2}{2kT}} \cdot v^2 dv \tag{3.2.5}$$

这就是**麦克斯韦分子速率分布律**(Maxwell Speed Distribution Law of Gases)。与式(3.2.1)对比可知分子速率分布函数为

$$f(v) = 4\pi\left(\frac{m}{2\pi kT}\right)^{\frac{3}{2}} e^{-\frac{mv^2}{2kT}} \cdot v^2 \tag{3.2.6}$$

式中，m 为一个分子的质量；T 为气体的热力学温度；k 为玻尔兹曼常量。

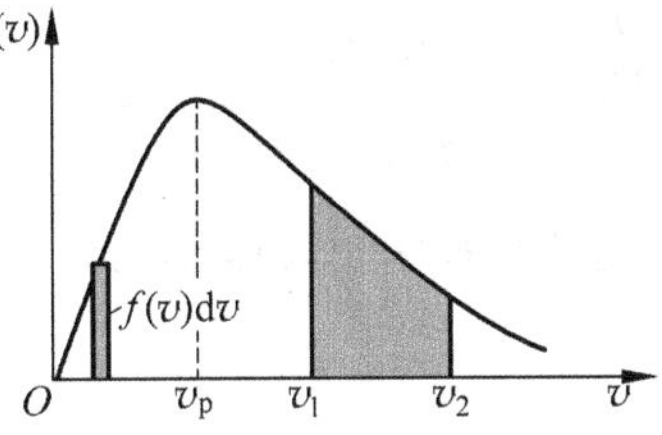

图 3-3　分子速率分布曲线

以速率 v 为横坐标，$f(v)$ 为纵坐标，根据式(3.2.6)画出 $f(v)$-v 关系曲线，如图 3-3 所示，该曲线称为速率分布曲线。它形象地给出了气体分子按速率的分布情况。曲线的形状不对称，随着速率的增加而增加，在出现一个极大值后逐渐降低而趋于横轴。图中左边窄条面积为 $f(v)dv$，表示气体处于平衡态时，分布在任意速率区间 $v \sim v+dv$ 内的分子数与总分子数的比率 dN/N，而任意有限速率范围 $v_1 \sim v_2$ 内曲线下的面积(如图中右边画斜线部分的面积)表示分布在这范围内的分子数与总分子数的比率 $\Delta N/N$，即曲线下面积表示概率。整个曲线下面积，表示速率在 0～∞区间内分子出现的概率，它必等于 1。或者说，在 0～∞区间内分子数占总分子数的比率为 $N/N=1$，即速率分布函数 $f(v)$ 满足归一化条件。对式(3.2.6)在速率区间 0～∞进行积分同样可以证明，$f(v)$ 曲线下的面积等于 1。

3.2.3　三种统计速率

1. 最概然速率 v_p

由图 3-3 可知，分子速率分布曲线从坐标原点出发，经过一个极大值之后，随着速率的增大而又逐渐趋近于横坐标轴，这说明在气体中，分子的速率可以具有 0～∞之间的一切数

值。但是速率很大和速率很小的分子数所占的比率都很小，而具有中等速率的分子数很多，所占的比率很大。在某一速率 v_p 处所对应的速率分布函数 $f(v)$ 有极大值，v_p 称**最概然速率**(the most probable speed)。由于 v_p 是 $f(v)$ 曲线峰值所对应的速率，所以可以由数学上求极值的方法求得 v_p。$f(v)$ 函数有极值的条件是

$$\frac{\mathrm{d}}{\mathrm{d}v}f(v)=0$$

将式(3.2.6)代入得

$$\left(2v_p-\frac{m}{2kT}\cdot 2v_p^3\right)\mathrm{e}^{-\frac{mv_p^2}{2kT}}=0$$

由于分布在 v_p 附近单位速率间隔内的分子比率最大，因而 v_p 不可能为零或无限大，得

$$v_p=\sqrt{\frac{2kT}{m}}=\sqrt{\frac{2RT}{M_m}}\approx 1.41\sqrt{\frac{RT}{M_m}} \tag{3.2.7}$$

式(3.2.7)表明，对于同一种气体，v_p 随气体温度 T 的升高而增大，图 3-4 给出两种不同温度下的速率分布曲线，图中 $T_2>T_1$。由于曲线下的总面积等于 1，所以温度高的曲线变得平坦些，也就是说，气体中分子速率较大的分子数增多，最概然速率变大，气体分子无规则运动越剧烈。当气体温度 T 一定时，v_p 又随着分子质量 m 的增大而减小，图 3-5 中 $m_2<m_1$。由此可见，速率分布曲线的形状由气体的温度和气体的性质决定。当温度和气体确定时，v_p 就确定，则分布曲线的形状也就确定了，所以 v_p 表征了速率分布的性质。

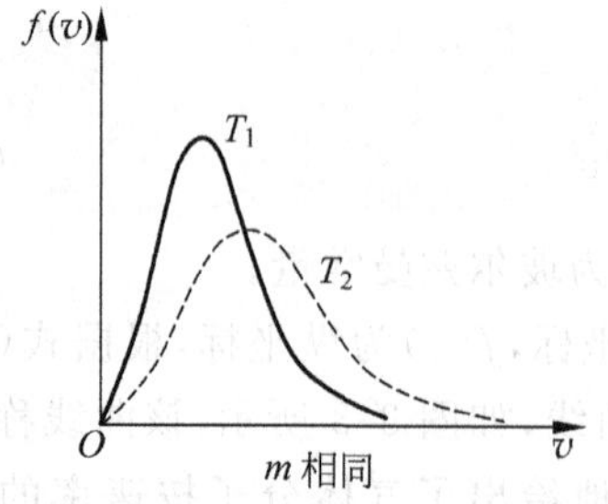

图 3-4 速率分布与温度的关系

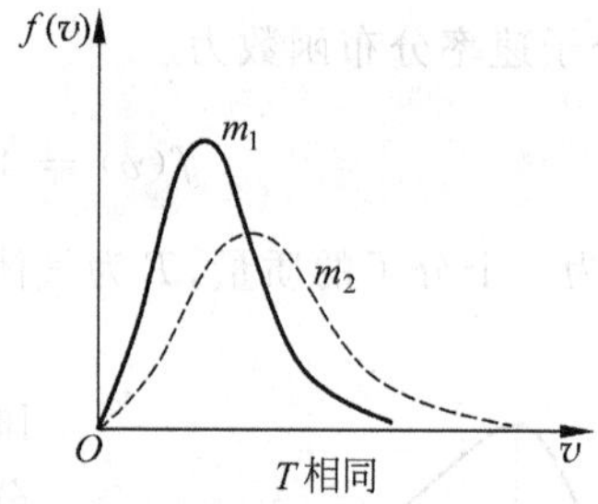

图 3-5 速率分布与气体种类的关系

2. 平均速率 $\bar{v}$

大量分子无规则运动速率的统计平均值称为分子的平均速率，记为 $\bar{v}$。设总分子数为 N，具有分子速率 v_i 的分子数为 N_i，则分子速率的平均值就是 N 个分子速率的总和除以总分子数 N，即

$$\bar{v}=\frac{\sum N_i v_i}{\sum N_i} \tag{3.2.8}$$

式中，N_i 为分子速率为 v_i 的分子数。我们的研究对象是大量分子，分子速率取连续值，将速率按区间分组。将式(3.2.8)中的 N_i 换成在速率区间 $v\sim v+\mathrm{d}v$ 内的分子数 $\mathrm{d}N$，由于 $\mathrm{d}v$ 很小，可认为这个小区间内的 $\mathrm{d}N$ 个分子的速率均为 v，速率之和就是 $v\mathrm{d}N$。又因为在不同速率附近的等间隔区间内的分子数不同，其分布要用速率分布函数 $f(v)$ 描述，则在速率区间 $v\sim v+\mathrm{d}v$ 内的分子数 $\mathrm{d}N=Nf(v)\mathrm{d}v$，将式(3.2.8)中的求和符号换成积分符号，则

$$\bar{v}=\frac{\int v\mathrm{d}N}{\int \mathrm{d}N}=\frac{\int_0^{\infty} vNf(v)\mathrm{d}v}{N}=\int_0^{\infty} vf(v)\mathrm{d}v$$

再将式(3.2.6)代入得

$$\bar{v}=4\pi\left(\frac{m}{2\pi kT}\right)^{3/2}\int_0^{\infty}\mathrm{e}^{-\frac{mv^2}{2kT}}v^3\mathrm{d}v$$

利用 Γ 函数的积分①可得

$$\bar{v}=\sqrt{\frac{8kT}{\pi m}}=\sqrt{\frac{8RT}{\pi M_{\mathrm{m}}}}\approx 1.60\sqrt{\frac{RT}{M_{\mathrm{m}}}} \tag{3.2.9}$$

3. 方均根速率 $\sqrt{\overline{v^2}}$

方均根速率就是分子速率平方的统计平均值的平方根。利用求平均速率相同的方法，可得分子速率平方的平均值为

$$\overline{v^2}=\int_0^{\infty} v^2\frac{\mathrm{d}N}{N}=\int_0^{\infty} v^2 f(v)\mathrm{d}v=4\pi\left(\frac{m}{2\pi kT}\right)^{3/2}\int_0^{\infty}\mathrm{e}^{-\frac{mv^2}{2kT}}v^4\mathrm{d}v$$

同样利用 Γ 函数的积分可得

$$\overline{v^2}=\frac{3kT}{m}$$

由此得到的方均根速率为

$$\sqrt{\overline{v^2}}=\sqrt{\frac{3kT}{m}}=\sqrt{\frac{3RT}{M_{\mathrm{m}}}}\approx 1.73\sqrt{\frac{RT}{M_{\mathrm{m}}}} \tag{3.2.10}$$

与式(2.3.3)结果一致。

由式(3.2.7)、式(3.2.9)、式(3.2.10)确定的三种统计速率均与温度的平方根成正比，与分子的质量或气体的摩尔质量的平方根成反比。从物理机制来说，当温度升高时，分子热运动加剧，速率大的分子数增多，速率小的分子数减少，v_{p} 增大。三种统计速率中方均根速率最大，最概然速率最小，三者具有同一个数量级，且数值相近。由式(3.2.9)和式(3.2.10)计算得到方均根速率与平均速率的比值为 1.085，其偏差为 8.5%。利用此可进行一些简化的计算，如习题 2-16。

三种统计速率各有不同的应用。例如，最概然速率常用于讨论分子的速率分布，方均根速率用于讨论气体的压强、内能和热容中计算分子平均平动动能，在气体的输运过程中计算分子碰撞频率、自由程问题时会用到平均速率。

三种速率都是速率的各种统计平均值，都反映了大量分子做热运动时的统计规律。统计规律的特点之一是永远伴随着涨落现象。由于我们的研究对象包含有大量分子，其相对均方根偏差是微不足道的。即使对于压强为 1.3×10^{-11} Pa 的高真空度，利用 $p=nkT$ 可算出在常温下 $1\mathrm{m}^3$ 内仍有 10^9 个分子，其相对均方根偏差还不到千分之一。因此，麦克斯韦速率分布可适用于一切处于平衡态的宏观容器中的气体。

---

① Γ 函数定义：$\Gamma(\alpha)=\int_{-\infty}^{\infty}x^{\alpha-1}\mathrm{e}^{-x}\mathrm{d}x=2\int_0^{\infty}x^{2\alpha-1}\mathrm{e}^{-x^2}\mathrm{d}x$

Γ 函数递推关系：$\Gamma(\alpha)=(\alpha-1)\Gamma(\alpha-1)$

Γ 函数两个特殊值：$\Gamma\left(\frac{1}{2}\right)=\sqrt{\pi}$，$\Gamma(1)=1$

理论和实践证明：不论是理想气体还是非理想气体，也不管是否处于外力场中，只要气体处于平衡态，麦克斯韦速率分布律都是成立的。

3.2.4 用约化速率表示的麦克斯韦速率分布律

在利用式(3.2.6)进行计算时，有些积分较复杂，不易求解。若某速率附近速率区间较小(如500～501m/s)，在较一般性的估算中我们可将速率分布函数简化。将式(3.2.5)的dN换成ΔN，dv换成Δv，引进约化(或相对)速率u，其表达式为

$$u=\frac{v}{v_p}$$

则

$$\frac{mv^2}{2kT}=\frac{v^2}{v_p^2}=u^2$$

$$\Delta v=v_p\Delta u$$

麦克斯韦速率分布律式(3.2.6)可约化为

$$f(v)\Delta v=\frac{\Delta N}{N}=\frac{4}{\sqrt{\pi}}e^{-u^2}u^2\Delta u \tag{3.2.11}$$

式(3.2.11)就是用约化速率表示的麦克斯韦速率分布律。在一定的问题中，气体的温度和气体的种类是一定的，则最概然速率是完全确定的。因此，用约化速率表示的麦克斯韦速率分布律式(3.2.11)与用速率表示的麦克斯韦速率分布律式(3.2.6)是一样的。也就是说，在N个分子中速率在$v\sim v+dv$区间内的分子数与约化速率在$u\sim u+du$区间内的分子数是相同的。在一般性的估算中用式(3.2.11)更便于计算。

例题 3-1 计算He原子和N_2在20℃时的方均根速率，并以此说明地球大气中为何没有氦气和氢气，而富有氮气和氧气。

解：He原子和N_2的方均根速率分别为

$$\sqrt{\overline{v^2}}_{He}=\sqrt{\frac{3RT}{M_{He}}}=\sqrt{\frac{3\times 8.31\times 293}{4.00\times 10^{-3}}}=1.35(km/s)$$

$$\sqrt{\overline{v^2}}_{N_2}=\sqrt{\frac{3RT}{M_{N_2}}}=\sqrt{\frac{3\times 8.31\times 293}{28.0\times 10^{-3}}}=0.417(km/s)$$

物体脱离地球引力的最小速度(逃逸速度)为$v_{地}=11.2km/s$

通过计算可得

$$\sqrt{\overline{v^2}}_{He}\approx\frac{1}{8}v_{地}\quad \sqrt{\overline{v^2}}_{H_2}\approx\frac{1}{6}v_{地}\quad \sqrt{\overline{v^2}}_{N_2}\approx\frac{1}{25}v_{地}$$

在大约500km的高空中，空气极其稀薄，分子间的碰撞较低空中减少。由于分子速率分布的原因，有些分子的速率必然大于$v_{地}$而飞离地球。由于分子质量越小，方均根速率越大，分子的动能也越大，因而氢、氦等气体分子能够达到逃逸速率的比值大于氮等气体分子，虽说只有少量分子的速率能达到$v_{地}$，分子失散得很慢，但几十亿年过去后，如今的大气层中就没有氦气和氢气了。又如，月球的逃逸速率$v_{月}=2.4km/s$远小于$v_{地}$，故月球上气体分子逃逸得比地球上快，以致已经不存在大气层了。太阳也有大气层，太阳的大气逃逸称为太阳风。太阳风都是带电粒子，若没有地球磁层的保护，生命将不存在。太阳大气层的扰动，会使吹向地球的太阳风的强度增加数个数量级，它可能会破坏卫星

通信、电力供应等。

例题 3-2 试求温度为 27℃时的氢气中，速率在 1900～1905m/s 之间的分子数比率。

解：由于 $\Delta v=5\text{m/s}\ll 1900\text{m/s}$，由题意可得

最概然速率

$$v_p=\sqrt{\frac{2RT}{M_m}}=\sqrt{\frac{2\times 8.31\times 300}{2\times 10^{-3}}}=1.58\times 10^3(\text{m/s})$$

约化速率

$$u=\frac{v}{v_p}=\frac{1.9\times 10^3}{1.58\times 10^3}=1.2$$

约化速率区间

$$\Delta u=\frac{\Delta v}{v_p}=\frac{5}{1.58\times 10^3}=3.2\times 10^{-3}$$

利用式(3.2.11)可得速率在 1900～1905m/s 之间的分子数比率为

$$\frac{\Delta N}{N}=\frac{4}{\sqrt{\pi}}e^{-u^2}u^2\Delta u=\frac{4}{\sqrt{\pi}}e^{-1.2^2\times 1.2^2\times 3.2\times 10^{-3}}=0.25\%$$

例题 3-3 假设某星体是由氦原子核在空间均匀分布所形成的气团，试确定当氦原子核的最概然速率分别为 10^6m/s、10^3m/s、1m/s 时，星体的温度各为多少？

解：由 $v_p=\sqrt{\frac{2RT}{M_m}}$ 得

$$T=\frac{m}{2k}v_p^2=\frac{M_m}{2R}v_p^2$$

将氦的摩尔质量 $M_m=4.0\times 10^{-3}$kg/mol、普适气体常量 R 及各最概然速率代入上式，计算得到星体的温度分别为

$$v_{p1}=10^6\text{m/s 时}，\quad T_1=2.407\times 10^8\text{K}$$
$$v_{p2}=10^3\text{m/s 时}，\quad T_2=2.407\times 10^2\text{K}$$
$$v_{p3}=1\text{m/s 时}，\quad T_3=2.407\times 10^{-4}\text{K}$$

3.3 麦克斯韦速度分布律

3.3.1 速度空间与速度分布函数

在讨论分子速率分布中，没有考虑分子速度的方向。下面讨论分子速度的分布规律。在经典物理学中，微观粒子的运动状态可以用位置坐标和动量来描述。用位置坐标架设的空间称位形空间(configuration space)。例如，通常我们所熟悉的以质点位置坐标 x、y、z 为坐标轴建立直角坐标系对应的空间就是**位形空间**。在不计相对论效应的情况下，动量可由速度来描述。为了直观、形象地讨论分子速度的概率分布，我们引入**速度空间**(velocity space)。所谓速度空间就是以速度的三个分量 v_x、v_y、v_z 为轴组成一个直角坐标系，这个坐标系所对应的空间就是速度空间。在速度空间里每个分子的速度矢量都用一个起点为坐标

原点的矢量 **P** 表示，矢量的端点坐标正好是速度 $\boldsymbol{v}$ 的三个分量 (v_x, v_y, v_z)，将此点看作是该分子的代表点，如图 3-6(a)所示。即在速度空间中从原点到任意一点的矢量端点代表一个分子可能的速度。由于分子数目是巨大的，而且分子运动是无规则的，其速度大小和方向可以是任意的。因此当气体处于平衡态时，代表点可以落在速度空间的任意位置，代表点在速度空间的运动轨迹就描绘出整个气体分子速度的变化情况。若气体总分子数为 N，在某一时刻速度空间就有 N 个代表点。任意时刻气体分子的速度分量在 $v_x \sim v_x + \mathrm{d}v_x$、$v_y \sim v_y + \mathrm{d}v_y$、$v_z \sim v_z + \mathrm{d}v_z$ 区间的分子数应当等于速度空间中的相应体积元 $\mathrm{d}\omega = \mathrm{d}v_x \mathrm{d}v_y \mathrm{d}v_z$ 里的代表点数，如图 3-6(b)所示，若此体积元内包含分子代表点的个数为 $\mathrm{d}N$，则分子代表点出现在此体积元里的比率为 $\mathrm{d}N/N$。类似于速率分布，气体分子的速度分布律可表示为

$$\frac{\mathrm{d}N(v_x, v_y, v_z)}{N} = f(v_x, v_y, v_z)\mathrm{d}v_x \mathrm{d}v_y \mathrm{d}v_z \tag{3.3.1}$$

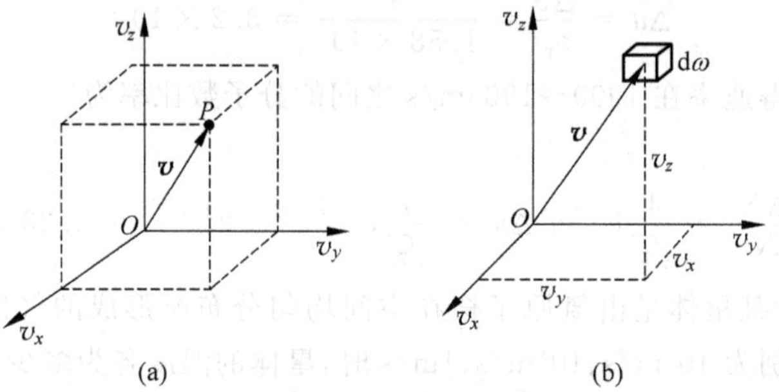

图 3-6 速度空间

式中，$f(v_x, v_y, v_z)$ 为**速度分布概率密度**，代表分子速度在 $\boldsymbol{v}$ 附近单位速度体积元内的分子数占总分子数的比率，即表示在 $\boldsymbol{v}$ 附近体积元 $\mathrm{d}\omega = \mathrm{d}v_x \mathrm{d}v_y \mathrm{d}v_z$ 内代表点的相对密集程度。在速度空间里各处的 $f(v_x, v_y, v_z)$ 的大小不同，反映了气体分子的代表点在速度空间里分布的疏密不同，故 $f(v_x, v_y, v_z)$ 又称为气体分子的速度分布函数。

麦克斯韦最早用概率统计的方法及速度分布函数应满足归一化条件，从理论上推导出：当气体处于平衡态时，任意时刻气体分子的速度分量在 $v_x \sim v_x + \mathrm{d}v_x$、$v_y \sim v_y + \mathrm{d}v_y$、$v_z \sim v_z + \mathrm{d}v_z$ 区间的分子数占总分子数的比率为

$$\frac{\mathrm{d}N(v_x, v_y, v_z)}{N} = \left(\frac{m}{2\pi kT}\right)^{3/2} \mathrm{e}^{-m(v_x^2+v_y^2+v_z^2)/2kT} \mathrm{d}v_x \mathrm{d}v_y \mathrm{d}v_z \tag{3.3.2}$$

式(3.3.2)称为**麦克斯韦速度分布律**(Maxwell velocity distribution)。

因而麦克斯韦速度分布函数为

$$f(v_x, v_y, v_z) = \left(\frac{m}{2\pi kT}\right)^{3/2} \mathrm{e}^{-m(v_x^2+v_y^2+v_z^2)/2kT} \tag{3.3.3}$$

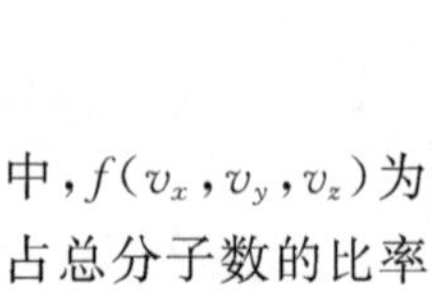

图 3-7 速率体积元

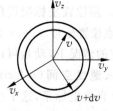

麦克斯韦速率分布式(3.2.5)是麦克斯韦速度分布式(3.3.2)的特例。由于速率分布只考虑速度的大小而不考虑速度的方向，速度方向可以是任意的。所以在速度空间中，速率区间 $v \sim v + \mathrm{d}v$ 是一个半径为 v、厚度为 $\mathrm{d}v$ 的球壳，如图 3-7 所示。速率体积元 $\mathrm{d}\omega$ 就是球壳的体积，即

$$\mathrm{d}\omega = 4\pi v^2 \mathrm{d}v$$

以 $4\pi v^2 \mathrm{d}v$ 代替式(3.3.2)中的 $\mathrm{d}v_x \mathrm{d}v_y \mathrm{d}v_z$，并且考虑到 $v^2=v_x^2+v_y^2+v_z^2$，就可由式(3.3.2)得到式(3.2.5)。

由式(3.3.3)可写出各速度分量的麦克斯韦分布函数为

$$\begin{cases} f(v_x) = \left(\dfrac{m}{2\pi kT}\right)^{1/2} \mathrm{e}^{-mv_x^2/2kT} \\ f(v_y) = \left(\dfrac{m}{2\pi kT}\right)^{1/2} \mathrm{e}^{-mv_y^2/2kT} \\ f(v_z) = \left(\dfrac{m}{2\pi kT}\right)^{1/2} \mathrm{e}^{-mv_z^2/2kT} \end{cases} \tag{3.3.4}$$

例题 3-4　容器中的气体处于平衡状态，试用麦克斯韦速度分量分布函数，求单位时间内碰撞到单位面积容器壁上的分子数 Γ。

解：取直角坐标系 xyz，在与 x 轴垂直的器壁上取一小块面积 $\mathrm{d}A$，设单位体积内的气体分子数密度为 n，则单位体积内速度分量 v_x 在 $v_x \sim v_x+\mathrm{d}v_x$ 之间的分子数为 $nf(v_x)\mathrm{d}v_x$。在所有 v_x 介于 $v_x \sim v_x+\mathrm{d}v_x$ 之间的分子中，在时间 $\mathrm{d}t$ 内，能够与 $\mathrm{d}A$ 相碰的分子只是位于以 $\mathrm{d}A$ 为底、以 $v_x \mathrm{d}t\mathrm{d}A$ 为高的柱体内的那一部分，其数目为

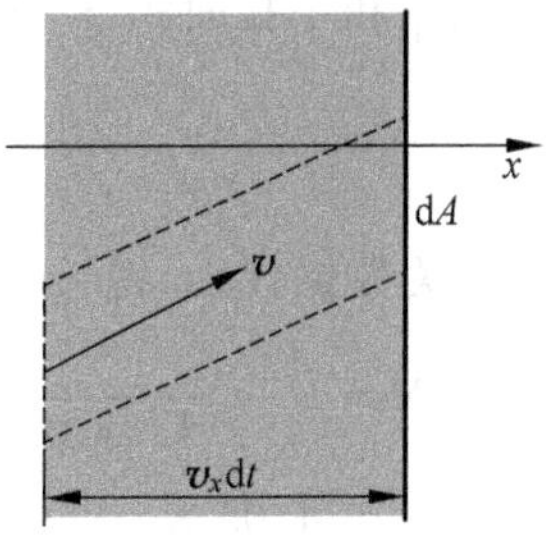

例题 3-4 图

$$nf(v_x)\mathrm{d}v_x \cdot v_x \mathrm{d}t\mathrm{d}A = nv_x f(v_x)\mathrm{d}v_x \cdot \mathrm{d}t\mathrm{d}A$$

因此，单位时间内碰到单位面积器壁上速度分量 v_x 在 $v_x \sim v_x+\mathrm{d}v_x$ 之间的分子数即为

$$nv_x f(v_x)\mathrm{d}v_x = nv_x \left(\frac{m}{2\pi kT}\right)^{\frac{1}{2}} \mathrm{e}^{-mv_x^2/2kT}\mathrm{d}v_x$$

从 0～∞积分，得

$$\Gamma = n\left(\frac{kT}{2\pi m}\right)^{1/2} = \frac{1}{4}n\bar{v}$$

$$\Gamma = \frac{1}{4}n\bar{v} \tag{3.3.5}$$

式中，$\bar{v}$ 为分子的平均速率。

若器壁上有一小孔，上述与器壁碰撞的分子就会从小孔中逸出容器。分子从小孔中逸出的现象称为泻流现象(effusion phenomenon)。若开小孔的器壁很薄，则逸出小孔的分子数与碰撞到器壁的气体分子数目相等，则本题所求的就是单位时间内由单位面积泻出的气体分子数量，称为泻流量，记为 Γ。

由于气体分子的平均速率 $\bar{v}=\sqrt{\dfrac{8kT}{\pi m}} \propto \dfrac{1}{\sqrt{m}}$，由式(3.3.5)可知，泻流量 $\Gamma \propto \dfrac{1}{\sqrt{m}}$，即质量小的分子更易于逸出小孔。设容器中有两种气体，它们的分子数密度分别为 n_1 和 n_2，质量分别为 m_1 和 m_2，则泻流量之比为

$$\frac{\Gamma_1}{\Gamma_2} = \frac{n_1}{n_2}\sqrt{\frac{m_2}{m_1}}$$

不同质量的物质泻流量不一样，在泻流出的气体中，分子质量较小的组分会相对增加。利用这种方法可以分离同位素。

例题 3-5　一容器的器壁上开有一直径为 2.0×10^{-4} m 的小圆孔，容器储有 100℃的水

银，容器外被抽成真空，已知水银在此温度下的蒸气压为 37.3Pa。

(1) 求容器内水银蒸气分子的平均速率；

(2) 每小时有多少水银从小孔逸出？

(水银摩尔质量 $M_m = 201\times10^{-3}$kg/mol)

解：(1) 平均速率

$$\bar{v}=\sqrt{\frac{8RT}{\pi M_m}}=\sqrt{\frac{8\times8.31\times(273+100)}{3.14\times201\times10^{-3}}}=1.98\times10^2\,(\mathrm{m/s})$$

(2) 逸出分子数就是与小孔处相碰的分子数，由式(3.3.5)得每小时从小孔逸出的分子数为

$$N=\frac{1}{4}n\bar{v}\cdot S\cdot t$$

将 $n=\frac{p}{kT}$ 和小孔面积 $S=\pi\left(\frac{d}{2}\right)^2$（$d$ 为孔直径）代入上式，得

$$N=\frac{1}{4}\cdot\frac{p}{kT}\bar{v}\cdot\pi\left(\frac{d}{2}\right)\cdot t$$

再将有关数据代入，得

$$N=\frac{1}{4}\times\frac{37.3}{1.38\times10^{-23}\times373}\times1.98\times10^2\times3.14\times\left(\frac{2.0\times10^{-4}}{2}\right)^2\times3600$$
$$=4.05\times10^{19}\,(\text{个})$$

逸出水银质量为

$$M=mN=\frac{M_m}{N_A}N=\frac{201\times10^{-3}}{6.02\times10^{23}}\times4.05\times10^{19}=1.35\times10^{-5}\,(\mathrm{kg})$$

3.3.2 用分子射线实验验证麦克斯韦速度分布律

在麦克斯韦推导出分子速度分布律后，由于当时实验技术的限制，还无法通过实验验证它。随着实验技术的发展，1920 年，德国物理学家施特恩(Otto Stern，1888—1969)首先通过分子射线实验证实了分子速率分布。分子射线就是分子做准直很好的定向运动。之后又不断有人改进和提高实验技术。如 1934 年，我国物理学家葛正权第一次以精确数据验证了麦克思韦分子速率分布。到 1955 年，美国哥伦比亚大学的密勒(Miller)和库什(Kusch)针对麦克斯韦气体分子速率分布定律给出了高精度的实验验证。

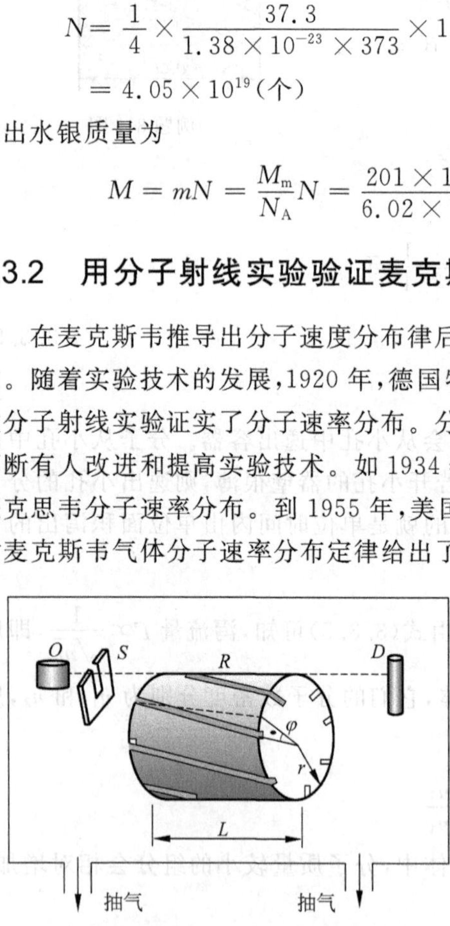

图 3-8 测定分子速率分布的实验装置

图 3-8 是用来产生分子射线并可测定射线中分子速率分布的实验装置示意图。图中，O 为产生金属(如水银、钾、铋、铊等)蒸气的源，蒸气分子从 O 上小孔射出，经定向狭缝 S 形成一细束分子射线(也称分子束)到达 R。R 是长为L 且刻有许多螺旋形细槽的铝钢滚筒(滤速器)，每条细槽的入口与出口之间的夹角为 φ，D 为探测器，用以测定通过细槽的分子数(射线强度)。整个装置都置于高真空容器中。实

验时，使蒸气源的温度保持恒定。当滚筒 R 以匀角速度 ω 转动时，虽然分子射线中各种速率的分子都能进入滚筒上的细槽，但是由于分子速率的大小不同，能通过 R 上螺旋形细槽所需的时间 t 也不同，所以并非任意速率的分子都能通过螺旋形细槽而到达 D。设分子速率为 v，则

$$L = vt,\quad \varphi = \omega t$$

即

$$v = \frac{\omega}{\varphi}L \tag{3.3.6}$$

只有分子速率满足式(3.3.6)条件的原子才能到达探测器 D，而其他速率的原子将沉积在槽壁上。因 φ、L 不变，随转速 ω 的不同而有不同速率的分子通过 R，所以 R 有速率选择的作用。槽有一定的宽度，相当于夹角 φ 有一个 $\Delta\varphi$ 大小的变化范围。相应地，对于一定的转速 ω，通过细槽的原子速率在 $v\sim v+\mathrm{d}v$ 之内。用探测器 D 测定通过细槽的分子数（射线强度），就可得到由狭缝 S 溢出的速率为 v 的分子的分布律。改变圆筒角速度 ω 可获得不同速率区间的分子射线。用 N 表示到达 D 上的总分子数，ΔN 表示转速为 ω 时到达 D 上的分子数，也就是速率在 $v\sim v+\mathrm{d}v$ 区间的分子数。显然，$\Delta N/N$ 就是分子速率在 $v\sim v+\mathrm{d}v$ 区间的分子数占总分子数的比率，测定对应于不同 ω 的到达 D 的分子数，就可以知道分布在各速率 $v\sim v+\mathrm{d}v$ 区间的分子数的比率。以射线强度 $\Delta N/N$ 为纵坐标，以相对速率 v/v_{p} 为横坐标作图，再与理论上得到的曲线对比，其理论结果与实验结果吻合得很好，从而证明了麦克斯韦速率分布律及速度分布律的正确性。

3.4 玻尔兹曼分布律

麦克斯韦速度分布律是描述在平衡状态不受外力场作用下分子按速度分布的情况。这时分子在空间分布是均匀的，气体分子在空间各处的密度以及压强和温度都是处处均匀一致的。如果气体分子处于外力场（如重力场、电场或磁场）中，按空间位置的不同，分子还将具有不同的势能，气体分子在空间各处的密度和压强将不再是均匀分布。1868年，奥地利物理学家玻尔兹曼（Ludwig Boltzmann，1844—1906）首先考虑到重力场对分子分布的影响，并由此出发重新推导出麦克斯韦速度分布律，得到麦克斯韦-玻尔兹曼分布律。

3.4.1 重力场中分子按高度的等温分布

地球表面附近大气的密度随高度的增加而变得稀疏。这是因为在地球这个重力场中，气体受到两种相互对立的作用：一方面，分子的无规则热运动使得气体分子均匀分布在它们所能达到的空间；另一方面，重力则欲使气体分子聚拢在地面上。当两种作用达到平衡时，气体分子在空间呈现非均匀分布。按高度的不同，气体分子数密度 n 有一个确定的分布。

在重力场中考察高度为 z 处的气体柱，气体柱上下端面平行，面积为 $\mathrm{d}S$，柱体的高度为 $\mathrm{d}z$，如图3-9所示。设气体密度为 ρ，则由力学平衡条件得

$$(p+\mathrm{d}p)\mathrm{d}S + \rho g\,\mathrm{d}S\mathrm{d}z - p\mathrm{d}S = 0$$

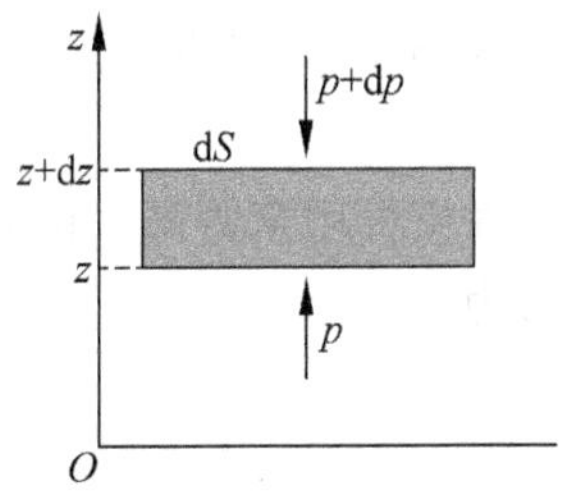

图3-9 气体柱力学平衡

化简得

$$\mathrm{d}p = -\rho g \mathrm{d}z \tag{3.4.1}$$

设大气为理想气体，由理想气体物态方程得

$$\rho = \frac{M}{V} = \frac{M_m p}{RT}$$

式中 M_m 为大气的平均摩尔质量，代入式(3.4.1)中整理得

$$\frac{\mathrm{d}p}{p} = -\frac{M_m g}{RT}\mathrm{d}z \tag{3.4.2}$$

设大气温度处处相等，重力加速度 g 不随高度变化，对式(3.4.2)两边积分整理得

$$p = p_0 \mathrm{e}^{-M_m gz/RT} \tag{3.4.3a}$$

或

$$p = p_0 \mathrm{e}^{-mgz/kT} \tag{3.4.3b}$$

式中 p_0 和 p 分别表示高度为零和高度为 z 处的气体压强。式(3.4.3a)或(3.4.3b)称等温气压公式。表明大气压强随高度上升而按指数衰减。

将 $p=nkT$ 代入式(3.4.3)得

$$n = n_0 \mathrm{e}^{-M_m gz/RT} \tag{3.4.4a}$$

或

$$n = n_0 \mathrm{e}^{-mgz/kT} \tag{3.4.4b}$$

式中，取高度 $z=0$(如地面)处，分子数密度为 n_0。式(3.4.4a)或(3.4.4b)就是重力场中分子数密度按高度的分布规律。由此可知，大气分子数密度随高度的增加(或重力势能的增大)而按指数衰减。

式(3.4.4a)或式(3.4.4b)表明，分子质量越大，重力作用越显著，分子数密度 n 的减小就越快；温度越高，分子越轻，n 的减小越慢，相对而言就越多地分布在高层大气，如图3-10所示。

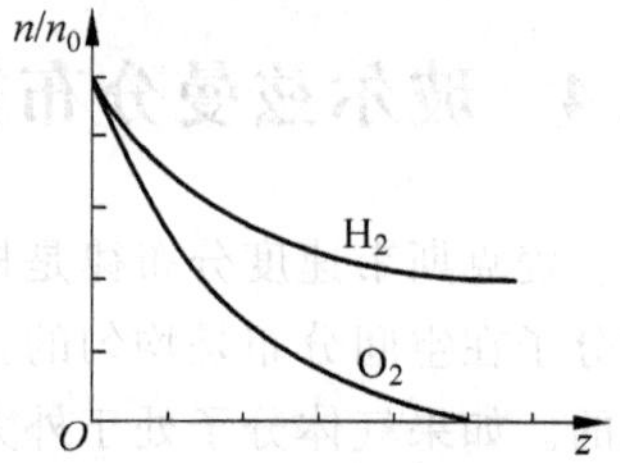

图 3-10 分子按高度的分布

因式(3.4.3)指数上量纲为1，故式(3.4.3)中$\frac{RT}{M_m g}$具有高度的量纲。定义

$$H = \frac{RT}{M_m g} = \frac{kT}{mg} \tag{3.4.5}$$

为等温大气标高。由于分子的热运动能量与 kT 成正比，而从 H 的表达式看出，H 与 kT 成正比，与分子的重力 mg 成反比，所以 H 综合了热运动与重力场这两个影响大气分布并互相抗衡的因素。

式(3.4.3)可以写为

$$p = p_0 \mathrm{e}^{-z/H} \tag{3.4.6}$$

这一性质可用来测高。由此式可以看出，在 $z=H$ 处，大气压强是 p_0 的 $1/\mathrm{e}$。式(3.4.6)也可写为

$$z = -H\ln\frac{p}{p_0} \tag{3.4.7}$$

在航空中，根据此式，测定压强的变化可以估算飞行高度。

将大气标高 H 代入式(3.4.4),并对式(3.4.4)积分,就可求出横截面为单位面积、无限高的大气气柱中的分子总数 N

$$N=\int_0^{\infty} n_0 \mathrm{e}^{-z/H}\mathrm{d}z = Hn_0$$

这意味着,如果把整个大气层压缩为环绕地球表面的一层假想的均匀大气层,并让其密度刚好等于地球表面处的真实大气密度 n_0,那么这一假想大气层的厚度为 H。

以上讨论都是假设大气的温度不随温度而变,实际大气的温度是随高度变化的,而且随高度的分布较复杂。因而只有在高度相差不大的范围近似认为温度不变时,才可用式(3.4.3)、式(3.4.4)及式(3.4.6)或式(3.4.7)来估算相应的物理量。

例题 3-6 试根据等温气压公式估算珠穆朗玛峰海拔 8848m 处的大气压强。设定海平面上大气压强为 $p_0=1.0\times10^5\,\mathrm{Pa}$,温度为 273K,忽略温度随高度的变化。

解:等温气压公式

$$p=p_0\mathrm{e}^{-M_\mathrm{m}gz/RT}$$

将空气摩尔质量 $M_\mathrm{m}=29\times10^{-3}\,\mathrm{kg/mol}$,海平面大气压强 $p_0=1.0\times10^5\,\mathrm{Pa}$,温度 $T=273\mathrm{K}$,代入上式,得

$$p=1.0\times10^5\times\mathrm{e}^{-\frac{29\times10^{-3}\times9.8\times8848}{8.31\times273}}=0.33\times10^5(\mathrm{Pa})$$

即 $p=0.33p_0$,珠穆朗玛峰处的大气压强是海平面上大气压强的 0.33 倍。由于大气不是等温的,气体也不是处于平衡态,故以上计算只是粗略估算。

3.4.2 玻尔兹曼密度分布律

注意到,$E_\mathrm{p}=mgh$ 是分子的重力势能,则式(3.4.4)可表示为

$$n=n_0\mathrm{e}^{-E_\mathrm{p}/kT} \tag{3.4.8}$$

如果分子处于其他保守外力场(如静电场)中,上式仍然适用,但应将 E_p 看成是与该保守场相应的势能(如电势能、离心势能等)。这样一来,就可以将式(3.4.8)的应用范围推广到任何形式的保守场中了。

当气体在保守力场中处于平衡态时,其中坐标介于 $x\sim x+\mathrm{d}x$、$y\sim y+\mathrm{d}y$、$z\sim z+\mathrm{d}z$ 区间内的分子数为 $\mathrm{d}N$。利用式(3.4.8),$\mathrm{d}N$ 可表示为

$$\mathrm{d}N=n\mathrm{d}V=n_0\mathrm{e}^{-E_\mathrm{p}/kT}\mathrm{d}x\mathrm{d}y\mathrm{d}z \tag{3.4.9}$$

式中,E_p 是位于 x、y、z 处分子的势能。式(3.4.8)及式(3.4.9)常称为**玻尔兹曼密度分布律**,也称**玻尔兹曼分布律**。它表明在势场中的分子总是优先占据低能量状态,势能小的地方,分子数密度较大。分布中的指数因子 $\mathrm{e}^{-E_\mathrm{p}/kT}$ 等于 n/n_0,它反映了在一定的温度下分子具有势能 E_p 的概率。当温度升高时,分子具有这一势能的概率将增大。进一步的研究表明,玻尔兹曼分布律是一个普遍的规律,它不仅适用于势场中的气体分子,实际上它同样适用于任何势场中的液体和固体内的分子以及其他微观粒子(如布朗粒子)。

例题 3-7 液体中作布朗运动的微粒系统,也存在一个与大气分子十分类似的粒子数密度按高度的分布。在一竖直放置的容器中装有密度为 ρ 的胶体微粒,悬浮在密度为 ρ_1 的液体中,如果微粒的体积为 V,求微粒的数密度 n 在悬浮液中按高度的分布律,并由此分布求阿伏伽德罗常量。设 $z=0$ 处的微粒数密度为 n_0。

解:悬浮液体中的微粒,仍处在重力场中,因而每个微粒均受到重力和浮力的作用。微

粒的分布由玻尔兹曼分布律决定。

微粒在液体中的视重(等效重量)应等于实重与浮力之差：

$$\text{视重} = V\rho g(\text{实重}) - V\rho_1 g(\text{浮力}) = V(\rho - \rho_1)g$$

处在 z 处的微粒具有势能 $E_p = V(\rho-\rho_1)gz$，代入式(3.4.8)，得到

$$n = n_0 e^{-E_p/kT} = n_0 e^{-V(\rho-\rho_1)gz/kT}$$

设在不同高度 z_1、z_2 处测得微粒数密度之比 $\frac{n_1}{n_2}=q$，将 $z_2-z_1=h$ 和 $k=\frac{R}{N_A}$ 代入，求得阿伏伽德罗常量为

$$N_A = \frac{RT\ln q}{V(\rho-\rho_1)gh}$$

1908 年，法国物理学家佩兰(Jean Baptiste Perin，1870—1942)用显微镜观测悬浮于不同高度的微粒数目，证实了式(3.4.8)的确成立，并用上述方法首次求得表征原子、分子论特征的阿伏伽德罗常量 $N_A=(5.0\sim8.0)\times10^{23}\,\text{mol}^{-1}$ 及原子、分子的近似大小，利用 $k=R/N_A$ 又定出玻尔兹曼常量 k。佩兰是 1926 年诺贝尔物理学奖得主。

例题 3-8 求回转体中微粒按径向的分布律。(微粒质量为 m，回转体的旋转角速度为 ω。)

解：设回转体中的微粒到转轴的距离为 r，则微粒在其转动平面内受到一个沿径向的惯性离心力 $f_{\text{惯离}}=m\omega^2 r$ 作用，其作用离心势能为

$$E_{p\text{离}} = -\int_0^r f_{\text{惯离}}\,dr = -\int_0^r m\omega^2 r\,dr = -\frac{1}{2}m\omega^2 r^2$$

将此代入式(3.4.8)得粒子数的径向分布为

$$n = n_0 e^{m\omega^2 r^2/2kT} \qquad ①$$

式①说明，只要回转体的旋转角速度 ω 足够大，作用于微粒的离心力场的离心加速度 $\omega^2 r$ 就可以远大于重力场的重力加速度 g，高速旋转产生的离心力就远大于重力，从而加快了悬浮液体中微粒的分离速度，使不同质量微粒组成的混合液体在径向被很明显地分离开。

台风、龙卷风等都是由气体旋转运动形成的。在处于热带的北太平洋西部洋面上局部积聚的湿热空气大规模上升至高空过程中，周围的低层空气乘势向中心流动，将出现沿地球径向运动的速度分量。在科里奥利力(Coriolis force)的作用下形成空气旋涡，称为台风或热带风暴。为了说明旋转大气内的气压分布，设 $p=nkT$ 仍成立，代入式①中，得 $p=p_0 e^{m\omega^2 r^2/2kT}$。由此可知，气流的旋转使台风中心(称为台风眼)的气压 p_0 比周围的低很多，低气压使云层裂开变薄，有时可见到日月星光。惯性离心力将云层推向四周，形成高耸的壁，狂风、暴雨均发生在台风眼之外。在台风眼内往往风和日丽，一片宁静。台风的直径一般为几百千米，最大可达 1000km。

3.4.3 麦克斯韦-玻尔兹曼分布律

由玻尔兹曼分布律式(3.4.8)或式(3.4.9)可知，粒子在势能场中位置的分布是由势能决定的，并且与指数因子 $e^{-E_p/kT}$ 成正比；同样由麦克斯韦速度分布函数式(3.3.2)可以设想，分子按速度的分布由其动能决定，并且应与指数因子 $e^{-E_k/kT}$ 成正比。在经典力学中，描述微观粒子运动状态的物理量位置和动量(或速度)是相互独立的，因而，粒子按位置的分布和按速度的分布是相互独立的。以上两分布可以相乘。当系统在力场中处于平衡态时，其中坐

标介于 $x\sim x+\mathrm{d}x$、$y\sim y+\mathrm{d}y$、$z\sim z+\mathrm{d}z$ 区间内，同时速度分量在 $v_x\sim v_x+\mathrm{d}v_x$、$v_y\sim v_y+\mathrm{d}v_y$、$v_z\sim v_z+\mathrm{d}v_z$ 区间内的分子数为

$$\begin{aligned}\mathrm{d}N &= n_0\left(\frac{m}{2\pi kT}\right)^{\frac{3}{2}}\mathrm{e}^{-(E_\mathrm{k}+E_\mathrm{p})/kT}\mathrm{d}v_x\mathrm{d}v_y\mathrm{d}v_z\mathrm{d}x\mathrm{d}y\mathrm{d}z \\ &= f(\boldsymbol{r},\boldsymbol{v})\mathrm{d}v_x\mathrm{d}v_y\mathrm{d}v_z\mathrm{d}x\mathrm{d}y\mathrm{d}z\end{aligned} \tag{3.4.10}$$

式中，

$$f(\boldsymbol{r},\boldsymbol{v}) = n_0\left(\frac{m}{2\pi kT}\right)^{\frac{3}{2}}\mathrm{e}^{-(E_\mathrm{k}+E_\mathrm{p})/kT} \tag{3.4.11}$$

式中，n_0 为 $E_\mathrm{p}=0$ 处单位体积内具有各种速度的分子总数（分子数密度）；$\mathrm{e}^{-(E_\mathrm{k}+E_\mathrm{p})/kT}=\mathrm{e}^{-E/kT}$ 称为**玻尔兹曼因子**；T 为气体温度。式(3.4.11)称为**麦克斯韦-玻尔兹曼能量分布律**，简称MB分布。它给出了分子数按能量的分布，与式(3.4.8)一样，也具有广泛的应用范围。

3.5　能量均分定理与热容

前面我们研究气体热运动时，把气体分子都看作质点，只考虑了分子的平动。当我们用这一模型去研究单原子气体的比热时，理论与实际吻合得很好。但当我们用这一模型去研究多原子分子时，理论值与实验值相差甚远。因而要修改分子模型，而不能将所有分子都看成质点。实际上，有如氦那样的单原子分子，也有如氢气和氧气那样的双原子分子以及水和二氧化碳那样的多原子分子。对于双原子分子和多原子分子，气体分子本身具有一定大小和复杂的内部结构。分子除平动外，还有转动和分子内部原子的振动。因此在研究气体分子热运动的能量时，还应将分子的转动能量和振动能量都包含进去。平衡态下气体分子的能量服从一定的统计规律——能量按自由度均分定理。为了研究分子能量的分配，需要引入物体自由度的概念。

3.5.1　自由度的一般概念

自由度(degree of freedom)是描述物体运动自由程度的物理量，例如，质点在二维空间的自由运动就比在一维直线或曲线上的运动来得自由。在力学中，所谓自由度就是决定一个物体的空间位置所需要的独立坐标的数目，记为 i。例如，在直线上或曲线上运动的质点，只需要1个独立坐标就可以确定其位置，因此自由度 $i=1$；在平面上自由运动或在曲面上运动的质点，需要2个独立的坐标确定其位置，所以自由度 $i=2$；在空间中自由运动的质点，确定质点的空间位置就需要3个独立的坐标（如(x,y,z)），因而自由度 $i=3$。

对于自由运动的刚体，其运动可看成质心的平动和绕通过质心轴的转动的合成。因而，刚体的位置由质心的位置、转轴的方位、刚体绕质心轴转过的角度决定。确定质心的位置需要3个独立的坐标，对应3个平动自由度；确定转轴方位需要2个独立的坐标（如 α、β）（确定转轴方位的3个方向角 α、β、γ 中只有2个是独立的），确定刚体绕此转轴转动的角度需一个坐标 θ，共3个描述转动的坐标，对应3个转动自由度；即一个自由运动的刚体，总自由度 $i=6$，其中3个平动自由度，3个转动自由度，如图3-11所示。当刚体的运动受到某种限制时，其自由度也会减少。例如，做平动的刚体相当于一个质点，无转动，因而只有3个平动自由度。

一个分子的自由度与分子的具体结构有关。在热力学中一般不涉及原子内部的运动，仍将原子当作质点而将分子当作是由原子质点构成的。根据分子的结构，可分为单原子分子、双原子分子和多原子分子，如图 3-12 所示。由上述概念可确定它们的自由度。单原子分子可看作是自由运动的质点，有 3 个平动自由度，如 He、Ne、Ar 等。双原子分子（如 O_2、H_2、N_2、CO 等）可看作是两个原子被一条化学键连接起来的线性分子，绕此线的转动惯量可忽略不计。这是因为双原子分子本身很像一个哑铃，每个原子的质量都集中在半径为 10^{-15} m 的原子核上，而分子的线度为 10^{-10} m，其半径之比为 $10^{-15}/10^{-10}=10^{-5}$。因为转动惯量与回转半径的平方成正比，所以转动惯量之比为 10^{-10}。转动角速度相同时的转动能量之比也是 10^{-10}，故双原子分子绕中心轴转动自由度不必考虑。确定双原子分子的质心位置需要 3 个独立坐标，确定其连线的方位需要 2 个独立坐标，确定两原子之间的相对距离需要 1 个坐标，即双原子分子有 3 个平动自由度，2 个转动自由度，1 个振动自由度，共 6 个自由度。若原子间的间距固定，没有相对运动，则认为是刚性分子，所以刚性双原子分子共有 5 个自由度。多原子分子，如 H_2O、NH_4、CH_4、CH_3OH 等，若是刚性多原子分子，则可看作是自由刚体，故共有 6 个自由度。若是非刚性多原子分子，还应考虑振动自由度 s。

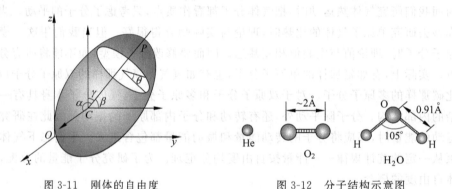

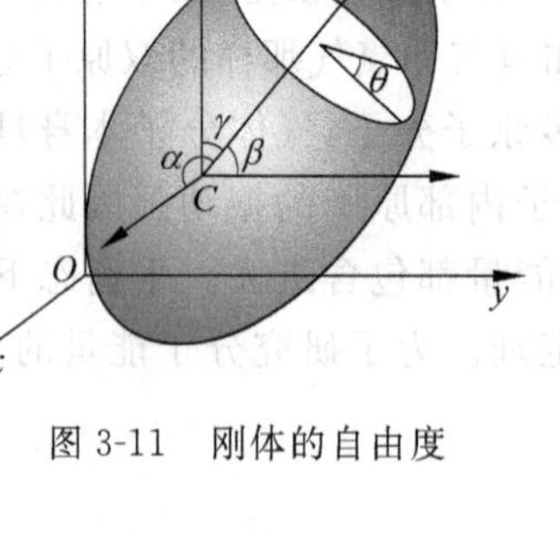

图 3-11　刚体的自由度

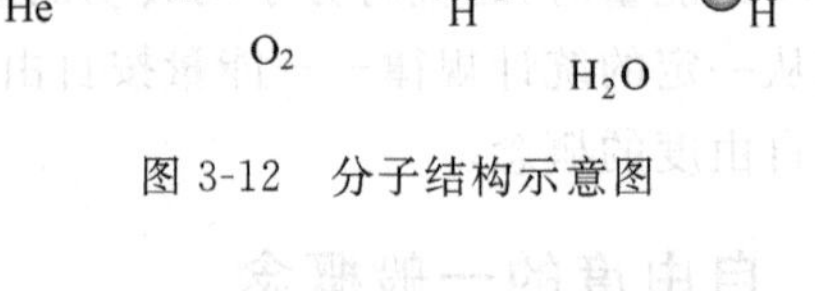

图 3-12　分子结构示意图

3.5.2　从能量角度重新定义自由度

对于单原子分子组成的理想气体来说，由于单原子分子可当成是质点，因而只是考虑其平动动能，单原子分子的平均能量 $\bar{\varepsilon}$ 为

$$\bar{\varepsilon}=\frac{1}{2}m\overline{v^2}=\frac{1}{2}m\overline{v_x^2}+\frac{1}{2}m\overline{v_y^2}+\frac{1}{2}m\overline{v_z^2}$$

由此可见，单原子分子的平均能量有三个独立的速度二次方项，对应 3 个平动自由度。

对于刚性双原子分子组成的理想气体，由于两原子 m_1 和 m_2 之间的距离在运动过程中可视为不变，这样就好像两原子 m_1 和 m_2 之间是由一根质量不计的刚性细杆相连，如图 3-13 所示。设点 C 为双原子分子的质心，并选如图 3-13 所示的坐标轴。于是，双原子分子的运动可看作是质心 C 的平动，以及通过点 C 绕 x' 轴和 y' 轴的转动。

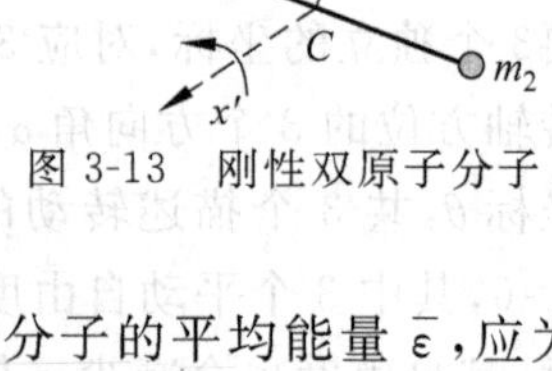

图 3-13　刚性双原子分子

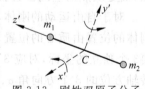

由于双原子分子对 z' 轴的转动惯量 $J_{z'}=0$，因此，刚性双原子分子的平均能量 $\bar{\varepsilon}$，应为质心的平均平动动能与过质心转轴的平均转动动能之和，即

$$\bar{\varepsilon}=\frac{1}{2}m\overline{v_x^2}+\frac{1}{2}m\overline{v_y^2}+\frac{1}{2}m\overline{v_z^2}+\frac{1}{2}J_{x'}\overline{\omega_{x'}^2}+\frac{1}{2}J_{y'}\overline{\omega_{y'}^2}$$

其中 $J_{x'}$ 和 $J_{y'}$ 分别为双原子分子绕过 C 点的 x' 轴和 y' 轴的转动惯量，$\omega_{x'}$ 和 $\omega_{y'}$ 分别为双原子分子绕过 C 点的 x' 轴和 y' 轴的角速度。由上式可见，刚性双原子分子的平均能量共有5个速度的二次方项，其中三项是属于平动的，两项是属于转动的，对应3个平动自由度、2个转动自由度，共5个自由度。

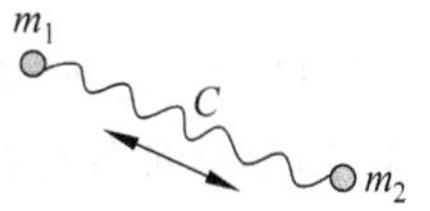

图 3-14 非刚性双原子分子

对非刚性双原子分子，可以认为两原子之间是由一轻弹簧相连，如图3-14所示。为简单起见，设想非刚性双原子分子沿连线 r 作一维简谐振动，简谐振动一个周期内的平均动能与平均势能相等。于是，非刚性双原子分子的平均能量为

$$\bar{\varepsilon}=\frac{1}{2}m\overline{v_x^2}+\frac{1}{2}m\overline{v_y^2}+\frac{1}{2}m\overline{v_z^2}+\frac{1}{2}J_{x'}\overline{\omega_{x'}^2}+\frac{1}{2}J_{y'}\overline{\omega_{y'}^2}+\frac{1}{2}\mu\overline{v_r^2}+\frac{1}{2}k\overline{r^2}$$

式中 $\mu=\dfrac{m_1m_2}{m_1+m_2}$ 是两原子的折合质量，r 是两原子振动的相对位移，v_r 是质心沿 r 轴的速度，所以 $\frac{1}{2}\mu\overline{v_r^2}$ 是平均振动动能，$\frac{1}{2}k\overline{r^2}$ 是平均振动势能。可见，非刚性双原子分子的平均能量共有7个能量二次方项，其中6个是速度二次方项，1个是坐标二次方项。从上式还可以看出，在这7个能量二次方项中，三项属于平动的，两项属转动的，两项属振动的。

在气体动理论中，人们把**分子能量中所包含的独立二次方项的数目，叫做分子能量自由度数目**，简称**自由度**。这是因为能量函数中每出现一个二次方项，就意味着有一种将参与能量交换的方式，即有了一个交换能量的自由度。从能量角度定义的分子自由度数与力学定义的自由度数可能相同也可能不相同，差别是，出现在力学中的一个振动自由度要对应两个能量自由度。例如非刚性双原子分子，力学中的自由度数目为6个，而从能量角度自由度数目为7个。

3.5.3 能量按自由度均分定理

在2.3节中通过对理想气体温度的讨论我们知道，在平衡态时，理想气体分子平均平动动能为

$$\overline{\varepsilon_k}=\frac{3}{2}kT=\frac{1}{2}m\overline{v^2}=\frac{1}{2}m(\overline{v_x^2}+\overline{v_y^2}+\overline{v_z^2})$$

另外，在平衡状态下，大量分子沿各方向的运动机会相等有

$$\overline{v_x^2}=\overline{v_y^2}=\overline{v_z^2}=\frac{1}{3}\overline{v^2}$$

与三个平动自由度对应，每个平动自由度的平均动能为

$$\frac{1}{2}m\overline{v_x^2}=\frac{1}{2}m\overline{v_y^2}=\frac{1}{2}m\overline{v_z^2}=\frac{1}{2}kT$$

上式表明，平衡态时，理想气体分子沿 x、y、z 三个自由度，或者说每个二次方项所对应的平均平动动能完全相等，都等于 $\frac{1}{2}kT$。

该结论可以推广到气体分子的转动和振动自由度上。根据经典统计力学的基本原理，可以导出：系统**在温度为 T 的热平衡态时，分子任何一个自由度的平均能量都相等，都是**

$\frac{1}{2}kT$。此定理叫**能量按自由度均分定理**(equilibration theorem of energy),简称能量均分定理。能量均分定理指出,无论是平动、转动或者是振动,每个二次方项所对应的平均能量均相等,都等于$\frac{1}{2}kT$。

由能量均分定理,我们可以很方便地求解各种分子的平均能量。处于热平衡态的热力学系统,如果某种气体的分子具有 i 个自由度,如以 t、r 和 s 分别表示分子能量中属于平动、转动和振动的二次方项的数目,则根据能量均分定理,单个分子的平均总能量为

$$\bar{\varepsilon}=\frac{i}{2}kT,\quad i=t+r+s \tag{3.5.1}$$

具体地,对单原子分子,$t=3$,$r=0$,$s=0$,则 $\bar{\varepsilon}=\frac{3}{2}kT$;对于刚性双原子分子,$t=3$,$r=2$,$s=0$,则 $\bar{\varepsilon}=\frac{5}{2}kT$;对非刚性双原子分子,$t=3$,$r=2$,$s=2$,$\bar{\varepsilon}=\frac{7}{2}kT$;刚性多原子分子,$t=3$,$r=3$,$s=0$,$\bar{\varepsilon}=\frac{6}{2}kT$ 等。

从式(3.5.1)可以看出,当温度相同时,不同结构的分子的平均能量是不同的。但是各种结构的分子的平动自由度数都是相同的,均为 3,故温度相同时,各种分子平均平动能都相同,因此我们说温度是大量作无规则运动的分子平均平动能的量度。

能量均分定理是统计规律,只适用于处于平衡态的由大量分子组成的系统。气体热力学系统的平衡态,是通过气体分子之间频繁碰撞得以建立和维持的,在分子间作无规则碰撞过程中,使分子的平动、转动和振动的能量相互转化,完全不能说某一种运动形式可以具有的能量比另一种运动形式占有什么特别的优势,那么总的能量只能是机会均等地平均地分配于每一种运动形式或每一种自由度,没有任何自由度占优势,总能量就均分了。这一原理可由经典统计物理给出严格证明。能量均分定理不仅适用于气体,也适用于液体和固体,甚至适用于任何具有统计规律的系统。

3.5.4 理想气体的内能及热容

1. 理想气体内能

组成物质的所有微观粒子(如分子、原子等)因热运动而具有的各种形式的动能与各种形式的势能总和称为内能,记为 U。从微观结构上具体来说,系统的内能应是如下能量之和:①分子的无规则热运动动能;②分子间相互作用势能;③分子(或原子)内电子的能量;④原子核内部能量。但在一定的热力学过程中有一些能量不发生改变,这时讨论的热力学系统的内能可以不考虑这些不变的部分。例如,原子核内的能量在一些过程中并不改变。在本书范围内只研究①、②两项。即气体的内能包括分子的各种形式动能和势能,而温度 T 升高时,分子无规则热运动的动能增加,所以内能 U 是 T 的函数。由于分子间相互作用势能决定于分子之间的距离,故内能与体积有关。一般来说,实际气体的内能是温度和体积的函数。

$$U=U(T,V) \tag{3.5.2}$$

因此,**内能是宏观状态量**。

对于理想气体,分子之间的相互作用力可忽略,因而理想气体的内能只能是分子无规则

热运动各种形式的动能以及分子内部原子之间的振动势能的总和。所以，**理想气体的内能只是温度的函数**。由式(3.5.1)得

$$U = N\bar{\varepsilon} = N \cdot \frac{i}{2}kT \quad (i = t + r + 2s)$$

1mol 理想气体的内能为

$$u = N_{\mathrm{A}} \cdot \frac{i}{2}kT = \frac{i}{2}RT$$

质量为 M 的理想气体的内能为

$$U = \frac{M}{M_{\mathrm{m}}} \cdot \frac{i}{2}RT = \frac{i}{2}\nu RT \tag{3.5.3}$$

物质的量 $\nu = \dfrac{M}{M_{\mathrm{m}}}$，对于一定量的理想气体，内能只与气体的温度和气体分子自由度的数目有关，与气体压强 p 和体积 V 是无关的。对于给定的气体，自由度 i 是确定的，所以其内能就只与温度有关，这与宏观实验观测结果(参见 5.6.2 节的焦耳实验)是完全一致的。

由于内能是状态函数，在不同的变化过程，内能的变化值 ΔU 将只取决于初、末状态温度的变化值 ΔT，即

$$\Delta U = \frac{i}{2}\nu R\Delta T$$

内能通常不包括系统在保守外力场中的势能和系统整体做机械运动的动能。**内能是统计量，对单个分子没有“内能”概念。**

例题 3-9　2mol 氧气，在温度为 300K 时，分子的平均平动动能是多少？气体分子的总平动能是多少？气体分子的总转动能是多少？气体分子的总动能是多少？该气体的内能是多少？

解：由题意知，$T=300\mathrm{K}$，$\nu=2$，$i=5$(其中 3 个平动自由度，2 个转动自由度)

(1) 分子的平均平动动能为

$$\bar{\varepsilon}_{\mathrm{k}} = \frac{3}{2}kT = \frac{3}{2} \times 1.38 \times 10^{-23} \times 300 = 6.21 \times 10^{-21}(\mathrm{J})$$

(2) 气体分子的总平动动能为

$$E_{\text{平}} = \nu\frac{3}{2}RT = 2 \times \frac{3}{2} \times 8.31 \times 300 = 7.48 \times 10^{3}(\mathrm{J})$$

(3) 气体分子的总转动能为

$$E_{\text{转}} = \nu\frac{2}{2}RT = 2 \times \frac{2}{2} \times 8.31 \times 300 = 4.99 \times 10^{3}(\mathrm{J})$$

(4) 气体分子的总动能为

$$E_{\mathrm{k}} = E_{\text{平}} + E_{\text{转}} = 1.25 \times 10^{4}(\mathrm{J})$$

(5) 气体的内能为

$$U = \nu\frac{5}{2}RT = 2 \times \frac{5}{2} \times 8.31 \times 300 = 1.25 \times 10^{4}(\mathrm{J})$$

2. 热容

我们知道，当系统和外界之间存在温差时，所发生的热传递会引起系统本身温度的变化。这一温度的变化和热传递的关系用热容(heat capacity)表示。一个质量为 M 的物体

(系统)在某一过程中温度变化 ΔT 时,所吸收(或放出)的热量为 ΔQ,则物体(系统)的热容 C 定义为

$$C=\lim_{\Delta T\to 0}\frac{\Delta Q}{\Delta T}=\frac{đQ}{\mathrm{d}T} \tag{3.5.4}$$

式中,$đQ$ 为无限小过程吸收(或放出)的热量(5.5.1 节)[①]。我们把单位质量物体的热容称为该物体的**比热容**,简称**比热**,记为 c。

$$c=\frac{1}{M}C=\frac{1}{M}\frac{đQ}{\mathrm{d}T} \tag{3.5.5}$$

当系统的物质的量为 1mol,即物体质量 M 等于摩尔质量 M_{m} 时,其热容称摩尔热容,记为 C_{m},国际单位为 J/(mol·K)。一种物质在确定的热力学过程中的摩尔热容、比热和热容之间的关系为

$$C_{\mathrm{m}}=M_{\mathrm{m}}c,\quad C=\nu C_{\mathrm{m}}=Mc \tag{3.5.6}$$

式中,物质的量 $\nu=M/M_{\mathrm{m}}$。

由于系统升高(或降低)相同的温度吸收(或放出)的热量与具体过程有关,因而热容也与温度的具体变化过程有关,是过程量。系统升温或降温时,通常保持体积不变,或保持压强不变,对应的摩尔热容分别称为摩尔等体热容和摩尔等压热容,分别用 $C_{V,\mathrm{m}}$ 和 $C_{p,\mathrm{m}}$ 表示。

$$C_{V,\mathrm{m}}=\frac{1}{\nu}\left(\frac{đQ}{\mathrm{d}T}\right)_V \tag{3.5.7}$$

$$C_{p,\mathrm{m}}=\frac{1}{\nu}\left(\frac{đQ}{\mathrm{d}T}\right)_p \tag{3.5.8}$$

式中,下标 V 和 p 分别表示过程中的体积或压强保持不变。

实验表明,热容与物质本身的属性有关,在相同的条件下,不同物质的热容可以有很大的差别;热容还与是哪一温度下升温(或降温)有关,也就是说热容应是温度的函数。一般来说,物质的 $C_{V,\mathrm{m}}$ 和 $C_{p,\mathrm{m}}$ 是不相等的,对于气体来说,二者的差值不可忽略;对于液体和固体,由于它们的体积随温度的变化极小,所以 $C_{V,\mathrm{m}}$ 和 $C_{p,\mathrm{m}}$ 相差很小,一般可以不加区别。上述定义的热容均是在无化学反应、无相变,不考虑表面张力,不存在外力场(重力场、电磁场等)的条件下定义的,即系统状态只需用 p、V、T 中的任意两个就可描述和确定情况。

3. 理想气体的热容

理想气体的内能与气体的体积无关。这样,理想气体的等体热容必然与内能随温度的变化有直接联系。在等体过程中气体吸收的热量全部用来增加内能。因此,1mol 气体的摩尔等体热容为

$$C_{V,\mathrm{m}}=\frac{1}{\nu}\left(\frac{đQ}{\mathrm{d}T}\right)_V=\frac{\mathrm{d}u}{\mathrm{d}T} \tag{3.5.9}$$

式中,u 为 1mol 气体的内能。由能量均分定理,1mol 理想气体的内能为

$$u=\frac{i}{2}RT\quad(i=t+r+2s)$$

代入式(3.5.9)得

---

① $đQ$ 表示在无限小过程中的无限小量,不是全微分。为加以区别,用 d 上加一横的符号"đ"来表示,以示与 d 的区别。

$$C_{V,m}=\frac{i}{2}R=\frac{1}{2}(t+r+2s)R \tag{3.5.10}$$

即理想气体摩尔等体热容只与分子的自由度数目有关，与气体的温度无关。

对于单原子气体，$i=t+r+2s=3$，则

$$C_{V,m}=\frac{3}{2}R=12.47\text{J/(mol·K)}$$

对于刚性双原子气体，$i=t+r+2s=5$，则

$$C_{V,m}=\frac{5}{2}R=20.79\text{J/(mol·K)}$$

对于非刚性双原子气体，$i=t+r+2s=7$，则

$$C_{V,m}=\frac{7}{2}R=29.10\text{J/(mol·K)}$$

对于刚性多原子气体，$i=t+r+2s=6$，则

$$C_{V,m}=\frac{6}{2}R=24.94\text{J/(mol·K)}$$

以上理论是否正确，需要通过实验来验证。表 3-1 给出了几种气体在 0℃时摩尔等体热容的实验值，表 3-2 给出了在很宽的温度范围内氢气的摩尔等体热容的实验值。

表 3-1　0℃时几种气体摩尔等体热容的实验数据

分子内原子数	单原子		双原子			多原子		
气体	氦 He	氩 Ar	氢 H_2	氮 N_2	氧 O_2	水蒸气 H_2O	甲烷 CH_4	乙炔 C_2H_2
$C_{V,m}$/(J/(mol·K))	12.41	12.46	20.47	20.56	20.79	25.03	26.41	33.56

表 3-2　不同温度下氢气的摩尔等体热容的实验值

温度/℃	−233	−183	−76	0	500	1000	1500	2000	2500
$C_{V,m}$/(J/(mol·K))	12.46	13.59	18.31	20.27	21.24	22.95	25.04	26.71	27.96

4. 经典理论的缺陷

从表 3-1 可以看出，对于单原子分子气体，其理论值和实验值较接近。双原子分子气体在 0℃时，摩尔等体热容 $C_{V,m}$ 的实验值与刚性双原子分子气体的理论计算值相吻合。而对于多原子分子气体，如水蒸气，若被看成是刚性多原子分子，理论结果与实验结果相吻合，有的理论计算值和实验值有较大的差别。另外，根据经典理论，热容值是与温度无关的。但是实验表明，每种气体的热容值都随温度的升高而变大，与能量均分定理不相符。从表 3-2 可知，氢气的摩尔等体热容 $C_{V,m}$ 随温度的升高而增大，在低温时，氢气的 $C_{V,m}\approx\frac{3}{2}R$，常温时 $C_{V,m}\approx\frac{5}{2}R$，高温时 $C_{V,m}\approx\frac{7}{2}R$。图 3-13 直观地绘出了氢气的摩尔等体热容 $C_{V,m}$ 随温度的变化情形。从图中可以看出，存在 3 层“台阶”，通过与理论模型联系可

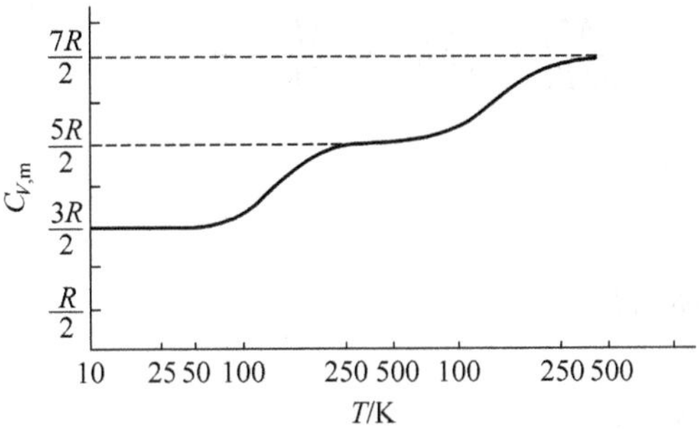

图 3-13　氢气的 $C_{V,m}$ 实验值随温度的变化情况

知，随着温度的升高，这3层“台阶”对应3种自由度（平动、转动、振动）的逐步激发。在低温下，只有平动自由度；常温下，除平动自由度还有转动自由度；而在高温时，振动自由度也被激发了。由实验可知，其他双原子分子气体的热容随温度的变化趋势也都与氢气类似，但“台阶”所处的温度区间不同。由经典理论，微观粒子的各种自由度是等价的，不应出现这种不同条件下某些自由度不激发的现象。这些都是经典物理所不能解释的。

经典理论之所以有这一缺陷，后来认识到，其根本原因在于，上述热容的经典理论是建立在能量均分定理之上的，而这个定理是以粒子能量可以连线变化这一经典概念为基础的。实际上，原子、分子等微观粒子的运动遵从量子力学规律。

按照量子理论，组成系统的微观粒子的能量都处于量子化状态，即粒子能量只能取一系列不连续、分立的稳定值。微观粒子处于某个稳定能量状态，就称粒子处于某个“能级”。除特别轻的元素之外，分子在容器内的平动能能级间距极小，可以按连续变化的能量来处理。对于能量分别为 ε_i 和 ε_{i+1} 的两个状态，存在相应运动形式的特征温度 Θ，使得能级间距 $\Delta\varepsilon=\varepsilon_{i+1}-\varepsilon_i=k\Theta$，其中 k 为玻尔兹曼常量。只有当系统的温度 $T\geqslant\Theta=\frac{1}{k}\Delta\varepsilon$ 时，才会有粒子从一个能量 ε_i 状态到另一个能量 ε_{i+1} 状态的激发，显示出相应的自由度。不难算出原子中电子能级对应的特征温度的数量级为 $\Theta_e\approx10^4\sim10^5\,\mathrm{K}$，对于气体，引起其分子的平动、转动、振动自由度激发的特征温度数量级分别为 $\Theta_t\approx10^{-12}\,\mathrm{K}$，$\Theta_r\approx10^0\sim10^1\,\mathrm{K}$，$\Theta_s\approx10^2\sim10^3\,\mathrm{K}$。可见，任何温度下都有平动自由度，常温下，转动自由度被激发，只有在高温下，振动自由度才被激发。在常温下，不可能靠热运动能量的转换而使电子能量状态发生改变，所以常温下不可能激发电子的自由度。不同气体的特征温度不同，如氢气在室温有平动、转动，到高温才有振动；而氯气在室温下就有了振动。以上结果表明，在考虑量子效应的情况下，只要注意在不同温度下自由度取值不同，理想气体的摩尔等体热容就可以由式(3.5.10)确定。

例题 3-10 质量为0.050kg、温度为18℃的氮气装在容积为0.01m³的密闭绝热容器中，容器以200m/s的速率做匀速直线运动。若容器突然停止，定向运动的动能就会全部转化为分子热运动的动能，则平衡后氮气的温度和压强各增大多少？

解：由于是处于常温下，所以可视氮气为刚性双原子理想气体，则自由度 $i=5$。根据式(3.5.3) $U=\nu\frac{i}{2}RT$ 得内能的增量为

$$\Delta U=\nu\frac{i}{2}R\Delta T$$

依题意，当系统定向运动的动能全部转化为分子热运动的动能时，系统温度的变化为

$$\Delta T=\frac{2\Delta U}{\nu iR}=\frac{2M_{\mathrm{m}}}{5MR}\Delta U=\frac{2M_{\mathrm{m}}}{5MR}E_{\mathrm{k}}=\frac{2M_{\mathrm{m}}}{5MR}\cdot\frac{1}{2}Mv^2=\frac{M_{\mathrm{m}}}{5R}\cdot v^2$$

$$=\frac{28.0\times10^{-3}}{5\times8.31}\times200^2=26.96\mathrm{K}$$

将理想气体物态方程 $pV=\nu RT$ 两边微分得

$$\Delta pV=\nu R\Delta T$$

则平衡后压强的变化为

$$\Delta p=\frac{\nu R}{V}\Delta T=\frac{MR}{M_{\mathrm{m}}V}\Delta T=\frac{0.050\times8.31}{28\times10^{-3}\times0.01}\times26.96=4.00\times10^4\,(\mathrm{Pa})$$

例题 3-11　气体分子的质量可以由实验测定的等体比热计算出来。试推导由等体比热计算分子质量的公式。若已知氩(Ar)的等体比热 $c_V=313.5\text{J}/(\text{kg}\cdot\text{K})$，求氩原子的质量 m 和氩的摩尔质量 M_m。

解：氩是单原子气体分子，所以自由度 $i=3$，由理想气体摩尔等体热容公式 $C_{V,\text{m}}=\dfrac{i}{2}R$ 及摩尔热容与比热的关系 $C_{V,\text{m}}=M_\text{m}c_V$ 和 $m=\dfrac{M_\text{m}}{N_\text{A}}$ 联立得

氩原子的质量　$m=\dfrac{iR}{2N_\text{A}c_V}=\dfrac{3\times 8.31}{2\times 6.02\times 10^{23}\times 313.5}=6.61\times 10^{-26}(\text{kg})$

氩的摩尔质量　$M_\text{m}=\dfrac{iR}{2c_V}=\dfrac{3\times 8.31}{2\times 313.5}=3.98\times 10^{-2}(\text{kg/mol})$

例题 3-12　在温度不太高的情况下，求两种气体混合后的等体比热公式。已知两种气体的物质的量分别为 ν_1、ν_2，摩尔质量分别为 $M_{\text{m}1}$、$M_{\text{m}2}$。

解：由 $U=\nu\dfrac{i}{2}RT$ 和 $C_{V,\text{m}}=\dfrac{i}{2}R$ 得

$$U=\nu C_{V,\text{m}}T$$

混合气体的内能为

$$U=U_1+U_2=(\nu_1 C_{V,\text{m}1}+\nu_2 C_{V,\text{m}2})T$$

混合气体的质量为

$$M=\nu_1 M_{\text{m}1}+\nu_2 M_{\text{m}2}$$

所以混合气体的等体比热为

$$c_V=\frac{1}{M}\frac{\partial U}{\partial T}=\frac{\nu_1 C_{V,\text{m}1}+\nu_2 C_{\text{m}2}}{\nu_1 M_{\text{m}1}+\nu_2 M_{\text{m}2}}$$

第 3 章思考题

3.1　为什么统计规律对大量偶然事件才有意义？为什么说偶然事件越多，统计规律越稳定？

3.2　为什么对于连续的随机变量必须引进分布函数的概念？为什么我们不能说速率等于某一特定数值的分子是有多少？为什么说分布函数是概率密度函数？

3.3　速率分布函数 $f(v)$ 的物理意义是什么？若 $f(v)$ 是气体分子的速率分布函数，试说明下列各式的物理意义：

(1) $f(v)\text{d}v$　(2) $Nf(v)\text{d}v$　(3) $\displaystyle\int_{v_1}^{v_2}f(v)\text{d}v$　(4) $\displaystyle\int_{v_1}^{v_2}Nf(v)\text{d}v$

(5) $\displaystyle\int_{v_1}^{v_2}vf(v)\text{d}v$　(6) $\displaystyle\int_{v_1}^{v_2}Nvf(v)\text{d}v$

3.4　质量为 M 的某种理想气体处于平衡态。已知其压强为 p，体积为 V，试给出计算其 3 种统计速率的表达式。

3.5　恒温容器中放有氢气瓶，现将氧气通入瓶内，某些速度大的氢气分子具备与氧气分子化合的条件(如只有当速率大于某一数值的两个氢分子和一个氧分子碰撞后才能结合为水)而化合为水，同时放出热量。问瓶内剩余的氢分子的速率分布有何改变？(一种观点认为，因为氢气分子中速率大的分子减少了，所以分子的速率分布应该向温度低

的方向变化；另一种观点认为，因为这是放热反应，气体温度应该升高，速率分布应该向温度高的方向变化。你怎么认为？）

3.6 处于平衡态的混合气体中的每一种气体的速率分布与它们单独存在时的速率分布是否一致？为什么？

3.7 何为速度空间？速度空间的一个点代表什么？速度空间中的一个微元体积 $d\omega = dv_x dv_y dv_z$ 代表什么？

3.8 既然在麦克斯韦速度分布律中，最概然速度出现在速度矢量为零处，这不就说明气体中速率很小的分子占很大比例吗？这与麦克斯韦速率分布中所指出的气体分子的速率很大与很小都很少的说法是否矛盾？如何理解最概然速度？它与最概然速率有何不同？

3.9 麦克斯韦分布律中并未考虑分子之间相互碰撞这一因素。实际上，由于分子之间的碰撞，气体分子速率瞬息万变，但只要是平衡态已经建立，麦克斯韦分布律总能成立，为什么？

3.10 在分子束实验中，通过细槽的分子和从蒸气源逸出的射线中的分子以及蒸气源内的分子的速率分布是否相同？各自的最概然速率是多少？（设气体温度为 T，分子的质量为 m）

3.11 为什么速率较大的分子逸出小孔的概率较大？

3.12 利用式 $n=n_0 e^{-mgz/kT}$ 定性解释大气中各种气体密度分布的趋势，说明为什么氧在大气低层中所占的比例较大，而氢在高层大气中占有主要地位。

3.13 试确定下列物体的自由度数：

(1) 小球沿长度一定的竿运动，而竿又以一定的角速度在平面内转动；

(2) 长度不变的棒在平面内运动；

(3) 运动中的一个汽车轮子。

3.14 能量按自由度均分定理中的能量指的是什么能量？

3.15 能量均分定理指出，无论是平动、转动或者是振动，每个平方项所对应的平均能量均相等，都等于 $kT/2$。这里的“每个平方项”都是指速度平方项吗？

3.16 既然理想气体是忽略分子间相互作用势能的，在能量均分原理关于分子平均能量的公式 $\bar{\varepsilon}=\frac{1}{2}(t+r+2s)kT=\frac{i}{2}kT$ 中，为什么要在振动自由度中考虑势能？理想气体不是不考虑势能吗？

3.17 指出下列各式所表示的物理意义：

(1) $\frac{1}{2}kT$　　(2) $\frac{3}{2}kT$　　(3) $\frac{i}{2}kT$　　(4) $\frac{i}{2}\nu RT$

(5) $\frac{M}{M_m}\frac{3}{2}RT$

3.18 如果氢和氦的温度相同，物质的量也相同，那么，这两种气体的

(1) 平均动能是否相等？

(2) 平均平动动能是否相等？

(3) 内能是否相等？

3.19 何为内能？由理想气体的内能公式 $U=\frac{iRTM}{2M_m}$ 可知，内能 U 与气体的物质的量

M/M_m、自由度 i 以及热力学温度 T 成正比，试从微观上加以说明。如果储有某种理想气体的容器漏气，使气体的压强、分子数密度都减少为原来的一半，则气体的内能是否会变化？为什么？气体分子的平均动能是否会变化？为什么？

第 3 章习题

3-1 温度为 T 时，在方均根速率 $\sqrt{\overline{v^2}}\pm 50\text{m/s}$ 的速率区间内，将氢、氮两种气体分子数占总分子数的比率相比较：则有________。

(A) $(\Delta N/N)_{H_2} > (\Delta N/N)_{N_2}$　　(B) $(\Delta N/N)_{H_2} = (\Delta N/N)_{N_2}$

(C) $(\Delta N/N)_{H_2} < (\Delta N/N)_{N_2}$　　(D) 温度较低时，$(\Delta N/N)_{H_2} > (\Delta N/N)_{N_2}$

3-2 麦克斯韦速率分布曲线如本题图所示，图中 A、B 两部分面积相等，则该图表示________。

(A) v_0 为最概然速率

(B) v_0 为平均速率

(C) v_0 为方均根速率

(D) 速率大于和小于 v_0 的分子数各占一半

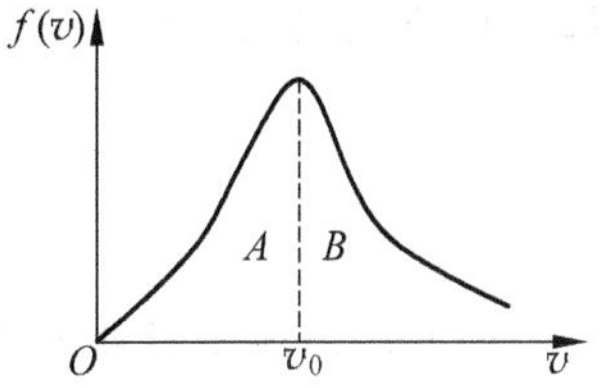

习题 3-2 图

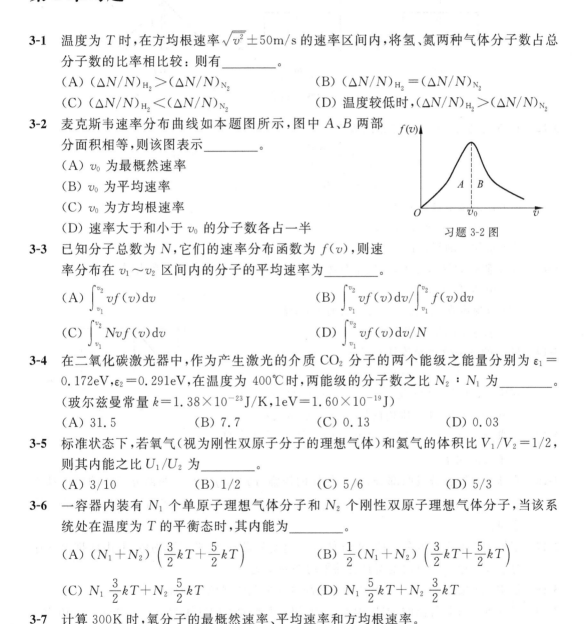

3-3 已知分子总数为 N，它们的速率分布函数为 $f(v)$，则速率分布在 $v_1 \sim v_2$ 区间内的分子的平均速率为________。

(A) $\int_{v_1}^{v_2} vf(v)\mathrm{d}v$　　(B) $\int_{v_1}^{v_2} vf(v)\mathrm{d}v \Big/ \int_{v_1}^{v_2} f(v)\mathrm{d}v$

(C) $\int_{v_1}^{v_2} Nvf(v)\mathrm{d}v$　　(D) $\int_{v_1}^{v_2} vf(v)\mathrm{d}v/N$

3-4 在二氧化碳激光器中，作为产生激光的介质 CO_2 分子的两个能级之能量分别为 $\varepsilon_1=0.172\text{eV}$，$\varepsilon_2=0.291\text{eV}$，在温度为 400℃时，两能级的分子数之比 $N_2:N_1$ 为________。（玻尔兹曼常量 $k=1.38\times10^{-23}\text{J/K}$，$1\text{eV}=1.60\times10^{-19}\text{J}$）

(A) 31.5　　(B) 7.7　　(C) 0.13　　(D) 0.03

3-5 标准状态下，若氧气（视为刚性双原子分子的理想气体）和氦气的体积比 $V_1/V_2=1/2$，则其内能之比 U_1/U_2 为________。

(A) 3/10　　(B) 1/2　　(C) 5/6　　(D) 5/3

3-6 一容器内装有 N_1 个单原子理想气体分子和 N_2 个刚性双原子理想气体分子，当该系统处在温度为 T 的平衡态时，其内能为________。

(A) $(N_1+N_2)\left(\frac{3}{2}kT+\frac{5}{2}kT\right)$　　(B) $\frac{1}{2}(N_1+N_2)\left(\frac{3}{2}kT+\frac{5}{2}kT\right)$

(C) $N_1\frac{3}{2}kT+N_2\frac{5}{2}kT$　　(D) $N_1\frac{5}{2}kT+N_2\frac{3}{2}kT$

3-7 计算 300K 时，氧分子的最概然速率、平均速率和方均根速率。

3-8 求 0℃及 0.101MPa 下，$1\times10^{-6}\text{m}^3$ 的氮气中速率在 500～501m/s 之间的分子数。

3-9 设氮气的温度为 300℃，求速率在 3000～3010m/s 之间的分子数 ΔN_1 与速率在 1500～1510m/s 之间的分子数 ΔN_2 之比。

3-10 根据麦克斯韦速率分布律，求速率倒数的平均值 $\overline{1/v}$。

3-11 在本题图中列出某量 x 的值的 3 种不同的概率分布函数的图线。试对于每种图线求出常量 A 的值，在此值下使该函数成为归一化函数，然后计算 x 和 x^2 的平均值，在图(a)情形下还应该求出$|x|$平均值。

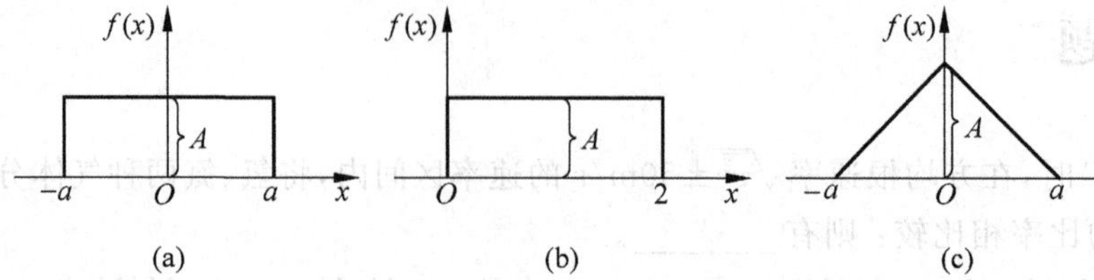

习题 3-11 图

3-12 有 N 个粒子，其速率分布函数为

$$\begin{cases} f(v) = \dfrac{\mathrm{d}N}{N\mathrm{d}v} = C & (v_0 > v > 0) \\ f(v) = 0 & (v_0 < v) \end{cases}$$

(1) 作出速率分布曲线；

(2) 由 N 和 v_0 求常量 C；

(3) 求粒子的平均速率。

3-13 N 个假想的气体分子，其速率分布如图所示（当 $v>v_0$ 时，粒子数为零）。

(1) 由 N 和 v_0 求 a；

(2) 求速率在 $1.5v_0 \sim 2.0v_0$ 之间的分子数；

(3) 求分子的平均速率。

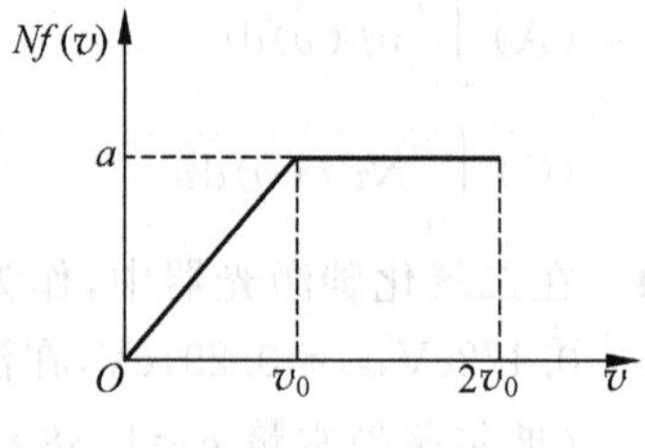

习题 3-13 图

3-14 量 x 的概率分布函数具有形式：

$$f(x) = A\exp(-ax^2) \cdot 4\pi \cdot x^2$$

式中，A 和 a 是常量。试写出量 x 的值出现在 $7.9999 \sim 8.0001$ 范围内的概率 P 的近似表示式。

3-15 试求速率在 $v_p \sim 1.01v_p$ 区间内的气体分子数占总分子数的比率。

3-16 容器被一隔板分成两部分，其中气体的压强分别为 p_1、p_2。两部分气体的温度都等于 T。摩尔质量均为 M_m。如隔板上有一面积为 S 的小孔，求每秒通过小孔的气体质量。

3-17 根据麦克斯韦速度分布律，求气体分子速度分量 v_x 的平方平均值，并由此推出气体分子每一个平动自由度所具有的平均平动动能。

3-18 设空气的温度为 0℃，求上升到什么高度处大气压强减为地面的 75%。

3-19 设地球大气是等温的，温度为 $t=5.0$℃时，海平面上的气压为 $p_0=0.999\ 67\times10^5$ Pa，今测得某山顶的气压 $p=0.786\ 41\times10^5$ Pa，问山的高度是多少。（空气的平均摩尔质量 $M_m=28.97\times10^{-3}$ kg/mol）

3-20 若将太阳大气看成温度为 $T=5500$K 的等温大气，其重力加速度 $g=2.7\times10^2$ m/s² 可视为常量，太阳粒子的平均摩尔质量 $M_m=1.5\times10^{-3}$ kg/mol。求太阳大气标高。

3-21 令 $\varepsilon=\frac{1}{2}mv^2$ 表示气体分子的平均平动动能，试根据麦克斯韦速率分布律证明，平动动能在区间 $\varepsilon\sim\varepsilon+d\varepsilon$ 内的分子数占总分子数的比率为

$$f(\varepsilon)d\varepsilon=\frac{2}{\sqrt{\pi}}(kT)^{-3/2}\varepsilon^{1/2}e^{-\varepsilon/kT}d\varepsilon$$

根据上式求分子平动动能 ε 的最概然值和分子平动动能的平均值。

3-22 假设地球大气层由同种分子构成，且充满整个空间，并设各处温度 T 相等。试根据玻尔兹曼分布律计算大气层中分子的平均重力势能$\overline{\varepsilon_p}$。$\left(\text{已知积分公式}\int_0^\infty x^n e^{-ax}dx=n!/a^{n+1}\right)$

3-23 试估计质量为 10^{-9} kg 的砂粒能像地球大气一样分布的等温大气温度的数量级。

3-24 由完全相同的微粒组成的“气体”，充满高为 2.0m 的容器。当平衡时，测得顶部微粒密度是底部的 1/e，温度为 27℃。求一颗微粒的质量。

3-25 容积为 2.0×10^{-2} m^3 的瓶子以速率 $v=200$m/s 匀速运动，瓶子中充有质量为 0.1kg 的氦气。设瓶子突然停止，且气体的全部定向运动动能都变为气体分子热运动的动能，瓶子与外界没有热量交换。热平衡后，氦气的温度、压强、内能及氦气分子的平均动能各增加多少？

3-26 一密封房间的体积为 $5\times3\times3$m^3，室温为 20℃，室内空气分子热运动的平均平动动能的总和是多少？如果气体的温度升高 1.0K，而体积不变，则气体的内能变化是多少？气体分子的方均根速率增加多少？（已知空气的密度 $\rho=1.29$kg/m^2，摩尔质量 $M_m=29\times10^{-3}$ kg/mol，且空气分子可认为是刚性双原子分子。）

3-27 有 2.0×10^{-3}m^3 刚性双原子分子理想气体，其内能为 6.75×10^2J。

(1) 试求气体的压强；

(2) 设分子总数为 5.4×10^{22} 个，求分子的平均平动动能及气体的温度。

3-28 容器内混有二氧化碳和氧气两种气体，混合气体的温度是 290K，内能是 9.64×10^5J，总质量是 5.4kg，试分别求出二氧化碳和氧气的质量.

3-29 容积 $V=1$m^3 的容器内混有 $N_1=1.0\times10^{25}$ 个氧气分子和 $N_2=4.0\times10^{25}$ 个氮气分子，混合气体的压强是 2.76×10^5 Pa，求：

(1) 分子的平均平动动能；

(2) 混合气体的温度。

3-30 求常温下质量为 $M_1=3.0\times10^{-3}$ kg 的水蒸气与 $M_2=3.0\times10^{-3}$ kg 的氢气的混合气体的等体比热。

3-31 某种气体的分子由 4 个原子组成，它们分别处在正四面体的 4 个顶点。

(1) 求这种分子的平动、转动和振动自由度数；

(2) 根据能量均分定理，求这种气体的等体摩尔热容。

第 4 章　气体内的输运过程

4.1　气体分子的平均碰撞次数和平均自由程

第 3 章中在标准状态下我们得到气体分子的平均速率的数量级为 10^2m/s。在历史上，德国物理学家克劳修斯(Rudolf Clausius，1822—1888)从理想气体模型推导出气体分子的方均根速率公式 $\sqrt{\overline{v^2}}=\sqrt{3RT/M_m}$，他计算出在 0℃时氧气的方均根速率为 461m/s，氢气的方均根速率为 1844m/s。克劳修斯的这一结果引起了大家的重视，但也受到了一些人的质疑。例如，德国科学家拜斯-巴洛特(Buys-Ballot)指出，分子的高速率并不符合所观察到的现象，诸如气体的缓慢扩展，烟雾的缓慢散开。他说："如果在房间的一个角落里出现了硫化氢或氯气，当在另一角落的人闻到这个气味时，好几分钟过去了，然而气体分子在一秒钟必定飞过这个房间几百次，这个现象如何解释呢？"为此，克劳修斯在 1858 年提出了气体分子平均自由程的概念，并用统计的方法推导出了平均自由程。他认为，气体扩散的速率除了要看分子本身的运动速率有多大外，还要看分子间碰撞次数的多少，也就是说，要由自由程来决定。由于一个分子从一处移至另一处的过程中，并不是畅通无阻，而是不断与其他分子发生频繁的碰撞，致使分子必须经历较长的时间，才能发生可察觉的宏观定向位移。从而解释了巴洛特等的问题。

气体分子之间的无规则碰撞对于气体中发生的过程有着十分重要的作用。如在前面讨论过的分子按速率或速度的麦克斯韦分布律、气体分子的能量按自由度均分定理等，都是通过分子间的频繁无规则碰撞维持的。因此，分子间的碰撞是气体中建立并维持平衡态的保证。气体的扩散、热传导等非平衡态过程进行的快慢都取决于分子间相互碰撞的频繁程度。因而，我们首先讨论分子间的碰撞问题。

4.1.1　分子碰撞截面

设气体分子是有效直径为 d 的刚球，分子间除碰撞瞬间之外，无相互作用力。图 4-1 表示的是 B 分子从远处平行射向在 O 点静止的 A 分子，由图可见，B 分子在接近 A 分子时受到 A 分子的散射而使轨迹线发生偏折。分子 B 入射方向的直线与 A 分子中心的垂直距离 b 称为**瞄准距离**或碰撞参数(impact parameter)。当 $b=0$ 时，两分子发生对心碰撞；若 $b>d$，两个分子不发生碰撞；当 $0<b\leqslant d$，两分子发生斜碰。可见，发生碰撞的必要条件是 $b\leqslant d$。由于平行射线束可分布在 O 点的四周，这样就以 O 点为圆心"截"出半径为 d 的垂直于平行射线束的圆。

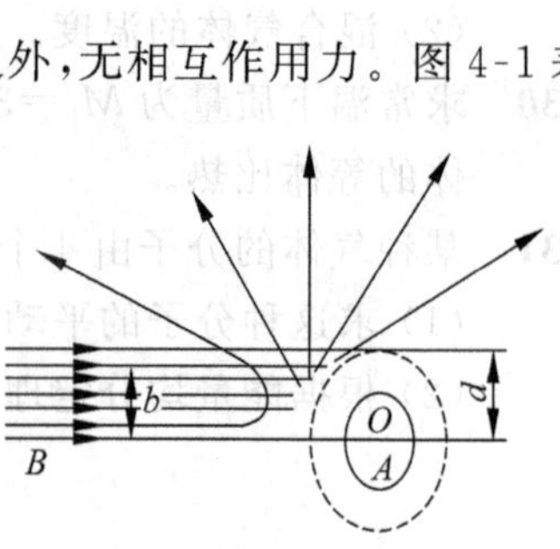

图 4-1　分子碰撞

所有射向圆内区域的视作质点的 B 分子都会被 A 分子散射。所有射向圆外区域的 B 分子都不会被散射。故该圆的面积为 $\sigma=\pi d^2$，称为分子散射截面(scattering cross sectiom)，也称**分子碰撞截面**(collision cross section)。

4.1.2　分子的平均自由程和碰撞频率

气体分子做永不停息地无规则运动,在运动过程中不断与其他分子碰撞,因此其运动方向不断改变,其轨迹曲折迂回,十分复杂,如图 4-2 所示。就个别分子来说,它与其他分子在何时何地发生碰撞,单位时间内与其他分子碰撞多少次,每连续两次碰撞之间可自由走过多少路程等,这些都是偶然的、不可预测的。但对于由大量分子构成的整体来说,分子在连续两次碰撞之间自由走过的路程及分子间的碰撞却服从确定的统计规律。

若不计分子间的引力作用,可认为分子在连续两次碰撞之间做匀速直线运动,所自由走过的路程称为**自由程**。在一定的宏观条件下,气体分子在连续两次碰撞之间所自由走过路程的平均值,即自由程的平均值称为**平均自由程**(mean free path),记为 λ。一个分子在单位时间内与其他分子碰撞的平均次数称为分子的**平均碰撞频率**(mean collision frequency),简称碰撞频率,记为 Z。显然,平均自由程和碰撞频率之间存在着简单关系。用 $\bar{v}$ 表示气体分子的平均速率,则在 Δt 时间内,分子通过的平均路程是 $\bar{v}\Delta t$,而分子的碰撞次数就是整个路程被折成的段数 $Z\Delta t$,所以平均自由程为

$$\lambda = \frac{\bar{v}\Delta t}{Z\Delta t} = \frac{\bar{v}}{Z} \tag{4.1.1}$$

平均自由程 λ 和碰撞频率 Z 都反映了分子之间相互碰撞的频繁程度,其大小是由气体的性质及所处的状态决定的。λ 和 Z 与哪些因素有关?

为简化起见,我们考察同类气体分子,不计分子间的引力作用,将分子看成是有效直径为 d 的刚球,分子间的碰撞是完全弹性的。为了计算 Z,我们跟踪一个分子 A,由于碰撞仅决定于分子间的相对运动,所以可以假设分子 A 以平均相对速率 $\bar{u}$ 相对于其他分子运动,也就是视其他分子静止不动,计算分子 A 在一段时间 Δt 内与多少分子相碰。

考虑较稀薄的气体,只考虑两个分子间的碰撞,忽略 3 个或 3 个以上分子间的碰撞。在分子 A 的运动过程中,显然只有中心与 A 的中心间距小于或等于分子有效直径 d 的那些分子才有可能与 A 相碰。以 A 的中心的运动轨迹为轴线(这线应是一条折线,每一转折都是因为 A 与其他分子发生了碰撞)、以分子有效直径 d 为半径作一个曲折的圆柱体,凡是中心落在此圆柱体内的分子都会与 A 相碰,如图 4-3 所示。圆柱体的截面积为 πd^2,即碰撞截面 $\sigma=\pi d^2$。在一段时间 Δt 内,分子 A 所走过的路程为 $\bar{u}\Delta t$,相应曲折圆柱体的体积为 $\pi d^2\bar{u}\Delta t$。设气体分子数密度为 n,则该圆柱体内的分子数为 $n\pi d^2\bar{u}\Delta t$,亦即 A 在 Δt 时间内与其他分子碰撞的次数。因此,碰撞频率为

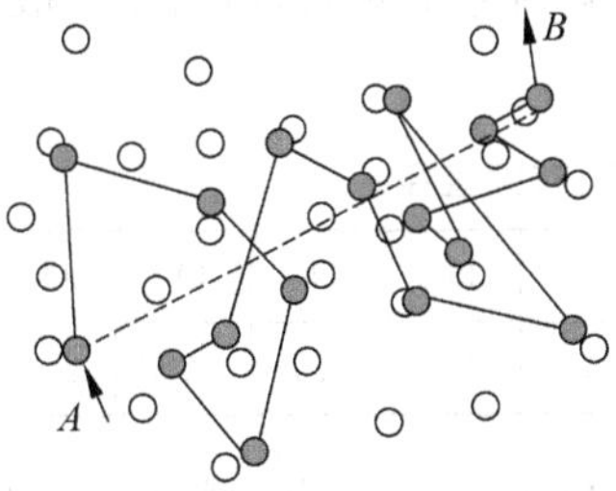

图 4-2　分子碰撞与自由

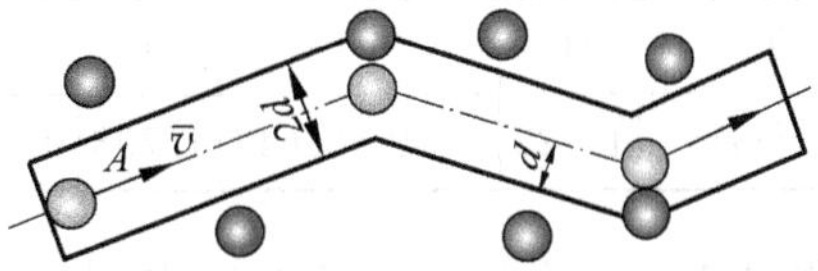

图 4-3　碰撞频率

$$Z=\frac{n\pi d^2\bar{u}\Delta t}{\Delta t}=n\pi d^2\bar{u}=n\sigma\bar{u}$$

考虑到实际上所有分子都在运动，而且各个分子的运动速率并不相同，因此上式中的平均相对速率 $\bar{u}$ 应改为分子平均速率 $\bar{v}$。由麦克斯韦速度分布律可以严格证明，气体分子的平均相对速率 $\bar{u}$ 与平均速率 $\bar{v}$ 的关系为 $\bar{u}=\sqrt{2}\bar{v}$，代入上式得

$$Z=\sqrt{2}\pi d^2\bar{v}n=\sqrt{2}\sigma\bar{v}n \tag{4.1.2}$$

由此可见，Z 除了与分子平均速率 $\bar{v}$、分子数密度 n 成正比外，还与分子碰撞截面 σ 成正比，因而，分子的大小对碰撞的频繁程度起着重要作用。将式(4.1.2)代入式(4.1.1)中得

$$\lambda=\frac{\bar{v}}{Z}=\frac{1}{\sqrt{2}\pi d^2 n}=\frac{1}{\sqrt{2}\sigma n} \tag{4.1.3}$$

该式说明平均自由程只与气体的分子数密度 n 及分子的有效直径 d 或碰撞截面 σ 有关。当理想气体处于平衡态，温度为 T 时，将 $p=nkT$ 代入式(4.1.3)得

$$\lambda=\frac{kT}{\sqrt{2}\pi d^2 p} \tag{4.1.4}$$

可见，当温度一定时，λ 与气体的压强成反比，压强越小，分子的平均自由程越大。当系统的分子数密度确定时，气体的自由程保持不变，因而，这时气体的压强和温度不能各自独立地变化。

例题 4-1 试估算氧气在标准状态下分子的平均自由程和碰撞频率。取氧气分子的有效直径 $d=3.6\times10^{-10}\,\text{m}$。

解：已知 $T=273\text{K}$，$p=1.013\times10^5\,\text{Pa}$，$d=3.6\times10^{-10}\,\text{m}$，$k=1.38\times10^{-23}\,\text{J/K}$，代入式(4.1.4)得

$$\lambda=\frac{kT}{\sqrt{2}\pi d^2 p}=\frac{1.38\times10^{-23}\times273}{\sqrt{2}\pi\times(3.6\times10^{-10})^2\times1.01\times10^5}=6.48\times10^{-8}(\text{m})$$

可见，在标准状态下，氧气的平均自由程 λ 约为分子有效直径 d 的 200 倍，可以认为气体是足够稀薄的，可近似视为理想气体。氧气分子的碰撞频率为

$$Z=\frac{\bar{v}}{\lambda}=\sqrt{\frac{8RT}{\pi M_{\text{m}}}}/\lambda=\sqrt{\frac{8\times8.31\times273}{\pi\times32\times10^{-3}}}/(6.48\times10^{-8})=6.56\times10^9(\text{s}^{-1})$$

即每个氧分子每秒与其他分子碰撞65 亿余次。

在标准状态下，各种气体分子的平均自由程的数量级为 $10^{-7}\sim10^{-8}\,\text{m}$，碰撞频率数量级约为 $5\times10^9\,\text{s}^{-1}$。表 4-1 列出了标准状态下几种气体的平均自由程和有效直径的值。海平面上的大气压约为 $1.013\times10^5\,\text{Pa}$，空气分子的碰撞频率约为 $10^9\,\text{s}^{-1}$，而 λ 约为 $10^{-8}\,\text{m}$。常温常压下，一个分子在 1s 内平均要碰撞几十亿次，看起来碰撞非常频繁，但由于一般系统的分子数都在 10^{20} 以上，相比之下，分子碰撞并不频繁。

表 4-1 标准状态下气体的平均自由程、有效直径

气 体	H_2	N_2	O_2	He	Ar	气 体	H_2	N_2	O_2	He	Ar
$\lambda/(10^{-7}\,\text{m})$	1.123	0.612	0.648	1.798	0.666	$d/(10^{-10}\,\text{m})$	2.7	3.7	3.6	2.2	3.2

例题 4-2 直径为 5cm 的容器内部充满氮气，真空度为 $10^{-3}\,\text{Pa}$。求：常温(293K)下平均自由程的理论计算值。

解：依题意得气体分子数密度为

$$n=\frac{p}{kT}=\frac{10^{-3}}{1.38\times10^{-23}\times293}=2.47\times10^{17}(\mathrm{m}^{-3})$$

若用式(4.1.3)计算，得

$$\lambda=\frac{1}{\sqrt{2}\pi d^2 n}=\frac{1}{\sqrt{2}\pi(3.7\times10^{-10})^2\times2.47\times10^{17}}=6.66(\mathrm{m})$$

这个数值远大于容器线度 l，即 $\lambda\gg l$，这时气体分子只是不断地来回与容器壁碰撞，则实际的气体分子的平均自由程就应该是容器的线度，即

$$\lambda=l$$

这就是稀薄气体的特征。还应该指出，即使在 1.013×10^{-4} Pa 的压强下，$1\mathrm{cm}^3$ 内还有 3.5×10^{10} 个分子。

在式(4.1.1)～式(4.1.4)中，我们认为气体是通常情况下的正常气体，即要求分子的平均自由程 λ 远大于分子的有效直径 d，而气体所处容器的线度 l 远大于气体分子的平均自由程 λ，所以式(4.1.2)和式(4.1.4)成立的条件是

$$d\ll\lambda\ll l$$

4.1.3　气体分子按自由程的分布*

分子在任意两次碰撞之间所自由通过的自由程长短不一，有的大于平均自由程，有的小于平均自由程。与气体分子速度分布律类比，可以推断，在确定的宏观条件下，气体分子自由程处于一给定长度区间 $\lambda\sim\lambda+\mathrm{d}\lambda$ 内的分子数占总分子的比率是一定的，即自由程也有一定的统计分布律。

气体分子数目众多，具有各种方向的运动速度。但我们总可以挑选 N_0 个分子作为一组，使组内所有分子均以平均速率 $\bar{v}$ 运动，组内所有分子速度方向均平行于 x 轴，并且它们都在 $t=0$ 时刻于 $x=0$ 处经历了一次碰撞。由于它们运动方向彼此平行且速率相等，所以它们不会与本组分子相碰，但却要陆续与组外分子碰撞。我们再规定组内分子一旦受碰就会被清除出组，那么，这组分子的个数就会越来越少。

若这组分子通过路程 x 时，组内还剩下 N 个分子，而在下一段路程 $\mathrm{d}x$ 上，又减少了 $\mathrm{d}N(\mathrm{d}N<0)$ 个分子，也就是自由程在 $x\sim x+\mathrm{d}x$ 区间内的分子数。当 $\mathrm{d}x\to0$ 时，有 $|\mathrm{d}N|\propto N\mathrm{d}x$，设比例系数为 K，则

$$-\mathrm{d}N=KN\mathrm{d}x$$

即

$$\frac{\mathrm{d}N}{N}=-K\mathrm{d}x$$

考虑到在 $x=0$ 处 $N=N_0$，解得

$$N=N_0\mathrm{e}^{-Kx}\tag{4.1.5}$$

式中，N 表示在 N_0 个分子中自由程大于 x 的分子数。$-\mathrm{d}N/N_0$ 就是分子的自由程处于 $x\sim x+\mathrm{d}x$ 区间的比率(概率)。由式(4.1.5)微分得，$\mathrm{d}N=-KN_0\mathrm{e}^{-Kx}\mathrm{d}x$，因此

$$-\frac{\mathrm{d}N}{N_0}=K\mathrm{e}^{-Kx}\mathrm{d}x$$

对自由程取平均值，则有

$$\lambda = \int_0^\infty x\left(-\frac{\mathrm{d}N}{N_0}\right) = \int_0^\infty xK\mathrm{e}^{-Kx}\,\mathrm{d}x = \frac{1}{K}$$

将 $K=\frac{1}{\lambda}$ 代入式(4.1.5)得

$$N = N_0\mathrm{e}^{-x/\lambda} \tag{4.1.6}$$

$$-\frac{\mathrm{d}N}{N_0} = \frac{1}{\lambda}\mathrm{e}^{-x/\lambda}\mathrm{d}x \tag{4.1.7}$$

这就是 N_0 个分子中自由程介于 $x \sim x+\mathrm{d}x$ 区间的分子数的比率(概率),也是被碰撞的概率。式(4.1.6)和式(4.1.7)就是分子按自由程分布规律。

例题 4-3 在 N_0 个分子中,自由程大于和小于 λ 的分子各有多少个?

解:已知 $x=\lambda$,代入式(4.1.6),可求得自由程大于 λ 的分子数为

$$N = N_0\mathrm{e}^{-x/\lambda} = N_0/2.7 \approx 0.37N_0$$

自由程小于 λ 的分子数为

$$N' = N_0 - N \approx 0.63N_0$$

4.2 输运过程

4.2.1 输运过程的宏观规律

此前,我们所讨论的都是系统已经达到平衡态的性质和所遵循的规律。然而实际上,平衡态只是暂时的情况。在自然界中,许多问题都涉及系统由非平衡态向平衡态的变化过程。当系统各部分的宏观性质(如流速、温度、密度等)不均匀时,系统就处于非平衡态。在不受外界干预时,热力学系统从非平衡态向平衡态过渡的过程,称为**输运过程**(transport process),相应的现象称为输运现象,也称迁移现象。这里我们只关注 3 种气体输运过程:黏性(或内摩擦)现象、热传导现象和扩散现象。我们从实验事实出发,总结这 3 种输运过程的宏观规律,讨论输运过程的微观机理,阐明输运系数的微观实质。为简明起见,着重讨论稀薄气体中发生的输运现象,而且把 3 种输运现象分开讨论,忽略它们之间可能出现的交叉现象。但在实际问题中,各种输运过程往往同时存在,交叉影响。输运现象不仅在气体中,在液体、固体、等离子体中也会发生。

1. 黏性(内摩擦)现象

流体形状不定,流动非常复杂,与容器的形状、容器表面状况、流体本身的性质及流速都有关。流动的状态可以分为层流和湍流。层流是比较简单的流动;湍流非常复杂,其流动显得混杂、紊乱,并有涡状结构。

我们只讨论气体做稳恒层流时的黏性现象。层流就是流体做分层的平行运动,流体质点的轨迹线有条不紊,相邻的轨迹彼此仅稍有差别,并不相互混杂。在气体做层流时,通过任意一个平行于流速方向的截面,相邻气层的接触面上就会有一对阻碍两气层相对运动的等值而反向的相互作用力,力的作用结果总是使流动慢的气层加速,使流动快的气层减速,结果形成稳定的分层流动的现象。我们把气体的这种层与层之间有阻碍相对运动的现象称为**内摩擦现象**或**黏性现象**(viscosity phenomenon)。这种力称为**内摩擦力**(inter-friction force),又称为**黏性力**(viscous force)。

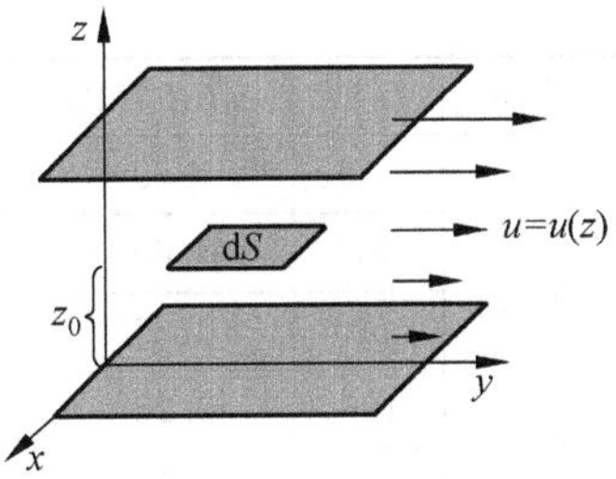

图 4-4　气体层流

图 4-4 中表示的是平面气流层。设想气体被限定在垂直于 z 轴两个无限大平板之间，下板静止，上板以恒定速率 u_0 沿着 y 轴正方向运动。气体紧靠上板一层附着于板上，与板有相同的速率，而紧靠下板一层也附着下板，定向流速为零。在两板之间的 z_0 处作一平行于板的假想分界面 dS，其上下两侧的流层沿此面流速不同，由于黏性作用，它们将互施内摩擦力（黏性力），且力的大小相等，方向相反。结果，较快层流体对较慢层流体施加向前的拉力，较慢层流体对较快层流体施以阻力。随着运动平板沿 y 轴的移动，两板之间各流层间这种相互的黏性作用使得流体最终能达到一种稳定的流动状态，并沿着 z 轴正方向各气层的流速逐渐增大，各流层的流速不再随时间变化。即流速是流层所在高度 z 的函数，记为 $u(z)$。若在任意 z 处气体的定向流速为 u，而在 $z+\mathrm{d}z$ 处气体的定向流速为 $u+\mathrm{d}u$，则气体定向流速沿 z 轴的变化率 $\mathrm{d}u/\mathrm{d}z$ 称为**流速梯度**，即流速在 z 轴方向上的单位长度的增量。如果在某处气体的流速沿 z 轴正方向增大，则该处的 $\mathrm{d}u/\mathrm{d}z>0$；反之，则 $\mathrm{d}u/\mathrm{d}z<0$。实验表明，$z_0$ 处截面两侧相互作用的黏性力的大小与 z_0 处的流速梯度成正比，与接触面的面积 dS 也成正比，即

$$f=\eta\left(\frac{\mathrm{d}u}{\mathrm{d}z}\right)_{z_0}\mathrm{d}S \tag{4.2.1}$$

式中，比例系数 η 称为流体**黏度系数**(coefficient of viscosity)，其单位是帕·秒，记为 Pa·s。式(4.2.1)称为**牛顿黏性定律**(Newton law of viscosity)。实验表明，易于流动的流体的黏性较小，流体的黏性与其温度有关，液体的黏性随温度升高而降低；而气体的黏性随温度升高而增加，这说明气体与液体黏性力的微观机理不同。

黏性定律还可以表述为另一种形式。从效果看，黏性力的作用使快速气层(dS 面的上侧)减速，使慢速气层(dS 面的下侧)加速，相当于黏性力的作用使快速气层定向动量减小，使慢速气层定向动量增加。如以 dK 表示在一段时间 dt 内通过面积元 dS 沿 z 轴正方向输运的定向动量，则根据动量定理 $\mathrm{d}K=f\mathrm{d}t$，式(4.2.1)可写为

$$\mathrm{d}K=-\eta\left(\frac{\mathrm{d}u}{\mathrm{d}z}\right)\bigg|_{z_0}\mathrm{d}S\mathrm{d}t \tag{4.2.2}$$

式中，负号表示动量传递的方向与速度梯度方向相反，即定向动量是沿着流速减少的方向输运。黏性系数 η 的意义是单位时间、单位面积、单位速度梯度上输运的定向动量。η 的大小与流体的性质和状态有关。表 4-2 所示是几种气体和液体的黏度系数。

2. 热传导现象

热传递或传热泛指一切由于温差而引起的能量传递。热传递有 3 种方式：**热辐射**、**热对流**和**热传导**。由于流体各部分温度不同，致使压强不同或密度不同；或由于流体处于外场作用下，各部分间发生的宏观相对运动称为**热对流**；物体在任何温度下都向外界以电磁波的形式发射能量，这种由温度决定的电磁波发射称为**热辐射**，温度越高，热辐射越强；在系统的不同部分之间有温度差而发生传递能量的过程称为**热传导**(heat conduction)。在热传递的 3 种方式中，对流并不只是取决于温差，它还与质量迁移情况有关，热辐射本质上是电磁波辐射，只有热传导是单纯的能量传递。这里我们只讨论热传导。

在热传导过程中所传递的能量的多少称为**热量**。设气体温度 $T(z)$ 沿 z 轴正方向升高，

表 4-2　几种流体的黏度①

气体	t/℃	η/(10^{-5} Pa·s)	气体	t/℃	η/(10^{-5} Pa·s)	液体	t/℃	η/(10^{-3} Pa·s)
空气	0	1.71	CO_2	20	1.47	水	0	1.79
	20	1.82		100	1.83		37	0.69
	100	2.71		250	2.45		50	0.55
水蒸气	0	0.87	CH_4	0	1.03		100	0.28
	100	1.27		20	1.10	酒精	0	1.79
N_2	0	1.67	H_2	20	0.89		20	1.19
O_2	0	1.99		251	1.3	血液	37	3.0～5.0
	20	2.03	He	20	1.96	血浆	37	1.0～1.4

沿 z 轴方向单位长度上的温度增量 $\mathrm{d}T/\mathrm{d}z$ 称为**温度梯度**。如图 4-5 所示。若沿 z 轴正方向的气体温度逐渐增大，则该处的 $\mathrm{d}T/\mathrm{d}z>0$；反之，则 $\frac{\mathrm{d}T}{\mathrm{d}z}<0$。

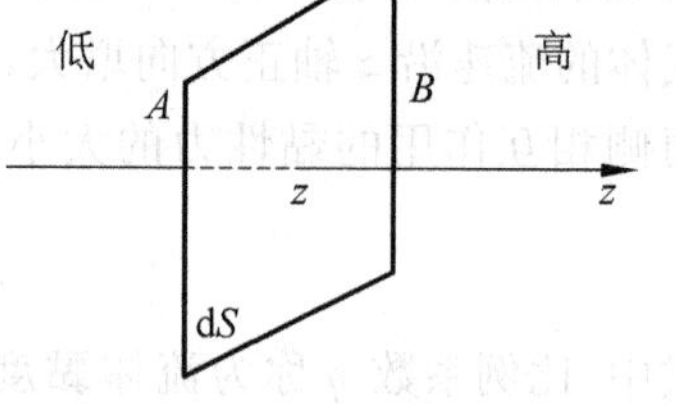

图 4-5　热量输运

设想在 z_0 处有一面积为 $\mathrm{d}S$ 的分界平面，将气体分为 A 和 B 两部分，A 部分气体温度较低，B 部分气体温度较高。实验指出，$\mathrm{d}t$ 时间内通过 $\mathrm{d}S$ 沿 z 轴方向传递的热量为

$$\mathrm{d}Q=-\kappa\left(\frac{\mathrm{d}T}{\mathrm{d}z}\right)\bigg|_{z_0}\mathrm{d}S\mathrm{d}t \tag{4.2.3}$$

式中，比例系数 κ 称为**热导率**（thermal conductivity）或导热系数（coefficient of heat conductivity），其意义是单位时间内通过垂直于温度梯度方向的单位面积、单位温度梯度上所输运的能量（热量）。它的数值与物质的种类和状态有关，其单位为瓦/（米·开），记为 W/(m·K)（或 kg·m/(s^3·K)）。表 4-3 列出了几种物质的导热系数。式中负号表示热流方向与温度梯度方向相反，即热量总是沿着温度降低的方向传递。该定律由法国科学家傅里叶（Fourier）于 1815 年提出，所以常称为**傅里叶定律**（Fourier law of heat conduction）。

表 4-3　几种物质的热导率

物质	t/℃	κ/(W·m^{-1}·K^{-1})	物质	t/℃	κ/(W·m^{-1}·K^{-1})
空气	−74	0.018	水	0	0.561
	38	0.027		20	0.604
水蒸气	100	0.0245		100	0.68
氢气	−123	0.098	纯铜	20	386
	175	0.251	纯铝	20	204
氧气	−123	0.0137	纯铁	20	72.2
	175	0.038	玻璃	20	0.78
石棉	51	0.166	松木	30	0.112
软木	32	0.043	冰	0	2.2

① 注：表中部分数据取自参考书目[4]和[5]

定义单位时间内在单位面积上流过的热量为热流密度，记为 q，则有

$$q=-\kappa\frac{\mathrm{d}T}{\mathrm{d}z} \tag{4.2.4}$$

3. 单纯扩散现象

气体的扩散现象在自然界中是很常见的。当气体内各处的分子数密度不同或各部分气体的种类不同时，经过一段时间后，在宏观上系统中各部分气体成分和分子数密度都趋于一致，这种现象称为**扩散现象**。不同种类气体之间的相互渗透，称为**互扩散**；同一种气体从高密度处向低密度处的扩散，称为**自扩散**。引起扩散现象的原因很多，如容器中气体各部分的成分不同、密度不同、温度或压强不同等，都会产生扩散现象。

为了对扩散现象本身的规律进行研究，我们只讨论在温度和压强均匀的情况下，仅由于气体中各处分子数密度不同而引起的单纯扩散规律。对于两种气体分子组成的混合气体，只有在保持温度和总压强各处都一致的条件下才是单纯扩散。为此，取两种有效直径和质量都极为相近的混合气体(如 N_2 与 CO)，设两种气体的比例各处不同但总的分子数密度处处相同。这样，由于各处总的分子数密度相同，则在同一温度下，气体内部不会出现压强不均匀的情况，从而不会造成宏观的气体流动。由于温度相同，相对分子质量相近，所以两种分子的平均速率近似相等。这时，两种气体将因各处成分的不均匀而进行单纯的扩散，经过足够长的时间后，实现成分均匀化。

为了说明扩散现象的宏观规律，可以只考虑混合气体中任意一种气体的质量迁移。若系统中某种气体沿 z 轴方向的质量密度 $\rho(z)$ 沿 z 轴正方向增加，沿 z 轴方向单位长度上的密度增量 $\mathrm{d}\rho/\mathrm{d}z$，称为**密度梯度**，如图 4-6 所示。若沿 z 方向该种气体的质量密度 ρ 逐渐增大，则该处的 $\frac{\mathrm{d}\rho}{\mathrm{d}z}>0$；反之，则 $\frac{\mathrm{d}\rho}{\mathrm{d}z}<0$，在 z_0 处取一垂直于 z 轴的分界面 $\mathrm{d}S$，将气体分为 A 和 B 两部分，则气体将从 B 扩散到 A。在 $\mathrm{d}t$ 时间内，沿 z 轴正方向穿越 $\mathrm{d}S$ 面迁移的气体质量为 $\mathrm{d}M$。经实验表明，$\mathrm{d}M$ 可以表示为

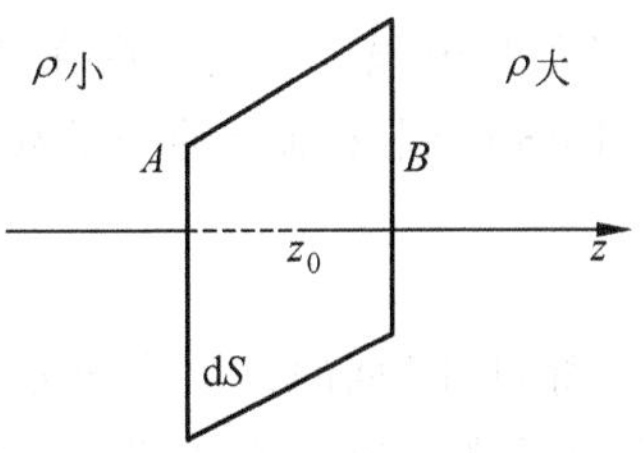

图 4-6　单纯扩散

$$\mathrm{d}M=-D\left(\frac{\mathrm{d}\rho}{\mathrm{d}z}\right)\bigg|_{z_0}\mathrm{d}S\mathrm{d}t \tag{4.2.5}$$

式中，比例系数 D 称为气体的**扩散系数**(coefficient of diffusion)，其意义是单位时间、单位面积、单位密度梯度上所输运的质量，单位为米^2/秒，记为 $\mathrm{m^2/s}$；负号表示质量迁移的方向与密度梯度的方向相反。扩散总是沿着密度减少的方向进行，D 与气体性质及状态有关。该规律由法国生理学家菲克(Fick)于 1855 年提出，也称菲克扩散定律(Fick diffusion law)。菲克扩散定律不仅在物理学中，而且在化学、生命科学等方面都具有重要应用。菲克扩散定律既适用于自扩散，也适用于互扩散。

4.2.2　输运过程的微观解释

当气体各处的物理量分布不均匀时，在每一处的分子就具有所在处的某个物理量，例如，在黏性、热传导、扩散这 3 种过程中对应的物理量分别为分子定向运动的动量、平均热运动能量、质量等。从微观角度看，输运过程是由于气体分子内存在某种不均匀性，当分子做

无规则热运动时，携带着所在处的物理量运动到其他地方与别的分子发生碰撞交换各自的物理量的过程，也就是通过分子无规则热运动输运某个物理量的过程。这样通过分子热运动与碰撞，将不均匀量逐渐混合起来趋于一致。因此，决定输运过程的主要因素是分子热运动及分子间的碰撞。

1. 输运过程中的物理量

首先看分子热运动的作用。设气体内部的各种不均匀性都发生在 z 轴方向，在 z_0 处作垂直于 z 轴的分界面 $\mathrm{d}S$，将系统分为 A、B 两部分，如图 4-7 所示。考虑在 $\mathrm{d}t$ 时间内，沿 z 轴正方向 A、B 两部分穿过 $\mathrm{d}S$ 面的分子数。设气体分子是彼此无引力的刚球，都以平均速率 $\bar{v}$ 运动，这是由于热运动的平均速率 $\bar{v}$ 远大于气体的定向流速 u，又由于气体的定向流速 u 平行于 $\mathrm{d}S$ 面，对穿过 $\mathrm{d}S$ 面不起作用，所以不计气体的定向流速 u。将系统中的分子等分为三队，各自平行于 x 轴、y 轴、z 轴运动，每一队又等分为两小队，各自沿坐标轴的正、负方向运动。由于分子热运动的无规则性，各方向运动的概率应相同。则由 A 部分穿过 $\mathrm{d}S$ 面向 B 部分运动的分子数应等于由 B 部分穿过 $\mathrm{d}S$ 面向 A 部分运动的分子数，都等于分子总数的 1/6。以 $\mathrm{d}S$ 为底、$\bar{v}\mathrm{d}t$ 为高作柱体，分子数密度为 n（设为常数），则在 $\mathrm{d}t$ 时间内由 A 部分穿过 $\mathrm{d}S$ 面到 B 部分的分子数和由 B 部分穿过 $\mathrm{d}S$ 面到 A 部分的分子数均为

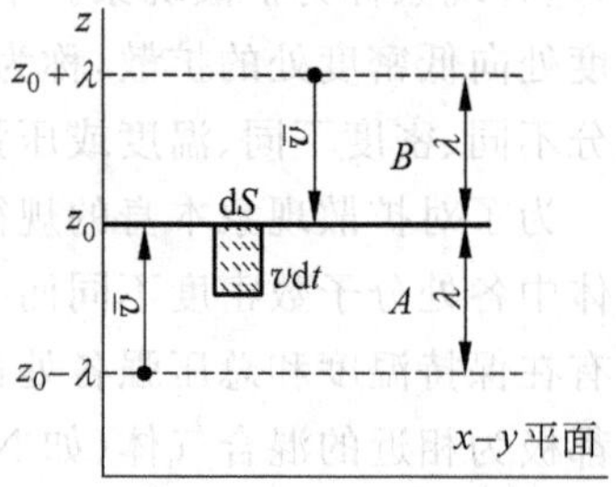

图 4-7　输运过程微观解释示意图

$$\mathrm{d}N=\frac{1}{6}nV_{柱体}=\frac{1}{6}n\bar{v}\mathrm{d}S\mathrm{d}t$$

穿过 $\mathrm{d}S$ 面的每个分子把一方的某个物理量携带到另一方，由于系统沿 z 轴方向不均匀，分子热运动在 A、B 两部分之间携带的物理量数量不等，设每个分子携带的相应物理量为 δ，在 $\mathrm{d}t$ 时间内由热运动引起的通过 $\mathrm{d}S$ 面沿正 z 轴方向由 A 部分到 B 部分输运的物理量为

$$\mathrm{d}J=\left(\frac{1}{6}n\bar{v}\mathrm{d}S\mathrm{d}t\delta\right)_A-\left(\frac{1}{6}n\bar{v}\mathrm{d}S\mathrm{d}t\delta\right)_B \tag{4.2.6}$$

再看分子碰撞的作用。设分子经过一次碰撞之后就被完全"同化"了，即分子碰撞时，它就舍弃原来的分子状态，而获得受碰处的分子状态。如由 A 部分经 $\mathrm{d}S$ 进入 B 部分的分子与原 B 部分的分子碰撞一次就变得与原 B 部分的分子状态相同，由 B 部分经 $\mathrm{d}S$ 进入 A 部分的分子与原 A 部分的分子碰撞一次就变得与原 A 部分的分子状态相同。由平均自由程的定义知，这样的碰撞发生在 $z=z_0+\lambda$ 及 $z=z_0-\lambda$ 处。那么，对于穿过 $\mathrm{d}S$ 面的分子携带的物理量分别是 $z=z_0$ 平面上、下与之相距 λ 处的分子所具有的物理量，于是

$$\mathrm{d}J=\left(\frac{1}{6}n\bar{v}\mathrm{d}S\mathrm{d}t\delta\right)_{z_0-\lambda}-\left(\frac{1}{6}n\bar{v}\mathrm{d}S\mathrm{d}t\delta\right)_{z_0+\lambda}=\frac{1}{6}\bar{v}\mathrm{d}S\mathrm{d}t\left[(n\delta)_{z_0-\lambda}-(n\delta)_{z_0+\lambda}\right]$$

再设分子携带的物理量在距离为平均自由程 λ 的范围内缓慢变化，则

$$(n\delta)_{z_0-\lambda}-(n\delta)_{z_0+\lambda}\approx\left.\frac{\mathrm{d}(n\delta)}{\mathrm{d}z}\right|_{z=z_0}\cdot\mathrm{d}z=\left.\frac{\mathrm{d}(n\delta)}{\mathrm{d}z}\right|_{z=z_0}\cdot 2\lambda$$

所以，在 $\mathrm{d}t$ 时间内通过 $\mathrm{d}S$ 面沿正 z 轴方向输运的物理量可近似为

$$dJ = -\frac{1}{3}\left[\frac{d(n\delta)}{dz}\right]\bigg|_{z=z_0}\bar{v}\lambda dSdt \tag{4.2.7}$$

下面我们把式(4.2.7)分别运用到黏性、热传导、扩散 3 种输运过程中。

2. 黏性、热传导、扩散现象微观解释

1) 黏性现象

因气体的宏观流速不同，图 4-4 中 dS 面下侧的分子定向流速比 dS 面上侧的分子的定向流速要小，即下侧的分子的定向动量要比上侧的小。气体内部的分子由于热运动及分子间的碰撞而不断地交换速度，定向动量较小的下侧分子进入上侧，定向动量较大的上侧分子进入下侧，结果使得下侧气层的定向动量有所增加，而上侧气层的定向动量则有所减小。其宏观效果为：dS 面上、下两侧的气层互施黏性力(内摩擦力)，使得本来定向流速小的气层加速，而本来定向流速大的气层减速。所以说，黏性现象的微观本质是气体分子在热运动中定向动量的输运(迁移)。

设气体分子的质量为 m，定向流速为 u，则在式(4.2.7)中每个分子携带的物理量(即动量)为 $\delta=mu$，在式(4.2.7)中取 $J=K$(动量)可得

$$dK = -\frac{1}{3}\left[\frac{d(nmu)}{dz}\right]\bigg|_{z=z_0}\bar{v}\lambda dSdt$$

因为气体的密度 $\rho=mn$(设为常数)，则

$$dK = -\frac{1}{3}\rho\bar{v}\lambda\left(\frac{du}{dz}\right)\bigg|_{z_0}dSdt$$

与宏观规律式(4.2.2)相比较，得黏性系数为

$$\eta = \frac{1}{3}\rho\bar{v}\lambda \tag{4.2.8}$$

2) 热传导现象

气体内部各处的温度不均匀，在图 4-5 中，A 部分温度较低，分子的热运动平均动能较小；而温度较高的 B 部分，分子的热运动平均动能较大。由于热运动，dS 两侧的分子相互交换，结果使得一部分能量从 B 部分输送到 A 部分。微观上的气体分子输送热量的过程，在宏观上就表现为气体的热传导。即热传导实质上是气体内部分子热运动动能的定向输运过程。

设气体分子的质量为 m，气体的等体比热容 $c_V=C_V/M$，其中 C_V 为气体的等体热容，M 为气体的质量。则理想气体每个分子携带的平均能量为 $\bar{\varepsilon}=mc_VT$，式(4.2.7)中相应物理量 δ 为分子的平均能量 $\bar{\varepsilon}$，即

$$\delta = \bar{\varepsilon} = \frac{1}{2}(t+r+2s)kT = mc_VT$$

在式(4.2.7)中，取 $J=Q$(热量)可得

$$dQ = -\frac{1}{3}\left[\frac{d(nmc_VT)}{dz}\right]\bigg|_{z=z_0}\bar{v}\lambda dSdt = -\frac{1}{3}\rho\bar{v}\lambda c_V\left(\frac{dT}{dz}\right)\bigg|_{z_0}dSdt$$

与式(4.2.4)相比较可知导热系数为

$$\kappa = \frac{1}{3}c_V\rho\bar{v}\lambda \tag{4.2.9}$$

3) 扩散现象

微观上，扩散现象是分子热运动的必然结果。事实上，在图 4-6 中，dS 两侧的气体分子由于热运动都将通过 dS 向对方运动，但在任意一段时间内，密度较高一侧气体分子穿过 dS 的数目要比密度较小一侧气体分子穿过 dS 的数目多。结果就使密度较高一侧的分子数有所减少，而密度较小一侧的分子数则有所增多，形成了气体质量的定向输运。这就是扩散现象的微观机理。显然，质量的输运过程是通过大量分子的热运动来完成的。对自扩散，在式(4.2.7)中分子携带的物理量 $\delta=m$，取 $J=M$(质量)，可得

$$\mathrm{d}M=-\frac{1}{3}\left[\frac{\mathrm{d}(nm)}{\mathrm{d}z}\right]\bigg|_{z=z_0}\bar{v}\lambda\mathrm{d}S\mathrm{d}t=-\frac{1}{3}\bar{v}\lambda\left(\frac{\mathrm{d}\rho}{\mathrm{d}z}\right)\bigg|_{z_0}\mathrm{d}S\mathrm{d}t$$

与式(4.2.5)相比较可知扩散系数为

$$D=\frac{1}{3}\bar{v}\lambda \tag{4.2.10}$$

注意到

$$\bar{v}=\sqrt{\frac{8RT}{\pi M_{\mathrm{m}}}},\quad \lambda=\frac{kT}{\sqrt{2}\pi d^2 p}$$

代入式(4.2.10)后可以看出，D 与温度 $T^{3/2}$ 成正比而与压强 p 成反比，这说明温度越高，压强越低，扩散进行得越快。在相同的温度下，对于两种相对分子质量不同的气体来说，由于

$$\frac{\bar{v}_1}{\bar{v}_2}=\frac{\sqrt{M_{\mathrm{m2}}}}{\sqrt{M_{\mathrm{m1}}}}$$

所以相对分子质量小(摩尔质量 M_{m} 也小)的气体扩散较快。化学上常用这一原理来分离同位素。

从式(4.2.8)、(4.2.9)、(4.2.10)可以看出，气体的黏性系数 η、导热系数 κ 及扩散系数 D 均与气体分子的平均速率 $\bar{v}$ 及平均自由程 λ 成正比，表明宏观量 η、κ、D 是微观量的统计平均值。

4) 理论结果与实验结果的比较

将式(4.2.2)、式(4.2.3)、式(4.2.5)分别与式(4.2.8)、式(4.2.9)、式(4.2.10)对比可知，从分子动理论出发推导出的各种输运过程的规律，与实验所得的宏观规律基本一致。现在看 3 种输运系数的理论值与实验值是否相符。

把 $\rho=mn$，$\lambda=\dfrac{1}{\sqrt{2}\sigma n}$，$\bar{v}=\sqrt{\dfrac{8kT}{\pi m}}$，$n=\dfrac{p}{kT}$代入式(4.2.8)、式(4.2.9)和式(4.2.10)可得

$$\eta=\frac{m\bar{v}}{3\sqrt{2}\sigma}=\frac{2}{3\pi d^2}\sqrt{\frac{mkT}{\pi}}\propto\sigma^{-1}(mT)^{1/2} \tag{4.2.11}$$

$$\kappa=\frac{m\bar{v}c_V}{3\sqrt{2}\sigma}=\frac{2c_V}{3\pi d^2}\sqrt{\frac{mkT}{\pi}}\propto\sigma^{-1}(mT)^{1/2} \tag{4.2.12}$$

$$D=\frac{\bar{v}}{3\sqrt{2}n\sigma}=\frac{2}{3\pi d^2}\sqrt{\frac{k^3T^3}{\pi m p^2}}\propto\frac{T^{1/2}}{\sigma n}\left(\text{或}\frac{T^{3/2}}{\sigma p}\right) \tag{4.2.13}$$

式中，σ、m 是表示气体分子本身特点的量，与气体的种类有关；而 T、p 是表示气体状态的量。式(4.2.11)～式(4.2.13)表明，3 种输运系数不仅与气体的性质有关，而且与所处状态有关。此结论与实验结果相符。

由式(4.2.11)～式(4.2.13)还可知,气体的黏性系数 η 和导热系数 κ 与分子数密度 n 或压强 p 无关。黏性系数 η 与 p 无关的结论最初是由麦克斯韦于 1860 年从理论上推导出的,当时包括麦克斯韦本人在内的许多科学家都感到疑惑不解,怀疑结论的正确性。但是麦克斯韦和德国科学家迈耶(Mayer,1814—1878)等人做了许多实验,在压强为 $10^2 \sim 10^6$ Pa 范围内,证实了动量的输运是与压强无关的。这对气体动理论的建立起了重要的作用。我们可以这样理解这个结论,当压强降低时,分子数密度减小,因而使通过 dS 两侧的交换的分子对数目减少,但同时由于 n 的减少,使分子的平均自由程增大,使每对分子输运的动量增大,两个因素同时作用使得黏性系数 η 与压强无关。

由式(4.2.11)还可知,气体的黏性系数 η 和导热系数 κ 与气体分子的质量的平方根 $m^{1/2}$ 成正比,与气体温度的平方根 $T^{1/2}$ 也成正比。实验表明,气体的黏性系数 η 随温度的升高按 $T^{0.7}$ 的规律增大,而液体的黏性系数 η 随温度的升高而减小,这说明气体和液体的微观机理不同。式(4.2.13)说明气体的自扩散系数 D 正比于 $\dfrac{T^{1/2}}{n}$ 或 $\dfrac{T^{3/2}}{p}$。实验表明,D 正比于 $T^{0.75\sim 2.0}$。其次,理论上输运系数之间的关系为 $\kappa = c_V \eta = c_V \rho D$,而通过实验得出的它们的系数关系并非如此。

理论与实验的偏离主要是因为在推导中使用了一些简化假设和模型,如刚球模型、平衡态公式、未考虑分子速率分布等,这些假设和模型都使理论结果与实验结果有差别。进一步的理论研究表明,修正模型和采用精确的统计方法可使理论结果与实验结果吻合得更好。

从分子动理论推得的结果虽然与实验结果有差异。但理论结果与实验值有相同的数量级,并且能用简单的物理图像直观地说明输运现象的微观本质,计算简单明了。因此,分子动理论在处理输运过程方面是相当成功的。该差异也说明了气体分子动理论的近似性。

实验表明,当压强低于 10^2 Pa 时,气体的黏性系数 η 将与分子数密度 n 或压强 p 有关。若随 n 的减小而引起的总输运量的减少,并不能以每对分子输运的动量的增大来补偿时,η 就要受压强变化的影响了,在低压气体内就会出现 η 随着压强减小而变小的情况。

例题 4-4　旋转黏性计是为测定气体的黏性而设计的仪器,其结构如图所示。扭丝悬吊了一个外径为 R、长为 L 的内圆筒,筒外同心套上一个质量很轻、长亦为 L、内径为 $R+\Delta R$ 的外圆筒($\Delta R \ll R$),内、外筒之间装有被测气体。当外筒以恒定角速度 ω 旋转时,内筒也随之转动,直到悬挂内筒的金属丝产生的扭转力矩 M 阻止内筒继续转动为止。M 可由装在扭丝上的反光镜 M 的偏转角度测定。试推导被测气体的黏性系数表达式。

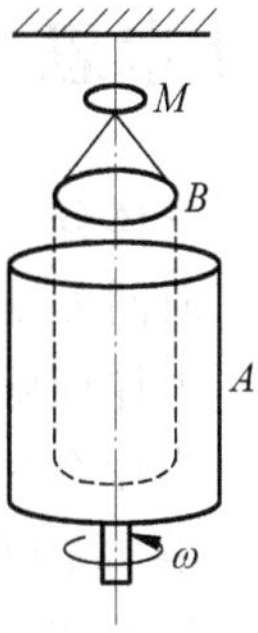

例题 4-4 图

解:因内筒静止,外筒以 $u=\omega R$ 的线速度在运动,则夹层流体速度梯度为

$$\frac{\mathrm{d}u}{\mathrm{d}z} = \frac{u_{外} - u_{内}}{\Delta R} = \frac{\omega R}{\Delta R}$$

(因 $\Delta R \ll R$,可认为层内的速度梯度处处相等),气体对内圆筒表面施加黏性力,黏性力对扭丝作用的合力矩为

$$M = fR = \eta\left(\frac{\mathrm{d}u}{\mathrm{d}z}\right)\bigg|_{z_0} \mathrm{d}S \cdot R = 2\pi RL \cdot \eta \cdot \frac{\omega R}{\Delta R} R = \frac{1}{\Delta R} 2\pi R^3 L\omega\eta$$

故气体的黏性系数为

$$\eta = \frac{M\Delta R}{2\pi R^3 L\omega}$$

例题 4-5 试估算标准状态下氮气的黏性系数、导热系数和扩散系数。已知氮分子的有效直径为 $d=3.7\times10^{-10}$ m。

解：由于氮气分子的质量为

$$m = \frac{M_{\mathrm{m}}}{N_{\mathrm{A}}} = \frac{28\times10^{-3}}{6.02\times10^{23}} = 4.65\times10^{-26}(\mathrm{kg})$$

则标准状态下氮气的密度 ρ 和分子平均速率分别为

$$\rho = \frac{M_{\mathrm{m}}}{V_0} = \frac{28\times10^{-3}}{22.4\times10^{-3}} = 1.25(\mathrm{kg/m^3})$$

$$\bar{v} = \sqrt{\frac{8kT}{\pi m}} = \sqrt{\frac{8RT}{\pi M_{\mathrm{m}}}} = \sqrt{\frac{8\times8.31\times273.15}{3.14\times28\times10^{-3}}} = 454(\mathrm{m/s})$$

氮分子的平均自由程为

$$\lambda = \frac{1}{\sqrt{2}\sigma n} = \frac{kT}{\sqrt{2}\pi d^2 p} = \frac{1.38\times10^{-23}\times273.15}{\sqrt{2}\times3.14\times(3.7\times10^{-10})^2\times1.013\times10^5} = 6.12\times10^{-8}(\mathrm{m})$$

所以

$$\eta = \frac{1}{3}\rho\bar{v}\lambda = \frac{1}{3}\times1.25\times454\times6.12\times10^{-8} = 1.16\times10^{-5}(\mathrm{Pa\cdot s})$$

$$\kappa = \frac{1}{3}c_V\rho\bar{v}\lambda = \eta\frac{C_{V,\mathrm{m}}}{M_{\mathrm{m}}} = \eta\frac{\frac{5}{2}R}{M_{\mathrm{m}}} = 1.16\times10^{-5}\times\frac{2.5\times8.31}{28\times10^{-3}}$$
$$= 8.61\times10^{-3}(\mathrm{W/(m\cdot K)})$$

$$D = \frac{1}{3}\bar{v}\lambda = \frac{1}{3}\times454\times6.12\times10^{-8} = 9.26\times10^{-6}(\mathrm{m^2/s})$$

由实验测得 273K 时氮气的黏性系数 $\eta=1.67\times10^{-5}$ Pa·s，即理论与实验的数量级是相符的。由于 3 个输运系数两两之比的数量级理论与实验相符，其他两个输运系数 κ、D 的数量级也是对的。

第 4 章思考题

4.1 气体分子的平均速率可达到几百米每秒，为什么在房间内打开一香水瓶后，需隔一段时间才能传到几米外？

4.2 怎样理解气体分子间的碰撞是非常频繁的？碰撞的实质是什么？

4.3 为什么在荧光灯管中为了使汞原子易于电离而需要将灯管抽成真空？

4.4 容器内储有 1mol 气体。设分子的平均碰撞频率为 Z，试求容器内所有分子在 1s 内平均相碰的总次数是多少。

4.5 混合气体由两种分子组成，其有效直径分别为 d_1 和 d_2，如果考虑这两种分子的相互碰撞，则碰撞截面是多少？平均自由程为多大？

4.6 试通过平均自由程来解释热水瓶胆为什么保温效果良好。

4.7 试说明气体分子模型在分子运动学中所讨论的(1)内能公式、(2)分子平均碰撞频率、(3)范德瓦尔斯方程等问题时有何不同。

4.8 一定质量的气体，保持体积不变，当温度增加时分子运动得更剧烈，因而平均碰撞次数增多，平均自由程是否也因此而减小？

4.9 气体的体积和体积内的分子数有以下 5 种情况：(1)V_0 和 N_0；(2)$2V_0$ 和 N_0；(3)$3V_0$ 和 $3N_0$；(4)$8V_0$ 和 $4N_0$；(5)$3V_0$ 和 $9N_0$。试按照分子的平均自由程由大到小给这 5 种情况排序。

4.10 两个相同的容器，一个容器内盛有 1mol 分子直径为 $2d$，平均速率为 v_0 的气体 A；另一容器内盛有 1mol 分子直径为 d，平均速率为 $2v_0$ 的气体 B。试问哪一种气体分子的平均碰撞频率较大？

4.11 3 种输运过程遵循怎样的宏观规律？它们有哪些共同的特征？

4.12 在讨论 3 种输运过程的微观理论时，我们做了哪些简化假设和限制？根据分别是什么？

4.13 在什么情况下气体内部会发生输运现象？分子热运动和分子间的碰撞在输运过程中各起什么作用？哪些物理量体现它们的作用？

4.14 一定量的气体先经过等体过程，使其温度升高 1 倍，再经过等温过程使其体积膨胀为原来的 2 倍。问终态的平均自由程、黏性系数、导热系数和扩散系数各为原来的多少倍？

第 4 章习题

4-1 气缸内盛有一定量的氢气(可视为理想气体)，当温度不变而压强增大 1 倍时，氢气分子的平均碰撞频率 Z 和平均自由程 λ 的变化情况是________。

(A) Z 和 λ 都增大 1 倍　　(B) Z 减为原来的一半而 λ 增大 1 倍

(C) Z 和 λ 都减为原来的 1/2　　(D) Z 增大 1 倍而 λ 减为原来的 1/2

4-2 一定量的理想气体，在体积不变的条件下，当温度降低时，分子的平均碰撞频率 Z 和平均自由程 λ 的变化情况是________。

(A) Z 减小，但 λ 不变　　(B) Z 不变，但 λ 减小

(C) Z 和 λ 都减小　　(D) Z 和 λ 都不变

4-3 在一个体积不变的容器中，储有一定量的理想气体，温度为 T_0 时，气体分子的平均速率为 $\bar{v}_0$，分子平均碰撞次数为 Z_0，平均自由程为 λ_0。当气体温度升高为 $4T_0$ 时，气体分子的平均速率 $\bar{v}$、平均碰撞频率 Z 和平均自由程 λ 分别为________。

(A) $\bar{v}=4\bar{v}_0, Z=4Z_0, \lambda=4\lambda_0$　　(B) $\bar{v}=2\bar{v}_0, Z=2Z_0, \lambda=\lambda_0$

(C) $\bar{v}=2\bar{v}_0, Z=2Z_0, \lambda=4\lambda_0$　　(D) $\bar{v}=4\bar{v}_0, Z=2Z_0, \lambda=\lambda_0$

4-4 在一定温度和常压下，气体的黏性系数 η、导热系数 κ、扩散系数 D 与压强 p 的关系是________。

(A) η、κ 与 p 无关，D 与 p 成反比　　(B) η、D 与 p 无关，κ 与 p 成正比

(C) κ、D 与 p 无关，η 与 p 成正比　　(D) η、κ、D 均与 p 无关

4-5 喷气管向真空中(设想为无边界的真空空间)喷出一股各层流速不同的气流，喷射停止后这股气流便在真空中自由运动(不考虑重力的影响)，则在运动的过程中________。

(A) 气流定向运动的总动能不变　　(B) 气流的内能不变

(C) 气流定向运动的总动量不变 (D) 气流各部分的密度不变

4-6 计算在标准状态下氢气分子的平均自由程和平均碰撞频率。(氢分子的有效直径为 $d=2\times10^{-10}$ m)

4-7 已知在温度为0℃和某一压强下,氧气分子的平均自由程 $\lambda_1=9.5\times10^{-8}$ m,从盛有氧的容器中吸出一部分氧气使压强变为初始压强的1/100,试求这时氧气分子的平均自由程 λ_2 和平均碰撞频率 Z_2。

4-8 某种理想气体在温度为300K时,分子的平均碰撞频率为 $Z_1=5.0\times10^9\text{s}^{-1}$。若保持压强不变,当温度升到500K时,求分子的平均碰撞频率 Z_2。

4-9 今测得温度为15℃、压强为 1.0×10^5 Pa时,氩分子和氖分子的平均自由程分别为 $\lambda_{Ar}=6.7\times10^{-8}$ m和 $\lambda_{Ne}=13.2\times10^{-8}$ m,问:

(1) 氩分子和氖分子的有效直径之比是多少?

(2) $t=20$℃且 $p=1.0\times10^5$ Pa时,λ_{Ar} 为多大?

(3) $t=-40$℃且 $p=1.0\times10^5$ Pa时,λ_{Ne} 为多大?

4-10 试估算宇宙射线中质子抵达海平面附近与空气分子碰撞时的平均自由程。设质子直径为 10^{-15} m,宇宙射线速度很大。

4-11 从反应堆(温度 $T=400$K)中逸出一个氢分子(有效直径为 2.2×10^{-10} m)以方均根速率进入一个盛有冷氩气(氩原子的有效直径为 3.6×10^{-10} m,氩气温度为300K)的容器,氩的原子数密度为 $4.0\times10^{25}\text{m}^{-3}$。试问:

(1) 若将氢分子与氩原子均看做刚性球,它们相碰时质心间最短距离是多少?

(2) 氢分子在单位时间内受到的碰撞次数是多少?

4-12 在气体放电管中,电子不断与气体分子相碰,因电子的速率远远大于气体分子的平均速率,可以认为后者是静止不动的。设与气体分子的有效直径 d 相比,电子的"有效直径"可忽略不计。

(1) 电子与气体分子的碰撞截面 σ 为多大?

(2) 证明:电子与气体分子碰撞的平均自由程为 $\lambda_e=\dfrac{1}{n\sigma}$。$n$ 为气体的分子数密度。

4-13 设气体分子的平均自由程为 λ。试证明:一个分子在连续两次碰撞之间所走路程至少为 x 的概率是 $e^{-x/\lambda}$。

4-14 某种气体分子的平均自由程为0.1m。在10 000段自由程中:(1)有多少段长于0.1m?(2)有多少段长于0.5m?(3)有多少段长于0.05m而短于0.1m?(4)有多少段长度在0.099~0.1m之间?(5)有多少段长度刚好为0.1m?

4-15 在标准状态下,氦气的黏性系数 $\eta=1.89\times10^{-5}$ Pa·s,摩尔质量 $M_m=0.004$kg/mol,分子平均速率 $\bar{v}=1.20\times10^3$ m/s。试求标准状态下氦分子的平均自由程。

4-16 已知氮气分子的有效直径为 2.23×10^{-10} m,摩尔等体热容为20.9J/(mol·K).试求氮气在0℃时的导热系数。

4-17 实验测得在标准状态下,氧气的扩散系数为 $1.9\times10^{-5}\text{m}^2/\text{s}$,试根据该数据计算分子的平均自由程和分子的有效直径。

4-18 已知氦气和氩气的摩尔质量分别为 4×10^{-3} kg/mol和 4×10^{-3} kg/mol,它们在标准状态下的黏性系数分别为 $\eta_{He}=18.8\times10^{-6}\text{N}\cdot\text{s/m}^2$ 和 $\eta_{Ar}=21.0\times10^{-6}\text{N}\cdot\text{s/m}^2$。

求：(1)氩分子和氦分子碰撞截面之比 σ_{Ar}/σ_{He}；(2)氩气与氦气的导热系数之比 κ_{Ar}/κ_{He}；(3)氩气与氦气的扩散系数之比 D_{Ar}/D_{He}。

4-19 两个长为 1m、半径分别为 0.100m 和 0.105m 的共轴圆筒套在一起，其间充满氢气，若氢气的黏性系数为 $\eta=8.7\times10^{-6}\,\mathrm{N\cdot s/m^2}$，问外筒的转速为多大时才能使不动的内筒受到 $1.07\times10^{-3}\,\mathrm{N}$ 的作用力？

4-20 在压强为 p，温度为 T 的极稀薄气体中有两片板 A 和 B 各以速率 v_A 和 v_B 相互平行地运动。试求作用在单位表面积上的黏性力。设气体的摩尔质量为 M_m。

第 5 章　热力学第一定律

前面讨论的内容都是热力学系统处于某平衡态时的一些性质。除了说明宏观规律外，还揭示了微观本质。本章和第 6 章主要是从宏观描述方法来研究热现象的基本规律，即热现象的宏观理论——热力学。热力学是以实验事实为依据，从能量的观点来研究热力学系统从一个平衡态到另一个平衡态的变化过程中所遵循的普遍规律。本章讨论功、内能及热量这 3 个重要的物理量，并讨论它们之间的数量关系，即热力学第一定律。接着讨论热力学第一定律对理想气体的应用，并通过循环过程介绍热机和制冷机的工作原理。

5.1　热力学过程

当热力学系统与外界发生相互作用（如做功、传热）时，系统的平衡态就会被破坏，从而发生状态的变化。**热力学过程**就是热力学系统所经历的状态随时间变化的过程，简称为过程。例如，图 5-1 所示的活塞系统，当活塞运动时，气缸中的气体的平衡态就遭到了破坏而发生状态的变化，气体在不同时刻有不同的状态，就说系统经历了一个热力学过程。气缸中气体状态随时间的变化可以有不同的方式，即所经历的过程不同。若在过程进行中维持某个物理量不变，如温度、压强、体积等，相应的过程就称为等温过程、等压（定压）过程、等体（定体）过程；若过程进行时始终与外界无热量交换（不考虑物质内部的化学变化、原子核变化等），相应的过程就称为**绝热过程**。

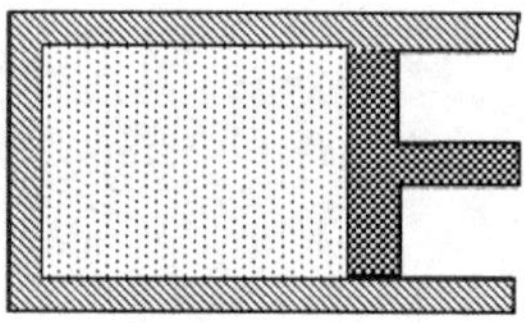

图 5-1　活塞

对于不同的过程按系统状态的性质通常又可分为准静态过程和非静态过程。如果过程进行得较快，使得过程进行时原来的平衡态被破坏后还未来得及达到新的平衡态之前，又继续了下一步的变化，在这种情况下系统必然要经历一系列非平衡的中间状态，这种过程称为**非静态过程**。通常的实际过程都是非静态过程。由于非静态过程中每个中间态都是非平衡态，没有确定的物态参量，因而非静态过程的描述是比较困难和复杂的，是当前物理学前沿课题之一。为了便于准确地定量研究热力学过程，在热力学中提出了一种理想过程，即准静态过程。所谓**准静态过程**就是过程进行得非常缓慢，以至于在过程中的任意时刻，过程的一系列的中间状态都无限地接近于平衡态。由于准静态过程进行的一系列的中间态都无限接近平衡态，而平衡态可以用宏观物态参量来描述，因此准静态过程可用系统的一组物态参量来描述，通过物态参量的变化规律就可以描述准静态过程的性质。对于由单一成分组成的气体系统，描述其平衡态的宏观物态参量有压强 p、体积 V 及温度 T，由于三者中只有两个是独立的，所以可以用三者中的任意两个为独立变量来画系统的状态图。例如，以体积 V 为横坐标，压强 p 为纵坐标画 p-V 图（同理可画 p-T 图、T-V 图）。在 p-V 图中（或 p-T 图、T-V 图）中，准静态过程的每个中间态表示为一个点，每个准静态过程表示为一条曲线，不同的过程具有不同的曲线。图 5-2 给出了一些常见过程的曲线。对于非静态过程，由于系统的每一个中间态没有确定的物态参量，所以非静态过程不能在状态图中表示出来。如果活塞与容器之间有摩擦存在时，虽然仍能实现准静态过程，但系统内部的压强显然不再与外界压强随时相等了。后面章节中除非特别指明，所提到的准静态过程都是指无摩擦的准静态过程。

下面以气缸为例来看系统的非静态过程与准静态过程。考虑图 5-3 所示的活塞系统，带活塞的容器里面储有气体，初始时气体系统与外界处于热平衡，温度为 T_0，气体状态用物态参量 p_0、T_0 表示。现将活塞快速压缩，气体体积快速缩小，从而打破了原有的平衡态。当活塞停止运动后，经过充分长的时间后，系统将达到新的平衡态，用物态参量 p、T_0 表示。很显然，在活塞快速压缩和膨胀的过程中，严格地说，气体内各处压强是不均匀的。比如，压缩时靠近活塞的部分压强较大，而远离活塞的部分压强较小；膨胀时靠近活塞的部分压强较小，而远离活塞的部分压强较大，如图 5-3 所示。也就是说，系统每一时刻都是处于非平衡状态。因此，活塞快速压缩和膨胀的过程是非静态过程。

现在再看活塞缓慢运动的情况，如图 5-4 所示，初始状态是 p_0、T_0，增设活塞与器壁之间无摩擦的条件，控制外界压强，让活塞足够缓慢地压缩容器内的气体。每压缩一步，气体体积就相应地减少一个微小量。过程进行得越缓慢，经过一段确定的时间，气体体积改变或系统状态的变化就越小，各时刻系统的状态就越接近平衡态，而过程也就成了准静态过程。因此，准静态过程是实际过程足够缓慢进行时的极限情况。这里，足够缓慢是相对的，实际过程都是在有限的时间内进行，不可能是无限缓慢的。但是在许多情况下可近似地把实际过程当作准静态过程来处理。那么在什么情况下可以把实际过程当作准静态过程来处理？一个系统的平衡态从破坏到恢复至新的平衡态所经历的时间称为**弛豫时间**(relaxation time)，记为 τ，弛豫时间就是系统调整自己以追随环境变化所需要的时间。在一个实际过程中，如果系统的某个特征物态参量 x(如压强 p、体积 V、温度 T 等)改变 Δx，所需的特征时间为 Δt，若 $\Delta t>\tau$，则在任何时间进行观察时，系统都已有充分的时间达到了平衡态，这样的过程就可视为准静态过程。通常我们只需要知道弛豫时间的数量级而不需要精确的数值。

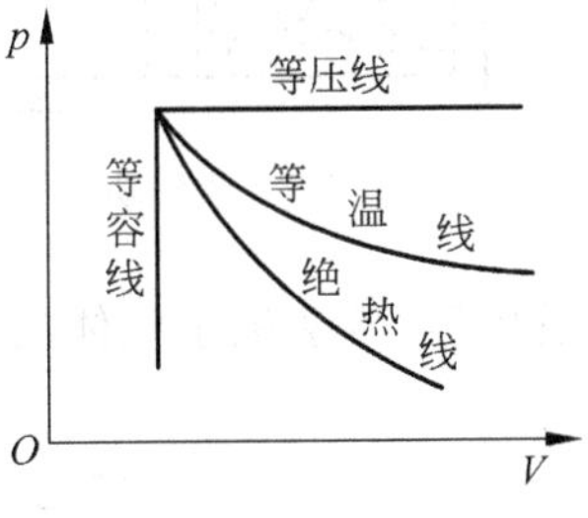

图 5-2 p-V 图

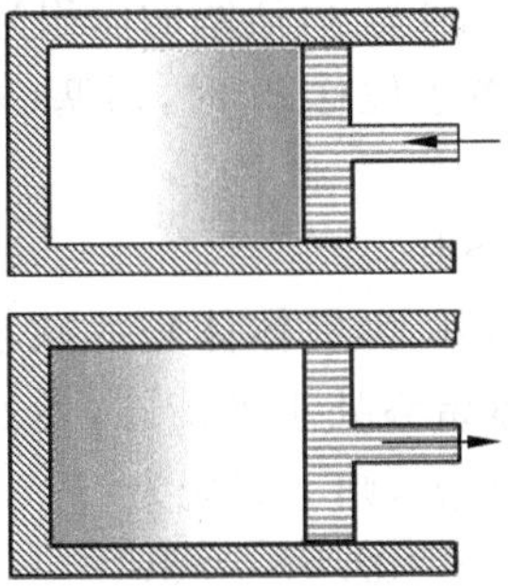
图 5-3 非静态过程

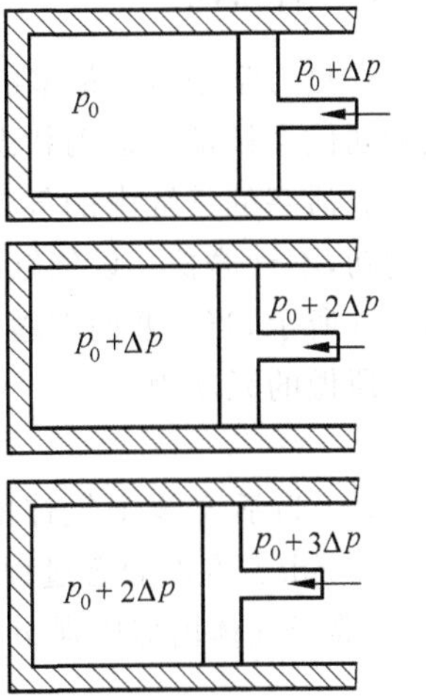

图 5-4 准静态过程

还是看气缸活塞系统的膨胀和压缩过程，因为气缸内气体受扰动时一定是靠近活塞的部分先受影响，然后在气缸中形成疏密波传播开来，其传播速度 v 为气体中的声速，数量级为 10^2 m/s，若气缸线度 L 为 10^{-1} m，则压强趋于平衡的弛豫时间 $\tau=L/v=10^{-1}\text{m}/(10^2\text{m/s})=10^{-3}$ s，那么只要活塞活动的速度不太大，如 $(10^0\sim10^1)$ m/s，活塞对气体影响的特征时间 Δt 为 $10^{-3}\sim10^{-2}$ s，就有 $\Delta t>\tau$。当一次影响完成后，气体早已重新建立起新的平衡态。因此，在实际热力学过程中，只要弛豫时间远远小于状态变化的时间，那么这样的实际过程就可以近似看成是准静态过程，所以准静态过程具有很强的实际意义。

5.2 功

5.2.1 热力学的广义功

做功是系统与外界相互作用的一种方式，做功的过程是能量改变和运动形态发生转化的过程。系统做功的类型是多种多样的，如在力学中，讨论的都是机械功，做功的结果是使物体的机械能和机械运动状态发生变化。功的定义是力和位移的点乘积，即在力 F 的作用下，物体发生微小的位移 Δx，如果力在位移方向的投影为 F_t，则力所做的元功为 $\Delta A=F_t\Delta x$；若在力矩 M 的作用下，物体转动微小角位移 $\Delta\theta$，则力矩的元功为 $\Delta A=M\Delta\theta$；将肥皂膜表面积扩展 ΔS，所需的元功为 $\Delta A=\alpha\Delta S$，这里 α 为表面张力系数。功是广义的概念，不仅有机械功，还有一些非机械功，如电磁学中电源电动势元功 $\Delta A=\varepsilon\Delta q$（其中 ε 为电源电动势、Δq 为电量改变量），还有电极化功、磁化功等。一般来说，在准静态过程中外界对系统所做元功可表示为

$$\Delta A = Y_i\Delta x_i \tag{5.2.1}$$

式中，x 称为广义坐标(generalized coordinates)；Δx 称为广义位移(generalized displacement)；下标 i 对应于不同种类的广义位移，前面所提到的 θ、S、q 等都是不同 i 的广义坐标。如果过程是准静态的，则 Y 和 x 是系统的物态参量，且 Y 和 x 之间存在一定的函数关系。

5.2.2 体积功

在热力学中讨论最多的是伴随系统体积变化的体积功。系统体积变化时，外界对系统做的功使系统的热运动状态发生变化。这里，我们还是研究封闭在带有活塞的气缸中的气体在准静态过程中气体体积发生变化时的功，不计摩擦。设气缸内气体压强为 p，活塞的面积为 S。如图 5-5 所示，当活塞向左缓慢移动微小位移 dl 时，活塞(外界)对气体所做的元功为

$$đA = p_e S\mathrm{d}l$$

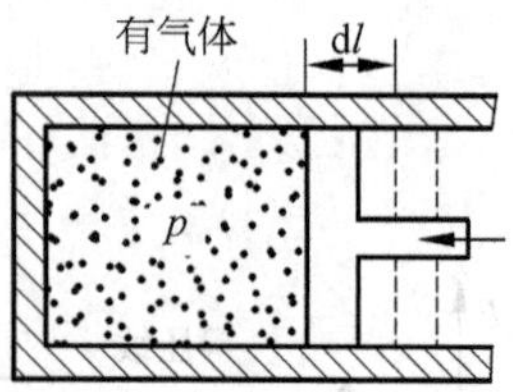

图 5-5 体积功

式中，p_e 为活塞施于气体的压强；$S\mathrm{d}l$ 为气体体积的减小量，即 $\mathrm{d}V=-S\mathrm{d}l$。在准静态过程中，气体始终处于平衡态，各处的压强相等，活塞施于气体的压强 p_e 等于气体内部压强 p。以 p 代 p_e，则上式变为

$$đA = -p\mathrm{d}V \tag{5.2.2}$$

式(5.2.2)通过描述系统平衡状态的参量 p、V，把准静态过程的功定量地表示了出来。

这样，具体计算准静态过程功的时候，就可以利用系统物态方程所给出的物态参量 T、p、V 之间的具体关系，代入式(5.2.2)去求解功。

需要注意的是，在式(5.2.2)中的 $đA$ 表示外界对系统在无限小的准静态过程中所做的功。式中的负号表示 $đA$ 与 dV 符号相反，当系统(气体)膨胀时，$dV>0$，外界对系统做负功，$đA<0$，即系统对外做正功为 $-đA=pdV$；反之，当系统被压缩时，$dV<0$，外界对系统做正功 $đA>0$，即系统对外做负功 $đA=-pdV$。

当系统经历了一个有限的准静态过程，体积由 V_1 变为 V_2，外界对系统所做总功为

$$A=-\int_{V_1}^{V_2} p\mathrm{d}V \tag{5.2.3}$$

虽然此式是由汽缸中活塞运动的特例推导得出，但对于任何形状的容器，可以证明，式(5.2.3)就是准静态过程中“体积功”的一般计算式。

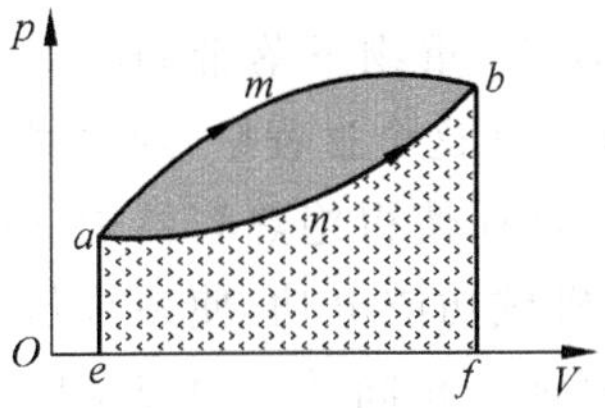

图 5-6　功与过程有关

由式(5.2.3)可知，在 p-V 图中，曲线下面的面积就是体积功的大小。如图 5-6 所示，比较两个体积膨胀过程 amb 和 anb，在过程 amb 中系统对外做功等于图中曲边梯形 $eambfe$ 包围的面积，在过程 anb 中对外做功等于图中曲边梯形 $eanbfe$ 包围的面积。虽然两个过程的初态和终态相同，但由于过程不同，因此曲线下的面积不同，即系统对外所做的功不同。系统从一个状态变化到另一个状态，所做的功不仅与始终状态有关，也与系统所经历的过程有关，即**功是过程量**。由于功不是系统的状态函数，因此，在无限小过程的元功不能表示为某个态函数的全微分，用 $đA$ 表示元功。只有在过程确定后，式(5.2.3)才是可积的。

例题 5-1　在压强 p 保持不变的条件下，气体的体积从 V_1 被压缩到 V_2。

(1) 设过程为准静态过程，试计算外界所做的功；

(2) 若为非静态过程，则结果如何？

解：对于准静态过程，由式(5.2.3)可得外界对系统做功为

$$A=-\int_{V_1}^{V_2} p\mathrm{d}V=-p\int_{V_1}^{V_2}\mathrm{d}V=-p(V_2-V_1)$$

因为 $V_2<V_1$，所以外界对系统做正功。如果为非静态过程，式(5.2.3)一般不能用。但此题的第(2)问如果外界压强保持不变，只要将 p 理解为外界压强，上面的推导仍成立。

例题 5-2　已知系统进行某过程的过程曲线是一条如图所示的半圆弧。试求此过程中系统所做的功的数值。

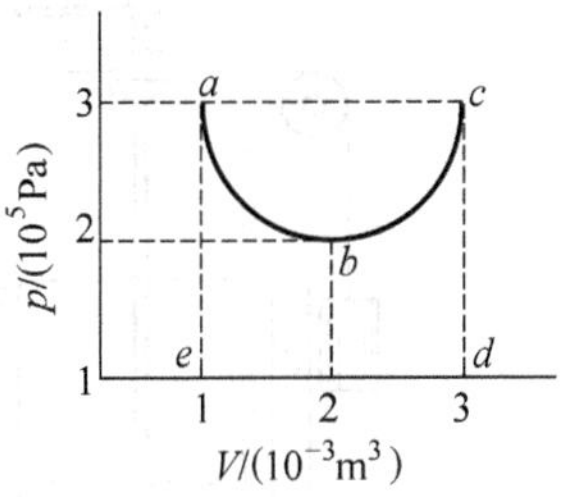

例题 5-2 图

解：此题用 p-V 图中过程曲线面积求解功比用式(5.2.3)求解更简便。

由图 a—b—c 过程中系统所做的功在数值上等于图中矩形 $acde$ 面积减去半圆 abc 的面积。系统所做功的数值为

$$\begin{aligned}A&=\overline{ac}\times\overline{ae}-\frac{1}{2}\pi r^2\\&=2\times10^{-3}\mathrm{m}^3\times3\times10^5\mathrm{Pa}-\frac{1}{2}\times\pi\times(1\times10^{-3}\mathrm{m}^3)\times(1\times10^5\mathrm{Pa})\\&=242\mathrm{J}\end{aligned}$$

5.3 内能

在 3.5.3 节中曾提到，从微观角度上说，内能是组成物质的所有微观粒子（如分子、原子等）因热运动而具有的各种形式的动能与各种形式的势能的总和。内能是状态量，是温度 T 和体积 V 的函数。在热力学中，把系统与热运动有关的那部分能量称为内能。

为了在宏观上定义内能，先考虑一种较为简单的情况——绝热过程。绝热过程进行中因为与外界无热量的交换，因而系统在过程中的状态改变完全是由于机械的或电的直接作用的结果，即在过程中系统只以做功的方式与外界交换能量。

1840—1879 年间，英国科学家焦耳（James Prescott Joule，1818—1889）在研究热与功之间的转化关系时做了各种绝热过程的实验。例如，如图 5-7 所示，重物下落带动叶片转动，通过叶片搅拌，对绝热容器中的液体做功，使得水的温度升高。在这个过程中，通过做功可以实现温度升高。图 5-8 所示为通过接通电流对水做电场功，从而使得绝热容器中水的温度升高。大量实验结果表明，在不同的绝热过程中，不管是做机械功或电功，使系统从相同的初始状态到达相同的最终状态，外界对系统所做的功的数值都是相同的。而与中间经历的是怎样的绝热过程（如等温、等压）及所实施的绝热功方式（如机械功或电功）无关。这一实验事实说明，绝热过程中的功仅由系统的初、终状态决定，与过程的具体进行方式无关，这与力学中保守力做功的性质相类似。根据绝热功的这种性质，可以引入状态函数——内能（internal energy），记为 U。它是**由系统热运动状态单值决定的能量，它的改变可以用绝热过程中外界对系统所做的功来量度**。系统从初态 1 经绝热过程到终态 2 时，内能的改变量 ΔU 等于外界对系统所做的绝热功 A_a，即

$$\Delta U = U_2 - U_1 = A_a \tag{5.3.1}$$

式中，U_1 与 U_2 分别表示系统在初、终态两平衡态的内能，在国际单位制中内能的单位为焦耳，记为 J。由式（5.3.1）可以看出，绝热功定义了初、终两状态内能的差值，而不能完全确定任意状态的内能值。与力学中的势能情形相似，为了确定某状态的内能值，必须选定某一参考状态的内能作为标准，其值可以任意选择或规定为零，则任意状态的内能就可确定了。

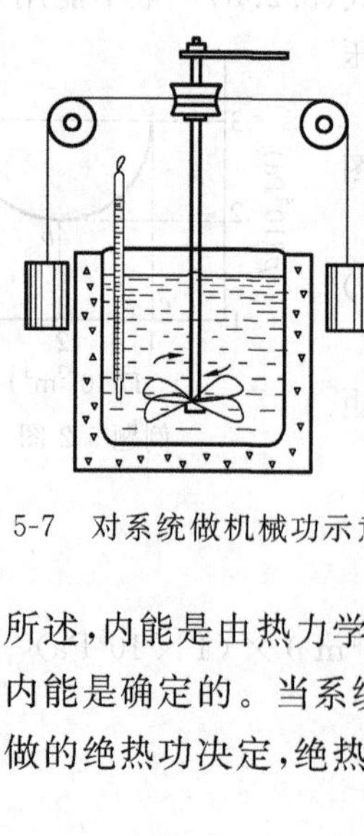

图 5-7　对系统做机械功示意图

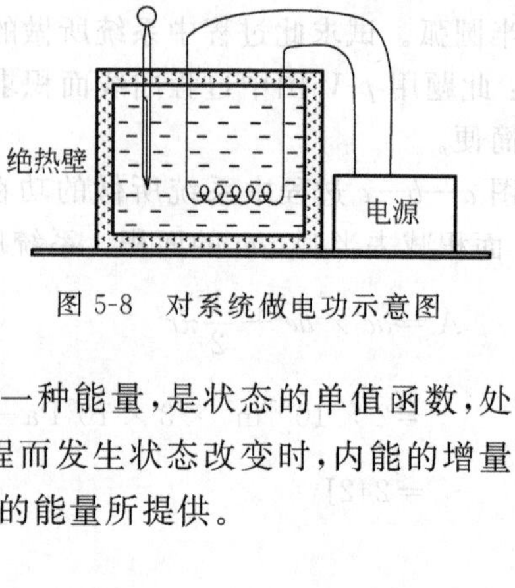

图 5-8　对系统做电功示意图

综上所述，内能是由热力学系统状态所决定的一种能量，是状态的单值函数，处于平衡态系统的内能是确定的。当系统经过某一绝热过程而发生状态改变时，内能的增量由外界对系统所做的绝热功决定，绝热功可以由各种形式的能量所提供。

5.4 热量

当热力学系统与外界之间不满足力学平衡条件时，外界对系统(或系统对外界)做功。当热力学系统与外界之间不满足热平衡条件时，即系统与外界之间存在温度差时，系统与外界之间存在**热相互作用或热传递**(4.2.1节)。

这里只讨论热传导。由生活经验知道，两个温度不同的物体进行热接触时，经过一定时间后，温度较低的物体的温度会升高，温度较高的物体的温度会降低，直到二者温度相同为止。由2.3.1节中温度的微观意义可知，不同温度的物体其分子热运动的剧烈程度不同，二者在接触过程中一定有能量从高温物体传给低温物体，使原低温物体的分子热运动剧烈程度提高，原高温物体的分子热运动剧烈程度降低，即能量从高温物体传到低温物体。这种仅仅由于直接接触，没有相对宏观位移，在系统与外界之间或系统的不同部分之间有温度差而发生的传递能量的过程称为热传导，简称**传热**，传递的能量称为**热量**，记为 Q。热量代表热传递的数量，是转移的无规则热运动能量。

既然对系统传递热量可以改变系统的状态，由于内能是系统的状态函数，因而内能也发生了相应的改变。即热量和功一样，都是内能改变的量度。假设可以利用绝热功来定义系统的内能函数及数值，则在外界不对系统做功，仅由于外界与系统间温度不同而发生能量交换的纯传热过程中，可用系统内能改变来定义热量及其数值。在一个纯传热过程中，系统由初态1到达终态2时，从外界吸收的热量 Q 为

$$Q = \Delta U = U_2 - U_1 \tag{5.4.1}$$

式中，U_1 与 U_2 分别为系统在初、终态两平衡态的内能。系统吸热，热量 Q 为正($Q>0$)；系统放热，热量 Q 为负($Q<0$)。

由式(5.4.1)定义的热量单位与功和能量的单位相同，在国际单位制中都是焦耳。历史上沿用的热量的单位是卡，记为 cal。1cal 就是使 1g 纯水在标准大气压(1atm)下温度从14.5℃上升到15.5℃所需要吸收的热量。

热力学系统状态发生改变，既可以通过做功来实现，也可以通过传热来实现。只要系统的初、终状态确定，做功和传递的热量的量值就是相当的。功与热量相互转化的数值关系——**热功当量**(heat equivalent of work done)，首先由德国迈耶(Mayer，1814—1878)提出并计算得到，他得出的热功当量为3.597J/cal。焦耳历时40年，通过大量实验得到热功当量为4.157J/cal。既然功和热量都是传递的能量，热量就应该采用和能量一样的单位J(焦耳)，而不用cal(卡)这个单位。由于历史的原因，在一些专门领域中仍使用cal(卡)这个单位，不过已不再具有与水相联系的旧定义，而是J(焦耳)的一定比值。cal(卡)与J(焦耳)的关系(即热功当量)目前国际上规定：

$$\begin{cases} \text{热化学卡} & 1\text{cal} = 4.1840\text{J} \\ \text{国际蒸气表卡} & 1\text{cal} = 4.1868\text{J} \end{cases} \tag{5.4.2}$$

1984年2月国务院颁布的《中华人民共和国法定计量单位》规定，自1986年起，能量、功和热量的许用单位为J(焦耳)、eV(电子伏)和kW·h(千瓦·时)，而cal(卡)为非许用单位。

功与热量都是在系统状态变化过程中出现的物理量，其值与过程有关，所以是过程量。

因此，对于“系统有多少功”、“系统有多少热量”这样的描述是无意义的，我们只能说“系统对外做了多少功”、“系统吸收或放出了多少热量”。但是对于物态参量，如温度、压强、内能等，我们就可以直接描述“系统的温度是多少”、“系统的压强是多少”及“系统的内能是多少”等。应当指出，尽管做功和传热都是交换能量的方式，并在改变系统状态上有其相当的一面，但二者在本质上是不同的。做功是与宏观位移相联系的，是把有规则的宏观机械运动能量转化为系统内分子无规则热运动能量的过程；而传热则是与各系统之间存在温度差相联系的，是系统间分子热运动能量的转移过程。对某系统传递能量就是把高温物体的分子热运动能量传递给该系统，并转化为该系统的分子热运动能量，从而使它的内能增加。

“热量”一词是在18世纪热质说居于统治地位时采用的，切不可将它误解为任何形式的能量，它只是系统之间因温度不同而交换的能量的量度。热质说认为，热是一种看不见的、没有质量的特殊物质，称为热质。物质的冷热程度决定于它所含热质的多少。热的物体含有较多的热质，冷的物体含有较少的热质。热质不能产生，也不能消灭，只能从较热的物体传到较冷的物体。热质在热传递过程中数量不变，称为热质守恒。热质也可以暂时潜藏于物体的空隙内，在一定条件下再释放出来。

热质说在18世纪和19世纪居于统治地位，这是因为热质说能简单地解释当时发现的大部分热现象，并取得了一些成功。但是，热质说始终不能解释摩擦生热现象。1798年，美国物理学家伦福特（Count Rumfort，原名 Benjamin Thompsor，1753—1814）的著名的炮筒镗孔摩擦生热的实验，以及1799年，英国科学家戴维（Humphry Davy，1778—1829）的冰块摩擦熔化实验，有力地批驳了“热质说”，指出“热是一种运动的方式，而绝不是一种神秘的、到处存在的物质”。英国著名物理学家焦耳（James Prescott Joule，1818—1889）更是深信热现象是物体中大量微粒机械运动的宏观表现，因此热基本上和机械能是一回事。从1840年到1879年，他做了大量的多种多样的实验，包括如图5-7所示，通过做机械功可以实现水温度升高；图5-8所示为通过电炉对储水器内的水加热，从而使得水的温度升高；以及在水银中使两铁环相互摩擦生热；压缩或膨胀空气做功生热；伏打电流的热效应；磁电机感应电流的热效应等400多次实验。他以大量的确凿的证据否定了热质说，而证明了一定热量的产生或消失总是伴随着等量的其他某种形式能量的消失或产生，这说明并不存在什么单独守恒的热质，事实上是热与机械能、电能等合在一起是守恒的。这为能量守恒与转化定律的建立奠定了坚实的实验基础。

5.5 热力学第一定律

5.5.1 热力学第一定律的表述

一般情况下，实际发生的热力学过程中，做功和传热往往是同时存在的。两者都可以改变系统的状态，即改变系统的内能，内能的增量等于外界对系统所做的功与外界传递给系统的热量之和，这就是热力学第一定律，其数学表达式为

$$\Delta U = U_2 - U_1 = Q + A \tag{5.5.1}$$

式中，A 为外界对系统所做的功；Q 为外界传递给系统的热量；ΔU 为系统的内能由 U_1 变为 U_2 的内能增量。在一个热力学过程中，外界对系统所做的功 A 和传递给系统的热量 Q 都

是代数量，可正可负。热学中规定：$A>0$，表示外界对系统做正功；若外界对系统做负功，则 $A<0$，即系统对外界做正功(用 A' 表示系统对外界做功，以示与 A 的区别)。$Q>0$，表示系统从外界吸收热量；$Q<0$ 表示系统向外界释放热量。对于无限小过程，有

$$\mathrm{d}U = \text{đ}Q + \text{đ}A \tag{5.5.2}$$

式中，$\mathrm{d}U$ 为全微分，是内能的无限小增量；由于功 A 和热量 Q 不是状态函数，都与过程有关，因此 đQ、đA 不表示无限小增量，只表示在无限小过程中的无限小量。式(5.5.1)也可写为

$$Q = A' + \Delta U \tag{5.5.3}$$

即系统在其一过程中从外界吸收的热量，一部分使系统内能增加，另一部分则用以对外做功。

热力学第一定律表达了内能、热量和功三者之间的数量关系，式(5.5.1)、式(5.5.2)或式(5.5.3)适用于任何系统在两个平衡态之间的任意过程，并不要求过程一定是准静态的。由于内能是状态函数，其增量只由初、终态唯一确定，与过程无关。

热力学第一定律也可表述为：**第一类永动机**(不消耗任何形式的能量而不断对外做功的机械)**是不可能制作出来的**。

5.5.2 能量守恒定律

热力学第一定律是能量守恒定律在涉及热现象宏观过程中的具体表述。由于它所说的状态是指系统的热力学状态，因此它所说的能量是指系统的内能。如果考察的是所有形式的能量(机械能、内能、电磁能等)，热力学第一定律就推广为能量守恒定律。能量守恒定律的内容是：**自然界一切物质都具有能量，能量有各种不同形式，它能从一种形式转化为另一种形式，从一个物体传递给另一个物体，在转化和传递的过程中能量的总量不变。**

历史上有很多科学家冲破传统观念束缚为能量及其守恒的思想做出不懈探索。目前公认的能量守恒定律的奠基人是迈耶(Mayer，1814—1878)、焦耳(Joule，1818—1889)和亥姆霍兹(Helmholtz，1821—1894)。1842年德国医生迈耶首先发表论文，提出了机械能与热能间转换的原理，从哲学思想方面阐述了能量守恒概念。焦耳的不朽功勋在于他通过大量严格的定量实验去精确测量功与热相互转化的数值关系——热功当量，从而为能量守恒概念奠定了坚实的实验基础。之后，德国生理学家、物理学家亥姆霍兹发展了迈耶和焦耳等多人的工作，将能量的概念从机械运动推广到热、电、磁，乃至生命过程，提出了普遍的能量守恒原理，并第一次以数学方式提出了能量守恒定律，为深入理解自然界的统一性提供了有力的理论武器。

5.6 热力学第一定律在关于物体性质讨论中的应用

5.6.1 气体的热容 焓

在3.5.3节中我们给出了热容表达式(3.5.4)，即

$$C = \lim_{\Delta T \to 0} \frac{\Delta Q}{\Delta T}$$

当系统温度变化 ΔT，由于沿不同过程进行吸收(或放出)的热量各不相同，因而不同过

程的热容不同，即热容是过程量。气体常用到的是等体热容及等压热容。由式(5.2.2)和式(5.5.2)有

$$\Delta U = \Delta Q - p\Delta V$$

在等体过程中

$$\Delta V = 0,\quad \Delta Q = (\Delta U)_V$$

$$C_V = \lim_{\Delta T \to 0}\left(\frac{\Delta Q}{\Delta T}\right)_V = \lim_{\Delta T \to 0}\left(\frac{\Delta U}{\Delta T}\right)_V = \left(\frac{\partial U}{\partial T}\right)_V \tag{5.6.1}$$

一般来说，内能是体积和温度的函数，即 $U=U(T,V)$，故 C_V 也是 T、V 的函数。而式(5.6.1)也表明，任何物体在等体过程中吸收的热量就等于它内能的增量。这与在5.3节所讲到的"内能改变等于在绝热过程中所做的功"一样，都是从不同角度来阐明内能概念的。

在等压过程中 $\Delta p=0$，系统对外做功 $p\Delta V$，由热力学第一定律有

$$\Delta Q = (\Delta U + p\Delta V)_p = [\Delta(U + pV)]_p$$

引入焓(enthalpy)

$$H = U + pV \tag{5.6.2}$$

则

$$\Delta Q = (\Delta H)_p \tag{5.6.3}$$

$$C_p = \lim_{\Delta T \to 0}\frac{\Delta Q}{\Delta T} = \lim_{\Delta T \to 0}\left(\frac{\Delta H}{\Delta T}\right)_p = \left(\frac{\partial H}{\partial T}\right)_p \tag{5.6.4}$$

因为 U、p、V 都是系统的状态函数，故它们的组合焓 H 也是系统的状态函数。一般说来，焓 H 和内能 U 既可看作是 T、V 的函数，也可看作是 T、p 的函数。但人们习惯上常把 H 和 C_p 看作是 T、p 的函数，而把 U 和 C_V 看作是 T、V 的函数。

式(5.6.3)表明，在等压过程中系统吸收的热量等于焓的增量。例如，汽化及熔解、升华过程都是在等压情况进行，故在这些过程中吸收的热量等于焓的增量。

因为地球表面上的物体一般都处在恒定大气压下，且测量等压热容在实验上也较易于进行(测量等体热容就相当困难，因为样品要热膨胀，在温度变化时很难维持样品的体积恒定不变)，所以在实验及工程技术中，焓与等压热容要比内能与等体热容有更重要的实用价值。在工程上常将一些重要物质在不同温度、压强下的焓值数据制成图表可供查阅，这些焓值都是指与参考态(如对某些气体可规定为标准状态)的焓值之差。

5.6.2 焦耳-汤姆逊实验

1. 焦耳实验(Joule's experiment)

1845年，焦耳为了探讨气体内能的性质对多种气体进行了向真空中膨胀的实验。图5-9为焦耳实验的示意图。两个相通的容器 A 和 B，相连处用一个阀门 C 隔开。容器 A 充满压缩气体，容器 B 为真空，整个容器浸没在水量热器中，在水量热器中插入一支温度计用来测量水温，温度计精度可达0.01℃，量热器外有绝热层与外界绝热。当将阀门 C 突然打开时，A 中气体冲向 B 中，气体膨胀将充满整个容器。气体进行的这一过程称为绝热自由膨胀过程，"绝热"是因为气体膨胀过程进行得极快，气体来不及与水交换热量，"自由"是指气体向真空膨胀时不受阻力的意思。虽然打开阀门 C 后 B 中不再是真空，在气体膨胀过程中，先进入

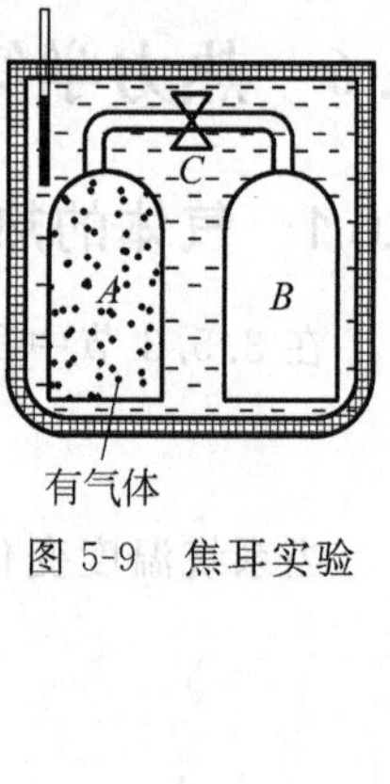

图5-9 焦耳实验

B 中的气体将阻碍后来进入 B 中的气体而做功，但这是原 A 中气体内部之间的功，并非外界对气体做功。焦耳用温度计测量气体膨胀前后水和气体的热平衡温度，发现气体膨胀前和膨胀后水和气体的热平衡温度相同。

由于气体向真空中自由膨胀，系统不对外做功，即 $A'=0$。又因为在自由膨胀时，气体流动速度很快，来不及传递热量，所以是绝热的，即 $Q=0$。由热力学第一定律式(5.5.1)或式(5.5.2)可知，气体在自由膨胀过程中恒有 $\Delta U=0$，即 $U_1=U_2$。由此可知，绝热自由膨胀过程是一个内能不变的过程。通过实验表明，虽然气体绝热自由膨胀过程的体积变了，但温度不变(因为如果温度有改变，则虽然膨胀过程中气体来不及与水交换热量，但膨胀结束后仍可以与水交换热量而使所测量的温度发生改变)，这表明气体体积 V 的改变不影响气体温度 T 的改变，所以**内能只是温度的函数而与体积无关**，即 $U=U(T)$，这一结论通常称为**焦耳定律**(Joule's law)。

在焦耳实验中，是以气体膨胀前后水温不变而得出上述结论的。由于水比气体的热容量要大上千倍，如果气体绝热自由膨胀后温度发生变化，也只会引起水温极微小的变化，而不容易测量。因而7年后(1852年)，焦耳和汤姆逊(W. Thomson，即开尔文)又设计了气体在固定压强差下通过多孔塞膨胀的实验来进一步研究气体的内能。

但焦耳实验也说明，在一般情况下，气体体积的变化对内能的影响不是很明显。进一步的实验还指出，气体的压强越低，其内能随体积变化的程度就越低，而在压强趋于零的极限情况下，内能与体积的变化无关。即内能是温度的单值函数这一结论只在气体的压强趋于零的极限情况下才成立。这是理想气体的又一重要性质，在分子动理论3.5.3节中，我们设理想气体的分子互作用势能为零，其内能应与体积无关。这一推论由焦耳实验得到验证。

2. 焦耳-汤姆逊(Joule-Thomson)实验

焦耳-汤姆逊多孔塞实验如图5-10所示。在一个绝热良好的圆形管道中，置有一个刚性的多孔塞(如棉或丝一类的物品)，由于多孔塞的孔很小，对气流有较大的阻滞作用，气体只能缓慢地通过它，从而在多孔塞的两边能够维持一定的压强差。实验时使气体不断地从高压一边经过多孔塞流向低压一边，并使气体保持稳定流动状态，即高压一边气体的压强和温度保持为 p_1 和 T_1，低压一边气体的压强保持为 p_2，测出温度 T_2。注意，$p_1>p_2$，T_2 可能大于、小于或等于 T_1。这种在绝热条件下，高压气体经过多孔塞、小孔、毛细管等流到低压一边的稳定流动过程常称为**节流过程**(throttling process)。焦耳-汤姆逊实验也称为节流膨胀实验。目前在工业上一般使气体通过针尖型节流阀或毛细管来实现节流膨胀。

现在用热力学第一定律来分析节流过程。由于在实验中，气体流速小，因此其宏观动能与内能相比小得多，可忽略不计。取一气流块为研究对象，如图5-10(a)和(b)所示，它在通过多孔塞之前压强、体积和温度分别为 p_1、V_1 和 T_1，待这气流块全部通过多孔塞后，压强、体积和温度分别为 p_2、V_2 和 T_2。显然，气流块在穿过多孔塞过程中，左边活塞对它所做的功为 $A_1=p_1V_1$，同时推动右边活塞做功，其数值为 $A_2'=p_2V_2$，外界对气流块所做的总功(也称净功)为

$$A=A_1-A_2'=p_1V_1-p_2V_2$$

设该气流块在通过多孔塞前后的内能分别为 U_1、U_2，并注意到实验中的绝热条件 $Q=0$，不计宏观动能及重力势能的变化，则由热力学第一定律知

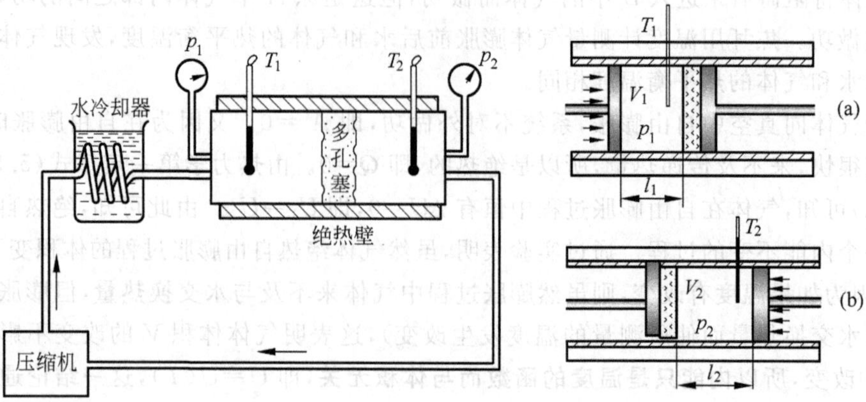

图 5-10　焦耳-汤姆逊实验

$$U_2 - U_1 = A = p_1V_1 - p_2V_2 \tag{5.6.5}$$

或

$$U_2 + p_2V_2 = U_1 + p_1V_1$$

即

$$H_1 = H_2$$

这就是说，**在绝热节流过程前后，气体的焓不变。**

实验表明，所有理想气体在节流过程前后的温度都不变，即 $T_1 = T_2$。由理想气体物态方程知 pV 只是温度的函数，理想气体内能是温度的单值函数，则由式(5.6.2)知理想气体的焓也是温度的单值函数。

实验表明，绝热节流过程前后，实际气体的温度会发生变化。气体种类不同，初、终态的温度和压强不同，节流过程前后温度的变化情况也就不同。这种在常温、常压下气体经节流膨胀过程后温度发生改变的现象称为节流效应或**焦耳-汤姆逊效应**。如果节流后温度降低，称为节流正效应或节流制冷效应；如果节流后温度升高，则称为节流负效应。实验表明，一般气体如氮、氧、空气、二氧化碳等，在常温下节流后温度都降低(正节流效应)。但对于氢气、氦气，在常温下节流后温度反而升高(负节流效应)。例如，在室温下，$p_1 = 2.0\times10^5\,\mathrm{Pa}$，$p_2 = 1.0\times10^5\,\mathrm{Pa}$，空气的温度将降低 0.25K，而 CO_2 的温度将降低 1.3K；在同样的压强改变下，氢气的温度却升高 0.3K。但是，当温度低于 205K 时，氢气节流膨胀后温度也将下降。低温工程中常利用节流膨胀效应使气体温度降低和液化，这是目前低温工程中的重要手段之一。

焦耳-汤姆逊实验表明，实际气体的内能不仅是温度的函数，也是体积的函数。

5.6.3　理想气体的内能　焓

由于理想气体的内能和焓都只是温度的函数，其等体及等压热容与内能及焓的关系比较简单。将式(5.6.1)及式(5.6.4)用于理想气体，将偏微分改为全微分，有

$$C_V = \frac{\mathrm{d}U}{\mathrm{d}T} \tag{5.6.6}$$

和

$$C_p = \frac{\mathrm{d}H}{\mathrm{d}T} \tag{5.6.7}$$

反之，若已知等体热容 C_V 或等压热容 C_p，则可以通过以上两式求内能或焓。由式(5.6.6)知

$$(\mathrm{d}U)_V = C_V \mathrm{d}T$$

等体热容 C_V 和摩尔等体热容 $C_{V,\mathrm{m}}$ 的关系为

$$C_V = \nu C_{V,\mathrm{m}}$$

因而

$$\Delta U = \nu \int_{T_0}^{T} C_{V,\mathrm{m}} \mathrm{d}T$$

在温度 T 范围不大时，可视摩尔等体热容 $C_{V,\mathrm{m}}$ 为常数。则上式变为

$$\Delta U = \nu C_{V,\mathrm{m}}(T_2 - T_1) \tag{5.6.8a}$$

或

$$\Delta U = \nu C_{V,\mathrm{m}} \Delta T \tag{5.6.8b}$$

同样，由(5.6.7)式知

$$(\mathrm{d}H)_p = C_p \mathrm{d}T$$

等压热容 C_p 和等压摩尔热容 $C_{p,\mathrm{m}}$ 的关系为

$$C_p = \nu C_{p,\mathrm{m}}$$

由式(5.6.3)有

$$\Delta H = \nu \int_{T_0}^{T} C_{p,\mathrm{m}} \mathrm{d}T$$

在温度 T 范围不大时，同样可视等压摩尔热容 $C_{p,\mathrm{m}}$ 为常数。则上式变为

$$\Delta H = \nu C_{p,\mathrm{m}}(T_2 - T_1) \tag{5.6.9a}$$

或

$$\Delta H = \nu C_{p,\mathrm{m}} \Delta T \tag{5.6.9b}$$

根据焓的定义和理想气体物态方程 $pV=\nu RT$，可将理想气体焓的表达式写为

$$H = U + pV = U + \nu RT$$

所以

$$\Delta H = \Delta U + \nu R \Delta T$$

即

$$\frac{\mathrm{d}H}{\mathrm{d}T} = \frac{\mathrm{d}U}{\mathrm{d}T} + \nu R$$

根据式(5.6.6)和(5.6.7)得

$$C_p = C_V + \nu R$$

即理想气体的摩尔等体热容和摩尔等压热容满足关系

$$C_{p,\mathrm{m}} = C_{V,\mathrm{m}} + R \tag{5.6.10}$$

式(5.6.10)称迈耶(Mayer)公式，它指出理想气体的摩尔等压热容比摩尔等体热容大一个常量 $R=8.31\mathrm{J/(mol \cdot K)}$，也就是说 R 等于 1mol 理想气体在等压过程中每升温 1K 对外界所做的功，或外界向系统传递 8.31J 的热量。

引入参量 $\gamma \equiv \frac{C_{p,\mathrm{m}}}{C_{V,\mathrm{m}}}$，称为绝热指数，根据 3.5.3 节对热容的讨论，对理想气体有 $\gamma \equiv \frac{C_{p,\mathrm{m}}}{C_{V,\mathrm{m}}} =$

$\frac{i+2}{i}$。对于单原子分子理想气体，$\gamma=\frac{5}{3}$；对于刚性双原子分子理想气体，$\gamma=\frac{7}{5}$；非刚性双原子分子理想气体则为 $\gamma=\frac{9}{7}$。

5.7 热力学第一定律对理想气体典型过程分析

本节以理想气体为工作物质，对无摩擦准静态热力学过程中气体状态变化和能量转换时功、热量和内能的改变量进行定量分析。若理想气体只有体积功，热力学第一定律的表述可写为

$$\text{đ}Q = \mathrm{d}U + p\mathrm{d}V \tag{5.7.1a}$$

或

$$Q = \Delta U + \int_{V_1}^{V_2} p\mathrm{d}V \tag{5.7.1b}$$

理想气体内能是温度的单值函数，由式(3.5.3)和式(5.6.6)可得理想气体内能的微小增量为

$$\mathrm{d}U = \frac{i}{2}\nu R\,\mathrm{d}T = C_V\,\mathrm{d}T = \nu C_{V,\mathrm{m}}\,\mathrm{d}T \tag{5.7.2}$$

式中，i 为理想气体的自由度；ν 为物质的量；C_V 为等体热容；$C_{V,\mathrm{m}}$ 为摩尔等体热容。对于理想气体，C_V、$C_{V,\mathrm{m}}$ 为常量。在一般情况下，任意过程中传递的热量为

$$\text{đ}Q = C\mathrm{d}T = \nu C_{\mathrm{m}}\,\mathrm{d}T \tag{5.7.3}$$

式中，C 为相应过程中的热容，如等压过程 $C=C_p$ 等；C_{m} 为相应过程中的摩尔热容，如等压过程 $C_{\mathrm{m}}=C_{p,\mathrm{m}}$ 等。

下面我们对理想气体几种典型过程的过程方程及能量转换进行具体讨论。

5.7.1 等体过程

在过程进行中系统的体积保持不变的过程称为**等体过程**。例如某气缸的活塞固定，气缸与有微小温差的热源相接触，使气缸内气体的温度逐渐上升、压强增大，由于气缸的活塞固定，所以气体的体积不变，这就是准静态等体过程。

等体过程的特征是气体体积 V 为恒量，所以过程方程可表示为

$$V = 常量$$

或

$$\mathrm{d}V = 0$$

由理想气体物态方程 $pV=\nu RT$ 知，等体过程方程又可表示为

$$\frac{p}{T} = 常量$$

等体过程在 p-V 图中对应于平行于 Op 轴的直线，如图 5-11 所示。等体过程中外界对系统所做的功为

$$\mathrm{d}A = -p\mathrm{d}V = 0 \quad 或 \quad A = -\int_{V_1}^{V_2} p\mathrm{d}V = 0$$

即在等体过程中，外界对系统不做功。

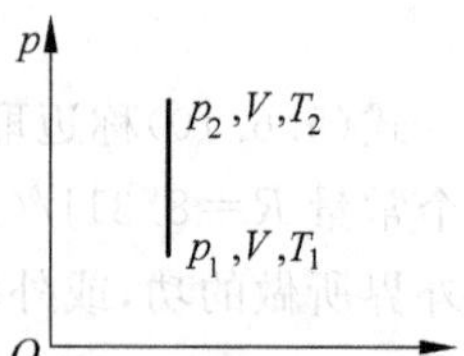

图 5-11 等体线

内能是状态量，理想气体的内能的变化只和初、终态间温度的变化有关。

$$dU = \nu C_{V,m} dT = \frac{i}{2}\nu R dT$$

或

$$\Delta U = \nu C_{V,m}(T_2 - T_1) = \frac{i}{2}\nu R(T_2 - T_1) \qquad (5.7.4)$$

式中，T_1、T_2 分别为气体在初态和终态的温度；$C_{V,m}$ 为气体的摩尔等体热容。

根据热力学第一定律，等体过程中的热量为

$$đQ_V = dU$$

或

$$Q_V = \Delta U = U(T_2) - U(T_1) = \nu C_{V,m}(T_2 - T_1) \qquad (5.7.5)$$

可见，在等体过程中，系统对外界或外界对系统不做功，系统内能的变化完全由系统与外界交换的热量决定。系统从外界吸收的热量全部用来增加系统的内能，使系统温度升高；同理，系统向外界放热，使系统的内能减少，温度降低。

5.7.2　等压过程

在过程进行中系统的压强始终保持不变的过程称为**等压过程**。例如气缸与有微小温度差的恒温热源相接触，同时有一恒定的外力作用于活塞上，缓慢移动活塞，系统的体积变化、温度改变，但系统内的压强保持不变，这就是准静态等压过程。日常生活中，在容器中烧开水，把水加热成水蒸气的过程就是等压过程。

等压过程的特征是系统的压强 p 为恒量，故过程方程为

$$p = 常量$$

或

$$dp = 0$$

或

$$\frac{V}{T} = 常量$$

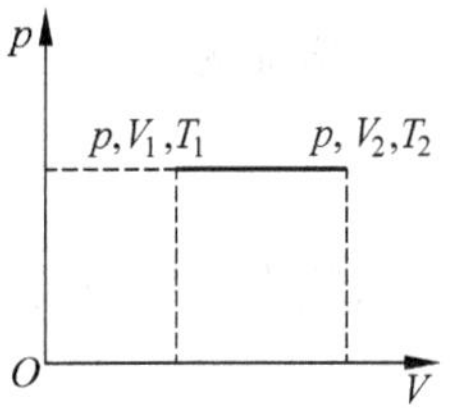

图 5-12　等压线

在 p-V 图上，等压过程为一条平行于 OV 轴的直线，如图 5-12 所示。等压过程中外界对系统所做的功为

$$dA = -p dV \text{ 或 } A = -\int_{V_1}^{V_2} p dV = -p(V_2 - V_1)$$

式中，V_1、V_2 分别为等压过程的初态和终态的体积。根据理想气体物态方程

$$pV = \nu RT$$

等压过程中外界对系统所做的功又可写为

$$A = -\nu R(T_2 - T_1)$$

由于内能是状态函数，所以等压过程中的内能变化仍然为

$$dU = \nu C_{V,m} dT = \frac{i}{2}\nu R dT$$

或

$$\Delta U = \nu C_{V,m}(T_2 - T_1) = \frac{i}{2}\nu R(T_2 - T_1)$$

根据热力学第一定律，等压过程中吸收的热量为

$$Q_p = \Delta U + p(V_2 - V_1) = (U_2 + pV_2) - (U_1 + pV_1) = H_2 - H_1 = \Delta H$$

即等压过程中，系统焓的改变完全由系统与外界交换的热量所决定。将式(5.6.9)代入得

$$Q_p = \nu C_{p,\mathrm{m}}(T_2 - T_1) \tag{5.7.6}$$

例题 5-3 1mol 单原子理想气体从 300K 加热到 350K，(1)体积保持不变；(2)压强保持不变，在这两个过程中，系统分别吸收了多少热量？增加了多少内能？对外做了多少功？

解：(1) 等体过程

对外做功

$$A' = 0$$

由热力学第一定律知，所吸收的热量等于内能的增量，即

$$Q_V = \Delta U = \nu C_{V,\mathrm{m}}(T_2 - T_1) = \frac{i}{2}\nu R(T_2 - T_1) = \frac{3}{2} \times 8.31 \times (350 - 300)$$
$$= 623.25(\mathrm{J})$$

(2) 等压过程

由于等压过程中

$$Q_p = \nu C_p(T_2 - T_1) = \nu \frac{i+2}{2} R(T_2 - T_1)$$

所以吸收的热量为

$$Q_p = \frac{5}{2} \times 8.31 \times (350 - 300) = 1038.75(\mathrm{J})$$

又因为

$$\Delta U = \nu C_{V,\mathrm{m}}(T_2 - T_1) = \frac{i}{2}\nu R(T_2 - T_1)$$

则内能增加为

$$\Delta U = \frac{3}{2} \times 8.31 \times (350 - 300) = 623.25(\mathrm{J})$$

由热力学第一定律，$\Delta U = Q + A$，则外界对系统做功为

$$A = \Delta U - Q_p = 623.5 - 1038.75 = -415.5(\mathrm{J})$$

即系统对外做功 415.5J。

5.7.3 等温过程

在过程进行中系统的温度始终保持恒定的过程称为**等温过程**。在整个等温过程中，系统与外界处于热平衡状态。例如与恒温热源接触的气缸，使活塞缓慢膨胀，系统所吸收的能量表现为容器内气体在温度保持不变时对外做的功。日常生活中，蓄电池在室温下缓慢充电和放电，都可近似地看作是等温过程。

等温过程的特征是系统温度 T 为恒量，故过程方程为

$$T = 常量$$

或

$$\mathrm{d}T = 0$$

或

$$pV = 常量$$

由此可知在 p-V 图上，等温过程为双曲线，如图 5-13 所示。由于理想气体的内能是温度的单值函数，因此等温过程中内能保持不变，即

$$\mathrm{d}U = 0$$

等温过程中外界对系统做的元功为

$$\mathrm{d}A = -p\mathrm{d}V \tag{5.7.7}$$

将理想气体物态方程 $pV=\nu RT$ 代入式(5.7.7)，得

$$\mathrm{d}A = -\nu RT\frac{\mathrm{d}V}{V}$$

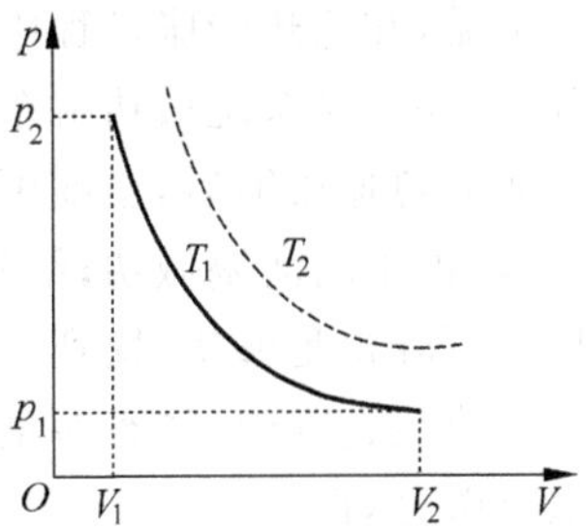

图 5-13 等温线

外界对系统做功为

$$A = -\int_{V_1}^{V_2} p\mathrm{d}V = -\int_{V_1}^{V_2}\nu RT\frac{\mathrm{d}V}{V} = -\nu RT\ln\frac{V_2}{V_1} \tag{5.7.8a}$$

式中，T 为系统的温度；V_1、V_2 分别为等温过程的系统初态和终态的体积。在等温膨胀过程中 $V_2>V_1$，$A<0$，系统对外做功；在等温压缩过程中 $V_2<V_1$，$A>0$，外界对系统做功。又因为等温过程中，$p_1V_1=p_2V_2$，所以式(5.7.8a)又可写为

$$A = -\nu RT\ln\frac{p_1}{p_2} \tag{5.7.8b}$$

根据热力学第一定律，等温过程中吸收的热量为

$$Q_T = -A = \nu RT\ln\frac{V_2}{V_1} = \nu RT\ln\frac{p_1}{p_2} \tag{5.7.9}$$

可见，在等温过程中，系统从外界吸收的热量完全等于系统对外界所做的功，系统向外界放出的热量等于外界对系统所做的功。

5.7.4 绝热过程

在过程进行中系统始终不和外界发生热的相互作用的过程称为**绝热过程**。应当注意的是，自然界中完全绝热的系统是不存在的，若过程进行得较快，热量来不及与周围物质进行交换，都可近似地视为绝热过程。例如，用绝热材料隔绝的系统，气体向真空中自由膨胀，内燃机汽缸中气体进行的压缩和膨胀过程等。

绝热过程的特征是系统始终不和外界交换热量，因此，在绝热过程中

$$đQ = 0$$

根据热力学第一定律 $\mathrm{d}U=đQ+đA$，有

$$\mathrm{d}U = đA \tag{5.7.10a}$$

或

$$\Delta U = A \tag{5.7.10b}$$

即在绝热过程中系统内能的改变完全由外界对系统所做的功决定。又由于

$$\mathrm{d}U = \nu C_{V,\mathrm{m}}\mathrm{d}T \tag{5.7.11}$$

所以

$$đA = \mathrm{d}U = \nu C_{V,\mathrm{m}}\mathrm{d}T \tag{5.7.12a}$$

或

$$A = U_2 - U_1 = \nu C_{V,m}(T_2 - T_1) \tag{5.7.12b}$$

可见，在绝热膨胀过程中，系统对外做功是以内能的减少为代价来完成的；在绝热压缩过程中，外界对系统做功将全部用来增加内能。例如，柴油机气缸中的空气和柴油雾的混合物被活塞急速压缩后，温度可升高到柴油的燃点以上，从而使得柴油立即燃烧，形成高温高压气体，再推动活塞做功；给轮胎放气时，可以明显感觉到放出的气体比较凉，这正是由于气体压强下降得足够快，快到可视为绝热过程的缘故，气体内能转化为机械能，温度下降。

在绝热过程中，物态参量 p、V、T 都可以发生变化。由理想气体物态方程 $pV=\nu RT$，两边取全微分，得

$$p\mathrm{d}V + V\mathrm{d}p = \nu R\mathrm{d}T \tag{5.7.13}$$

又 $đA=-p\mathrm{d}V$，与式(5.7.12a)联立得

$$-p\mathrm{d}V = \nu C_{V,m}\mathrm{d}T \tag{5.7.14}$$

将式(5.7.13)与式(5.7.14)联立，消去 $\mathrm{d}T$ 得

$$(C_{V,m} + R)p\mathrm{d}V = -C_{V,m}V\mathrm{d}p \tag{5.7.15}$$

注意到 $C_{V,m}+R=C_{P,m}$，绝热指数 $\gamma\equiv C_{p,m}/C_{V,m}$，将式(5.7.15)整理得

$$\frac{\mathrm{d}p}{p} + \gamma\frac{\mathrm{d}V}{V} = 0$$

对等式两边进行积分，则得

$$pV^{\gamma} = \text{常量} \tag{5.7.16}$$

式(5.7.16)称为**泊松**(Poisson)**公式**。同理，将式(5.7.13)与式(5.7.14)联立，消去 $\mathrm{d}p$ 与消去 $\mathrm{d}V$，也可得到 V 与 T 及 p 与 T 之间的关系式

$$TV^{\gamma-1} = \text{常量} \tag{5.7.17}$$

$$p^{\gamma-1}T^{-\gamma} = \text{常量} \tag{5.7.18}$$

式(5.7.16)、式(5.7.17)和式(5.7.18)都是理想气体的绝热过程方程，由于这 3 个式子中所取的独立变量不同，因而式中的常量各不相同。应该注意，在推导这 3 个式子的过程中，已经假设了过程是准静态的，否则元功不能写作 $p\mathrm{d}V$，也不能运用物态方程并对 p、V 等求微分。并且假设了绝热指数 γ 为常数。因此，式(5.7.16)、式(5.7.17)和式(5.7.18)只能用于准静态的绝热过程，而不能用于非准静态的绝热过程。

根据绝热过程方程，外界对系统做功又可写为

$$A = -\int_{V_1}^{V_2} p\mathrm{d}V = -\int_{V_1}^{V_2} p_1V_1^{\gamma}\frac{\mathrm{d}V}{V^{\gamma}} = \frac{p_2V_2 - p_1V_1}{\gamma - 1} = \frac{\nu R}{\gamma - 1}(T_2 - T_1) \tag{5.7.19}$$

比较绝热过程方程($pV^{\gamma}=$常量)和等温过程方程($pV=$常量)，在 p-V 图上，绝热过程对应的曲线比等温线更陡些，如图 5-14 所示，图中虚线表示等温线，实线表示绝热线。两条曲线相交于一点 C，两条曲线的斜率均为负值，这可以通过计算得到。

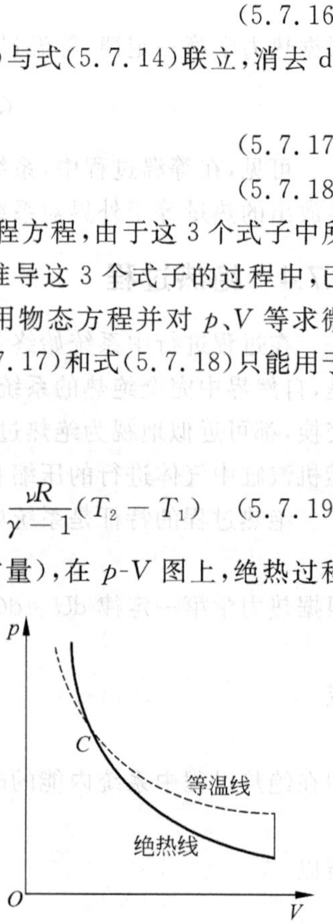

图 5-14　绝热线

对绝热过程方程($PV^{\gamma}=$常量)取微分，有

$$\gamma pV^{\gamma-1}\mathrm{d}V + V^{\gamma}\mathrm{d}p = 0$$

则绝热曲线斜率为

$$\left(\frac{\mathrm{d}p}{\mathrm{d}V}\right)_Q = -\gamma\frac{p}{V}$$

对等温过程方程($pV=$常量)取微分，有

$$p\mathrm{d}V + V\mathrm{d}p = 0$$

则等温曲线斜率为

$$\left(\frac{\mathrm{d}p}{\mathrm{d}V}\right)_T = -\frac{p}{V}$$

因为 $\gamma>1$，所以过同一点 C 处的绝热曲线斜率的绝对值大于等温曲线斜率的绝对值，因而，绝热线比等温线要陡些。对这一点可解释为，当气体由状态 C 开始，分别通过绝热过程和等温过程膨胀到相同体积时，由图 5-14 可以看出，绝热过程中压强的降低要比在等温过程中大。这是因为在等温过程中，压强的降低仅仅是由于对外界做功体积增大所引起的，而在绝热过程中，压强的降低除了对外界做功体积增大外，温度的降低所引起的内能的减小也是一个原因，所以压强下降得更快。

例题 5-4　气缸中的气体，在压缩前其压强为 $1.013\times10^5\,\mathrm{Pa}$，温度为 320K，假定空气突然被压缩为原来体积的 1/16.9，试求末态的压强和温度。设空气的绝热指数 $\gamma=1.4$。

解：把空气看成是理想气体，由题知，初态 $p_1=1.013\times10^5\,\mathrm{Pa}$，$T_1=320\mathrm{K}$，由于压缩进行得很快，可视为绝热过程。

由绝热方程 $p_1V_1^\gamma=p_2V_2^\gamma$，可得末态压强为

$$p_2 = p_1\left(\frac{V_1}{V_2}\right)^\gamma = 1.013\times10^5\times16.9^{1.4} = 45.1\times10^5(\mathrm{Pa})$$

根据 $T_1V_1^{\gamma-1}=T_2V_2^{\gamma-1}$，可得末态温度为

$$T_2 = T_1\left(\frac{V_1}{V_2}\right)^{\gamma-1} = 320\times16.9^{1.4-1} = 991.5(\mathrm{K})$$

例题 5-5　一绝热容器被隔板分为体积相等的两部分，左边容器充满理想气体，初始温度为 T_1，压强为 p_1，右边容器抽成真空，现将隔板抽出，气体最后在整个容器内达到一个新的平衡，如本例题图所示，求新的平衡时的压强。

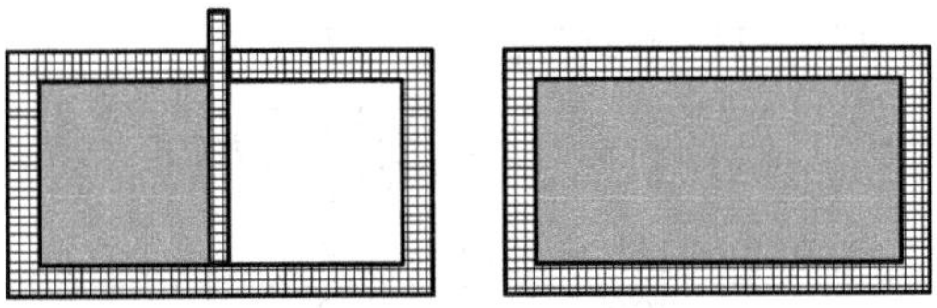

例题 5-5 图

解：在该过程中，任意时刻气体均处于非平衡态，因此该过程是非平衡过程，但是初末状态都是平衡态，则热力学第一定律仍然成立。

$$\Delta U = Q + A$$

因为过程进行得较快，可视为绝热过程，$Q=0$；又因为气体向真空冲入，所以外界对系统不做功，则

$$A = 0$$

即

$$\Delta U = U_2 - U_1 = 0$$

因为理想气体内能是温度的单值函数，所以初态和终态的温度是相同的，即 $T_2=T_1$。根据理想气体物态方程，有

$$p_1V_1 = \nu RT_1,\quad p_2V_2 = \nu RT_2$$

将 $T_2=T_1$、$V_2=2V_1$ 代入上式，可得

$$p_2 = \frac{1}{2}p_1$$

例题 5-6 0.01m³ 的氮气在温度为 300K 时，由 1atm 压缩到 100atm。试分别求出氮气经(1)等温压缩及(2)绝热压缩后的体积、温度和对外界所做的功。

解：(1) 等温压缩时，温度不变，由 $p_1V_1=p_2V_2$，可得

$$V_2 = \frac{p_1V_1}{p_2} = \frac{1}{10}\times 0.01 = 1\times 10^{-3}(\mathrm{m}^3)$$

系统对外界做功为

$$A' = \nu RT\ln\frac{p_1}{p_2} = \nu RT\ln\frac{p_1}{p_2} = 1\times 1.013\times 10^5\times 0.01\times \ln 0.01 = -4.67\times 10^3(\mathrm{J})$$

即外界对系统做功 4.67×10^3J。

(2) 绝热压缩时，由绝热方程有

$$p_1V_1^\gamma = p_2V_2^\gamma$$

对于氮气，$\gamma=\frac{7}{5}$，代入绝热方程得

$$V_2 = \left(\frac{p_1V_1^\gamma}{p_2}\right)^{1/\gamma} = \left(\frac{p_1}{p_2}\right)^{\frac{1}{\gamma}}V_1 = \left(\frac{1}{10}\right)^{\frac{1}{4}}\times 0.01 = 1.93\times 10^{-3}(\mathrm{m}^3)$$

由绝热方程 $p_1^{\gamma-1}T_1^{-\gamma}=p_2^{\gamma-1}T_2^{-\gamma}$ 得

$$T_2^\gamma = \frac{T_1^\gamma p_2^{\gamma-1}}{p_1^{\gamma-1}} = 300^{1.4}\times 10^{0.4}$$

$$T_2 = 579\mathrm{K}$$

根据热力学第一定律 $\Delta U=Q+A$ 和理想气体物态方程 $pV=\frac{m}{M}RT$ 及 $Q=0$ 得

$$\begin{aligned}A &= U_2-U_1 = \nu C_{V,\mathrm{m}}(T_2-T_1)\\ &= \frac{m}{M}C_{V,\mathrm{m}}(T_2-T_1) = \frac{p_1V_1}{RT_1}\,\frac{5}{2}R(T_2-T_1)\\ &= \frac{1.013\times10^5\times 0.001}{300}\times\frac{5}{2}\times(579-300)\\ &= 23.5\times 10^3(\mathrm{J})\end{aligned}$$

即外界对系统做功 23.5×10^3J，系统对外界做负功。

例题 5-7 1mol 单原子理想气体，由状态 $a(p_1,V_1)$，先等体加热至压强增大 1 倍，再等压加热至体积增大 1 倍，最后再经绝热膨胀，使其温度降至初始温度，如本例题图所示。试求：

(1) 状态 d 的体积 V_d；

(2) 整个过程对外界所做的功；

(3) 整个过程吸收的热量。

例题 5-7 图

解：(1) c 点与 d 点在同一绝热线上，由绝热方程 $T_cV_c^{\gamma-1}=T_dV_d^{\gamma-1}$ 得

$$V_d = \left(\frac{T_c}{T_d}\right)^{\frac{1}{\gamma-1}}V_c = 4^{\frac{1}{1.67-1}}2V_1 = 15.8V_1$$

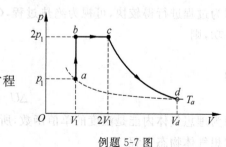

（2）先求各分过程的功

$$A'_{ab}=0$$

$$A'_{bc}=2p_1(2V_1-V_1)=2p_1V_1$$

$$A'_{cd}=-\Delta U_{cd}=-C_{V,\mathrm{m}}(T_d-T_c)=C_{V,\mathrm{m}}(T_c-T_d)$$

$$=\frac{3}{2}R(4T_a-T_a)=\frac{9}{2}RT_a=\frac{9}{2}p_1V_1$$

整个过程系统对外界做的总功为

$$A'_{abcd}=A'_{ab}+A'_{bc}+A'_{cd}=\frac{13}{2}p_1V_1$$

（3）对 $abcd$ 整个过程应用热力学第一定律有

$$Q_{abcd}=\Delta U_{ad}+A'_{abcd}$$

依题意，由于 $T_a=T_d$，故

$$\Delta U_{ad}=0$$

故

$$Q_{abcd}=A'_{abcd}=\frac{13}{2}p_1V_1$$

例题 5-8　声波是气体中由于每一局部气体的周期性压缩、膨胀而在空间中形成的疏密相间的纵波。密区膨胀和疏区被压缩过程都可认为是绝热过程。试证在此情况下，理想气体中的声速由下式给定：

$$v=\sqrt{\frac{\gamma RT}{M_{\mathrm{m}}}}$$

式中，M_{m} 为气体的摩尔质量。

解：在机械波中已知声速 $v=\sqrt{B/\rho}$，其中 ρ 为气体的密度，B 为气体的体积弹性模量，即作用在物体上的压强变化与由此产生的物体体积的相对变化之比。

$$B=-\frac{\mathrm{d}p}{\mathrm{d}V/V}=-V\frac{\mathrm{d}p}{\mathrm{d}V} \qquad ①$$

式中，负号表示压强增加时体积减少。

将声波的传播过程视为绝热过程，则有

$$pV^{\gamma}=\text{常量}$$

两边求导得

$$p\gamma V^{\gamma-1}+V^{\gamma}\frac{\mathrm{d}p}{\mathrm{d}V}=0 \qquad ②$$

将式①、式②联立得

$$B=\gamma p$$

所以声速为

$$v=\sqrt{\frac{B}{\rho}}=\sqrt{\frac{\gamma p}{\rho}}$$

将理想气体物态方程 $\rho=\dfrac{M_{\mathrm{m}}p}{RT}$ 代入即得

$$v=\sqrt{\frac{\gamma RT}{M_{\mathrm{m}}}}$$

由于声速可以精确测定，则根据上式可以以很高的精度得到绝热指数为

$$\gamma=\frac{M_{\mathrm{m}}v^2}{RT}$$

例题 5-9 理想气体的绝热指数 γ 可以通过先测量等压热容和等体热容，再由定义 $\gamma\equiv C_{p,\mathrm{m}}/C_{V,\mathrm{m}}$ 确定；也可以用其他方法测定。本例题图(a)所示是一种测定绝热指数 γ 的装置。经活塞 B 将气体压入容器 A 中，使 A 中的压强略高于大气压(设为 p_1)。然后迅速开启再关闭活塞 C，此时气体绝热膨胀到大气压 p_0。经过一段时间，容器中气体的温度又恢复到与室温相同，压强变为 p_3，假设开启 C 后关闭 C 前气体经历的是准静态绝热过程，试求 γ 的表达式。

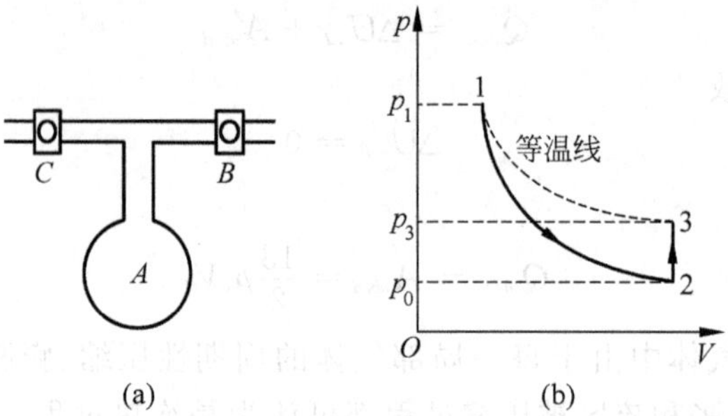

例题 5-9 图

解：由于 p_1 略大于 p_0，当开启 C 后，将有一部分气体冲出容器 A，把仍留在 A 中的气体作为研究对象，则从开启 C 后到关闭 C 前，系统经历准静态绝热膨胀过程，由状态 $1(p_1,T_0)$ 到状态 $2(p_0,T_2)$；从关闭 C 到留在 A 的气体恢复到室温，系统经历准静态等体吸热过程，由状态 $2(p_0,T_2)$ 到状态 $3(p_3,T_0)$。两过程如本例题图(b)所示。

绝热过程中

$$p_1^{\gamma-1}T_0^{-\gamma}=p_0^{\gamma-1}T_2^{-\gamma}$$

即

$$\left(\frac{p_1}{p_0}\right)^{\gamma-1}=\left(\frac{T_2}{T_0}\right)^{-\gamma}$$

等体过程中

$$\frac{p_0}{p_3}=\frac{T_2}{T_0}$$

与上式联立得

$$\left(\frac{p_1}{p_0}\right)^{\gamma-1}=\left(\frac{p_0}{p_3}\right)^{-\gamma}$$

取对数并整理得

$$\gamma=\frac{\ln(p_1/p_0)}{\ln(p_1/p_3)}$$

5.7.5 多方过程

实际中的气体过程，很难严格保证在等体、等压、等温和绝热的条件下进行，即严格的等

体、等压、等温和绝热过程都是理想过程，实际系统所进行的过程可以是各种各样的。

热力学中，理想气体中进行的多方过程方程为

$$pV^n = \text{常量} \tag{5.7.20}$$

式中 n 为一实数。凡是满足式(5.7.20)的过程称为**多方过程**，其中 n 称为多方指数，可通过实验测定。显然，等温、等压、等体和绝热过程是多方过程的特例。若 $n=0$ 时，对应的是等压过程；$n=1$ 时，对应的是等温过程；$n=\gamma$ 时，对应的是绝热过程；$n\to\pm\infty$时，由 $p^{1/n}V=$常量可知，对应于等体过程。在热工设备中，最常见的热力学过程是多方指数 n 在 $\gamma>n>1$ 的范围内某个值的多方过程。

类似于绝热过程中做功的计算，多方过程中外界对气体所做的功为

$$A = \frac{p_2V_2 - p_1V_1}{n-1} = \frac{\nu R}{n-1}(T_2 - T_1) \tag{5.7.21}$$

理想气体多方过程内能的增量仍为

$$\Delta U = \nu C_{V,\mathrm{m}}(T_2 - T_1)$$

根据热力学第一定律 $\Delta U=Q+A$，多方过程中吸收的热量为

$$Q = \frac{\nu R}{1-n}(T_2 - T_1) + \nu C_{V,\mathrm{m}}(T_2 - T_1) \tag{5.7.22}$$

若在多方过程中，理想气体的多方摩尔热容为 $C_{n,\mathrm{m}}$，系统从外界吸收的热量为

$$Q = \nu C_{n,\mathrm{m}}(T_2 - T_1) \tag{5.7.23}$$

将式(5.7.22)与式(5.7.23)联立可得

$$C_{n,\mathrm{m}} = \frac{n-\gamma}{n-1}C_{V,\mathrm{m}} \tag{5.7.24}$$

或

$$n = \frac{C_{p,\mathrm{m}} - C_{n,\mathrm{m}}}{C_{V,\mathrm{m}} - C_{n,\mathrm{m}}} \tag{5.7.25}$$

图5-15给出了多方指数和多方过程中摩尔热容的关系。多方过程的热容既可为正值又可为负值。当 $n<1$ 或 $n>\gamma$ 时，摩尔等体热容 $C_{V,\mathrm{m}}>0$（或等体热容 $C_V=\nu C_{V,\mathrm{m}}$），即如果系统从外界吸热($Q>0$)，则系统的温度一定是升高的($\Delta T>0$)；如果系统向外界放热($Q<0$)，则系统的温度一定是降低的($\Delta T<0$)。但当 $1<n<\gamma$ 时，摩尔热容 $C_{V,\mathrm{m}}$ 或热容 $C_V=\nu C_{V,\mathrm{m}}$是负的。这可以从热力学第一定律得出。根据热力学第一定律 $\Delta U=Q+A$ 知，如果 $Q>0$，但 $A<0$，且 $|A|>Q$，则 $\Delta U<0$，从而 $\Delta T<0$，即虽然系统吸热，系统的温度却降低了。也就是说，系统膨胀对外界所做的功大于它所吸收的热量，则必然消耗系统本身的一部分内能，因而温度降低了，这时系统的热容为负值。反之，如果 $Q<0$，而 $A>0$，且 $A>|Q|$时，$\Delta U>0$，从而 $\Delta T>0$，即虽然系统放热，系统的温度却升高了，也就是说，外界对系统所做的功大于系统所放出的热量，这时系统的热容也是负值。

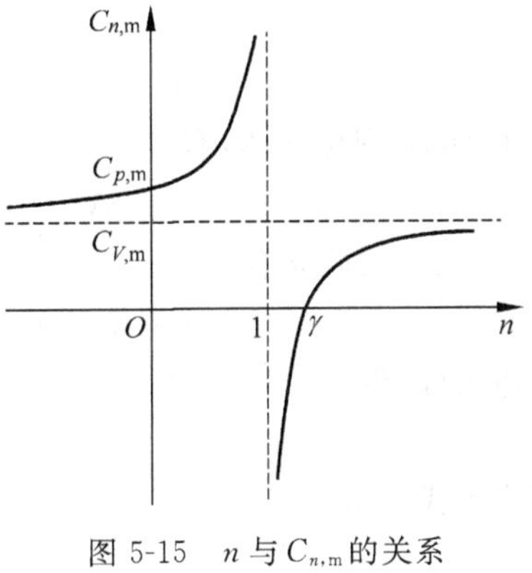

图5-15　n 与 $C_{n,\mathrm{m}}$ 的关系

负热容的存在已经由实验证实，由氢分子组成的原子团，在从液态向气态转化的过程

中，尽管通过外部对其持续加热，却出现了冷却现象。负热容在恒星的演变过程中也是普遍现象，万有引力使恒星坍缩，所降低的引力势能的一部分以热辐射形式放热，另一部分转化为动能，使自身的温度升高。产生大量的光和热，这就是超新星爆发。这类现象具有典型的负热容特征。

表 5-1 归纳了理想气体典型准静态过程的主要公式，可供读者查用。

表 5-1　理想气体在典型准静态过程中的主要公式

过程	过程方程	外界对系统做功 A	系统从外界吸收的热量 Q	内能增量 ΔU	摩尔热容
等体	$V=$常量 $\frac{p}{T}=$常量	0	$\nu C_{V,\mathrm{m}}(T_2-T_1)$	$\nu C_{V,\mathrm{m}}(T_2-T_1)$	$C_{V,\mathrm{m}}$
等压	$P=$常量 $\frac{V}{T}=$常量	$-p(V_2-V_1)$或 $-\nu R(T_2-T_1)$	$\nu C_{p,\mathrm{m}}(T_2-T_1)$	$\nu C_{p,\mathrm{m}}(T_2-T_1)$	$C_{p,\mathrm{m}}$
等温	$T=$常量 $pV=$常量	$-\nu RT(\ln V_2/V_1)$或 $-\nu RT(\ln p_1/p_2)$	$\nu RT(\ln V_2/V_1)$或 $\nu RT(\ln p_1/p_2)$	0	∞
绝热	$pV^{\gamma}=$常量 $TV^{\gamma-1}=$常量 $\frac{p^{\gamma-1}}{T^{\gamma}}=$常量	$\nu C_{V,\mathrm{m}}(T_2-T_1)$或 $\frac{p_2V_2-p_1V_1}{\gamma-1}$	0	$\nu C_{V,\mathrm{m}}(T_2-T_1)$	0
多方	$pV^{n}=$常量	$\frac{\nu R}{n-1}(T_2-T_1)$或 $\frac{p_2V_2-p_1V_1}{n-1}$	$\frac{\nu R}{1-n}(T_2-T_1)+$ $\nu C_{V,\mathrm{m}}(T_2-T_1)$	$\nu C_{V,\mathrm{m}}(T_2-T_1)$	$\frac{n-\gamma}{n-1}C_{V,\mathrm{m}}$

例题 5-10　某理想气体的 p-V 关系如本例题图所示，系统由初态 a 经准静态过程（直线 ab）到终态 b。已知该理想气体的等体摩尔热容为 $C_{V,\mathrm{m}}=3R$，求该理想气体在 ab 过程中的摩尔热容。

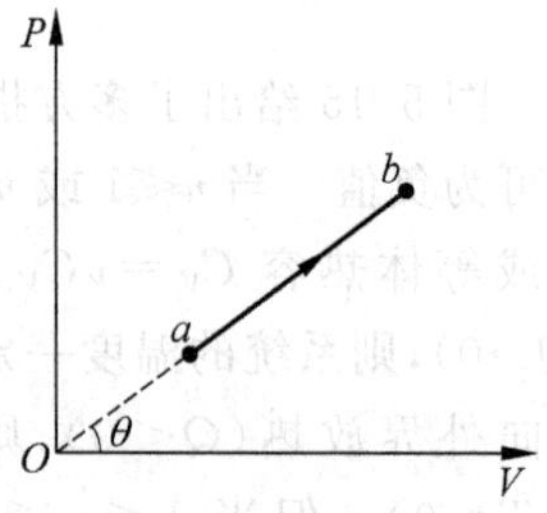

例题 5-10 图

解：ab 过程的方程为

$$\frac{p}{V}=\tan\theta(\text{恒量}) \qquad ①$$

对于 1mol 理想气体，有

$$pV=RT \qquad ②$$

将式①、式②联立有

$$V^2\tan\theta=RT$$

两边微分，得

$$2V\tan\theta\mathrm{d}V=R\mathrm{d}T$$

将式①代入得

$$2p\mathrm{d}V=R\mathrm{d}T \qquad ③$$

设该过程的摩尔热容量为 C_{m}，则对于 1mol 理想气体，有

$$C_{\mathrm{m}}\mathrm{d}T=C_{V,\mathrm{m}}\mathrm{d}T+p\mathrm{d}V$$

将式③代入有

$$C_{\mathrm{m}}\mathrm{d}T=C_V\mathrm{d}T+\frac{R}{2}\mathrm{d}T$$

整理得

$$C_m = C_V + \frac{R}{2} = \frac{7}{2}R$$

例题 5-11　一定量的氧气在室温下体积为 $2.73\times10^{-3}\,m^3$，压强为 $1.013\times10^5\,Pa$，经过某一多方过程后，体积变为 $4.1\times10^{-3}\,m^3$，压强变为 $5.065\times10^4\,Pa$。试求：

(1) 多方指数 n；

(2) 氧气膨胀时对外界所做的功；

(3) 氧气吸收的热量。已知氧气的摩尔等体热容 $C_{V,m}=\frac{5}{2}R$，绝热指数 $\gamma=1.4$。

解：(1) 由多方过程方程 $pV^n=$常量，得

$$\frac{p_1}{p_2} = \left(\frac{V_2}{V_1}\right)^n$$

取对数，得

$$n = \frac{\ln p_1/p_2}{\ln V_2/V_1} = \frac{\ln 1/0.5}{\ln 4.1/2.73} = 1.7$$

(2) 氧气膨胀对外界做功为

$$A' = -A = -\frac{p_2V_2 - p_1V_1}{n-1} = -\frac{0.5\times4.1 - 1.0\times2.73}{1.7-1}\times10^2 = 97.1(\mathrm{J})$$

(3) 设氧气膨胀后的温度为 T_2，由理想气体物态方程

$$\frac{p_1V_1}{T_1} = \frac{p_2V_2}{T_2}$$

得

$$T_2 = \frac{p_2V_2}{p_1V_1}T_1$$

氧气内能的增量为

$$\Delta U = \nu C_{V,m}(T_2 - T_1) = \nu\frac{5}{2}R\left(\frac{p_2V_2}{p_1V_1}T_1 - T_1\right) = \frac{5}{2}p_1V_1\left(\frac{p_2V_2}{p_1V_1} - 1\right)$$

$$= \frac{5}{2}(p_2V_2 - p_1V_1) = \frac{5}{2}\times(0.5\times4.1 - 1.0\times2.73)\times10^2 = -170(\mathrm{J})$$

负号表示内能减少。

根据热力学第一定律，氧气吸收的热量为

$$Q = \Delta U + A' = -170 + 97.1 = -72.9(\mathrm{J})$$

负号表示系统放热。

此例说明，系统膨胀对外界做功的同时还向外传递热量，这些都是以消耗本身的内能为代价的。

5.8　热力学循环

5.8.1　热机循环与制冷循环

由热力学第一定律知，将热量转化为功是通过物质系统来实现的。被用来进行热量与功转换的物质称**工作物质**，简称**工质**。在生产技术上需要通过工质将热量连续不断地转换

为功，仅靠单一过程是不可能将热量和功之间的转换持续下去的。例如，汽缸中的气体可以从热源吸收热量膨胀而对外界做功，这里的气体就是工质。若气体做的是等温膨胀，则吸收的热量全部对外界做功，但这个过程不可能无限制地进行下去，因为汽缸的长度总是有限的；即使可以做成无限长的汽缸，当汽缸内气体的压强与外界压强平衡时，气体就不能再继续膨胀而对外界做功了。等压膨胀也是如此，当气体的温度升高到和高温热源相同时，过程也要终止。因而，要实现连续不断地将热量转换为功，就必须使工作物质做功后经一系列过程回到最初的状态，再重复地吸热从而对外界做功。我们将系统（工质）从某个状态出发经过一系列热力学过程，又回到原来状态的过程称为**热力学循环**，简称循环，它所包含的每个过程称为分过程。只有利用循环工作过程才能实现连续不断地将热量转换为功。

如果一个循环所经历的每个分过程都是准静态过程，这个循环就称为准静态循环。这种循环在 p-V 图上就是一条封闭曲线，图 5-16 中的闭合曲线 $amcna$ 即表示某一准静态循环。由于系统的内能是状态函数，因而循环的特征是，系统经过一个循环回到最初的状态时内能不变，即

$$\Delta U = 0 \tag{5.8.1}$$

要注意，循环是指工作物质循环，热源等是没有回到初始状态的。

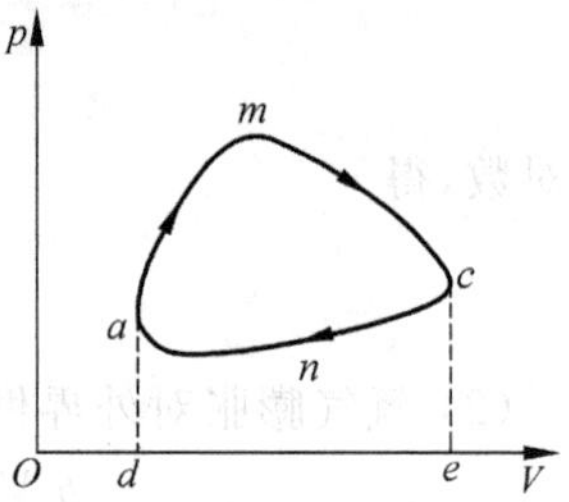

图 5-16　循环

循环具有方向，规定由顺时针闭合曲线表示的循环为**正循环**，如图 5-16 中沿 $amcna$ 方向进行的循环；由逆时针闭合曲线表示的循环为**逆循环**。在一个循环的工作过程中，系统在某一阶段对外界做功，在某一阶段外界对系统做功。例如，在图 5-16 所示的正循环中，在 amc 段系统膨胀对外界做功 A_1，其数值等于 $damce$ 曲线所围的面积。在过程 cna 段中，外界压缩系统而对系统做功 A_2，或系统对外界做负功，其数值等于 $ecnad$ 曲线所围的面积。因此在整个正循环中，系统对外界所做净功（$A' = A_1 - A_2$）的数值等于正循环闭合曲线 $amcna$ 所包围的面积。也就是说在正循环中，系统膨胀对外界做功的数值大于压缩时外界对系统所做的功，系统从外界吸收的总热量 Q_1 必然大于放出的总热量 Q_2，其量值之差（净热）$Q=Q_1-Q_2$，即系统吸热对外界做功，$Q>0, A<0$。正循环代表的机械是**热机**，就是将热能不断地转化为机械能的机械，如蒸汽机、内燃机、汽轮机、火箭发动机等。同理，在逆循环中，外界对系统所做功的数值大于系统对外界所做的功，外界对系统做的净功数值也等于逆循环曲线所包围的面积。也就是说在逆循环中，外界对系统做净功，$A>0$，系统向外界放出净热量，$Q<0$，使系统温度降低。逆循环代表的机械是制冷机，如冰箱、冰柜等。它们的本质都是利用工质循环来实现热功转换。

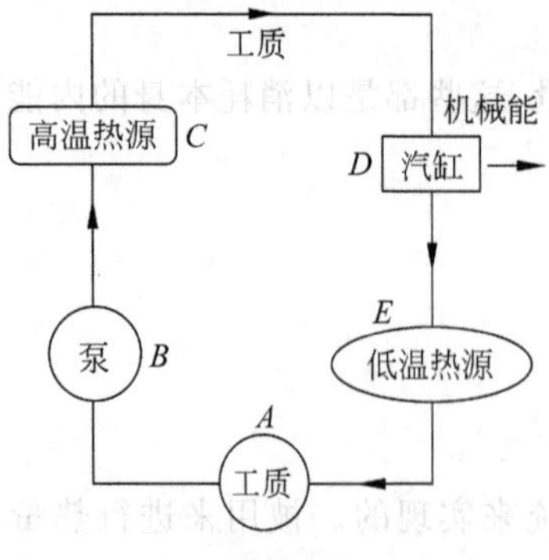

图 5-17　热机工作示意图

图 5-17 是正循环（热机）工作过程示意图。其工作原理可以概括为：在泵的作用下，工质进入高温热源（如锅炉）中，吸收热量用以增加其内能，变为高温高压工质，进入汽缸膨胀推动活塞对外做功。在这一过程中，部分内能通过做功转化为机械能，从而工质的内能减小，工质再进入低温热源（如冷凝器）处放出热量，工质的内能进一步减小，最后工质又重新回到原来的状态，

再开始新的循环。工质在一个循环中不可能把从高温热源吸收的热量全部转化为机械能，而必须将部分热量向低温热源放热。在讨论循环时，习惯上将系统对外界所做净功 A'、吸收热量总和 Q_1 以及放出热量总和 Q_2 都用绝对值表示。则由热力学第一定律，热机循环过程中系统从外界吸收的热量总和 Q_1 和放出的热量总和 Q_2 的差值必定等于系统对外界所做的净功 A'，即

$$A' = Q_1 - Q_2 \tag{5.8.2}$$

热机从外界吸收的热量有多少转化为对外界所做的功是热机效能的重要标志之一。定义**热机效率** η 为

$$\eta = \frac{A'}{Q_1} = \frac{Q_1 - Q_2}{Q_1} = 1 - \frac{Q_2}{Q_1} \tag{5.8.3}$$

因 $Q_2 \neq 0$，所以 η 不可能达到 100%。吸收的热量一定，对外做功越多，表明热机把热量转化为有用功的本领越大，效率就越高。对于不同的热机，循环工作过程不同，具有的效率也是不同的。

制冷机是通过外界对系统做功使工质连续不断地从某一低温热源吸收热量，传给高温热源，来实现制冷的效果。

在逆循环中，若外界对系统做净功 A，工质在有效的待制冷区域吸收热量的总和为 Q_2，向高温热源放出热量的总和为 Q_1。工质从低温热源吸取热量 Q_2 的结果是使低温热源温度降得更低，从而达到制冷的效果。所以，逆循环反映的是制冷机的工作过程，由于制冷机是以消耗一定的机械功为代价而从低温热源吸热，所以常用从低温热源吸收的热量 Q_2 与外界对系统做的净功 A 的比值 Q_2/A 来衡量制冷机的效能，Q_2/A 称为制冷系数，记为 ε，即

$$\varepsilon = \frac{Q_2}{A} = \frac{Q_2}{Q_1 - Q_2} \tag{5.8.4}$$

式中，A、Q_1 和 Q_2 的数值均为绝对值；$Q_1 = Q_2 + A$，为工质向高温热源放出的热量。由式(5.8.4)可知，Q_2 一定时，A 越小，则 ε 越大，制冷效果越好。这就意味着以较小的代价获得较大的效益。

制冷机的工质称为制冷剂，它是通过自身物理状态的变化来传递能量。理想的制冷剂应是凝结温度(或沸点)低、汽化热大、蒸气比容小、不易燃、不易爆、无毒、无气味、无腐蚀性的。常见的制冷剂有氨(沸点－33.5℃)、二氧化碳(沸点－79.5℃)、氟里昂(CCl_2F_2，代号R-12，沸点－29.8℃，由于氯对大气上空的臭氧层有破坏作用，使地球表面接收到的紫外线强度增加，出于环保的要求，现已经被禁用)、超多元混合工质(环保型)等，这些物质在室温、常压下都是气体，在室温、高压(如 10atm)下都是液体。制冷机的工作过程可以电冰箱的工作原理为例说明如下。

常见的压缩式制冷循环工作过程如图 5-18 所示。压缩机吸入蒸发器中汽化制冷后的低温低压气态制冷剂，然后压缩成高温高压蒸气；高温高压蒸气经管道进入冷凝器(冷凝器与大气相接触，相对于冷库是高温热源)，放出热量 Q_1，被冷凝成液体；常温常压液体经过节流膨胀，压力降低，部分液体吸收自身热量而汽化，温度随之降低；低温低压

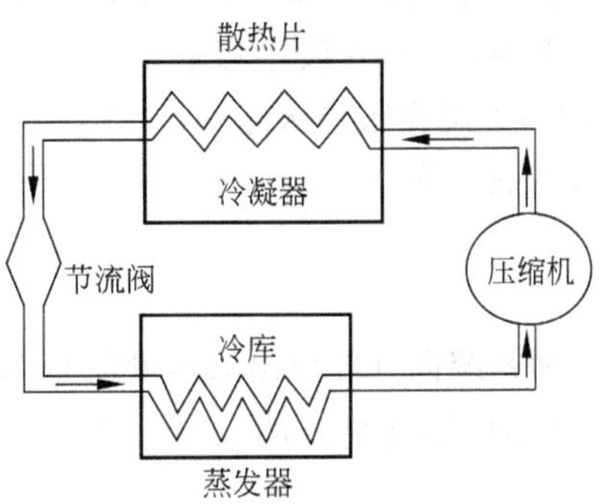

图 5-18　常见的压缩式制冷循环

制冷剂进入蒸发器(低温热源,即冷库)后,由于压缩机的抽吸作用,使得压强更低,制冷剂在这里发生汽化而吸收热量 Q_2,使冷却室降温,达到制冷效果,汽化制冷后的低温低压气态制冷剂被吸入压缩机,开始新一轮循环。

逆向循环也可以用于一种称为热泵的供热装置。热泵与制冷机的原理相同,只是二者用于不同的目的。前者是用于给高温热源供热,后者则是从低温热源吸热使其制冷。空调机就是集两种用途于一身的设备。空调机的循环与电冰箱相同,一般也采用蒸气压缩制冷,不同的是它可以通过一个电磁换向阀使制冷剂(工质)改变流向。在夏季,使被压缩后的高温高压蒸气先通过室外换热器经凝结而向室外空气(高温热源)散热,然后变成低压液体通过室内换热经蒸发而从室内空气(低温热源)吸热,把空调设备用作制冷机,使室内降温;冬季,使被压缩的蒸气先通过室内换热器经凝结而向室内空气(高温热源)放热,然后变成低压液体通过室外换热器经蒸发而从室外空气(低温热源)吸热,给室内供热。这样就能将热量从室外"泵"入室内,故称这种设备为"热泵"。

5.8.2 卡诺循环

18 世纪最重要的动力机械就是蒸汽机,虽然经过多人从热工及机械结构作了多种改进,但当时的蒸汽机效率仍然很低。如何提高蒸汽机的效率?哪种循环效率最大?其最大可能效率是多少?这些从生产实践中提出来的问题,推动着工程师和科学家们开始从理论上来研究热机的效率。1824 年,法国青年炮兵军官萨迪·卡诺(Sadi Carnot,1796—1832)提出了一种特殊而重要的理想循环——卡诺循环,从理论上研究了一切热机的效率问题,并提出了著名的卡诺定理。卡诺的研究为提高热机效率指出了方向,为热力学第二定律的建立奠定了基础。

只与两个恒温热源接触的热机称为卡诺机,卡诺机中工作物质所经历的循环称为卡诺循环。因工作物质(可是气体、液体和固体)只与两个恒温热源有热量交换,因而它是由两个等温过程和两个绝热过程构成的循环。在整个循环工作过程中,没有漏热、摩擦等因素存在,因而是理想循环。图 5-19 中 $abcda$ 所示的是以理想气体为工质的准静态正向卡诺循环。它由 4 个分过程组成,ab 是温度为 T_1 的等温膨胀过程,bc 是绝热膨胀过程,cd 是温度为 T_2 的等温压缩过程,da 是绝热压缩过程。

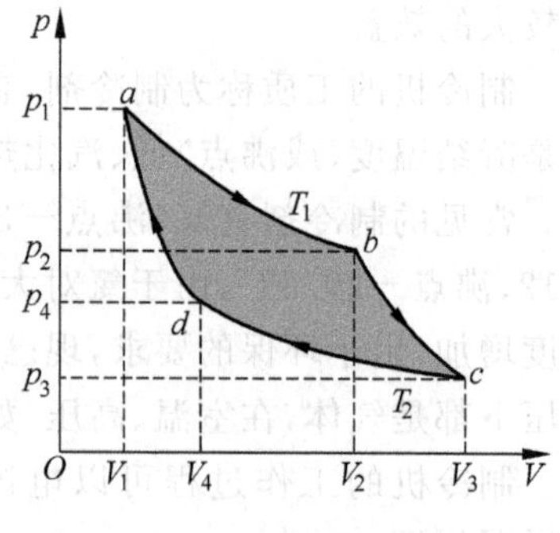

图 5-19 卡诺热机的 p-V 图

在整个循环工作过程中,系统从外界吸收的热量就是在等温过程 ab 段中吸收的热量,气体由状态 $a(p_1, V_1, T_1)$ 等温膨胀到状态 $b(p_2, V_2, T_2)$,气体从高温热源吸收的热量为

$$Q_1 = \nu RT_1 \ln \frac{V_2}{V_1} \tag{5.8.5}$$

而系统向外界放出的热量就是在等温过程 cd 段中放出的热量,气体由状态 $c(p_3, V_3, T_2)$ 等温压缩到状态 $d(p_4, V_4, T_2)$,气体将向低温热源放出的热量为

$$Q_2 = \nu RT_2 \ln \frac{V_3}{V_4} \tag{5.8.6}$$

因此，卡诺热机的效率为

$$\eta_{卡诺}=\frac{A'}{Q_1}=1-\frac{Q_2}{Q_1}=1-\frac{T_2\ln(V_3/V_4)}{T_1\ln(V_2/V_1)} \tag{5.8.7}$$

气体由状态 $b(p_2,V_2,T_1)$ 绝热膨胀到状态 $c(p_3,V_3,T_2)$ 以及气体由状态 $d(p_4,V_4,T_2)$ 绝热压缩到状态 $a(p_1,V_1,T_1)$ 这两个过程中，气体与外界没有热量交换，由绝热方程式(5.7.17)，可知，

$$V_2^{\gamma-1}T_1=V_3^{\gamma-1}T_2,\quad V_1^{\gamma-1}T_1=V_4^{\gamma-1}T_2$$

于是

$$\frac{V_2}{V_1}=\frac{V_3}{V_4} \tag{5.8.8}$$

因此，卡诺热机的效率为

$$\eta_{卡诺}=1-\frac{T_2}{T_1} \tag{5.8.9}$$

式(5.8.9)表明，卡诺热机的效率与工质无关，只与两个恒温热源的温度有关。高温热源温度 T_1 越高，低温热源温度 T_2 越低，两个热源的温差越大，热机的效率越高，为提高热机效率指明了方向。但是，T_1 不可能无限大，T_2 也不可能达到绝对零度，故卡诺循环的效率总是小于1，即在一个循环工作中，不可能从高温热源吸收热量全部用来对外界做功。

在上述过程中，由式(5.8.5)、式(5.8.6)可得

$$\frac{Q_1}{T_1\ln(V_2/V_1)}=\frac{Q_2}{T_2\ln(V_3/V_4)}$$

再由式(5.8.8)可得

$$\frac{Q_1}{T_1}=\frac{Q_2}{T_2} \tag{5.8.10}$$

Q/T 称为热温比。对于理想气体准静态卡诺逆循环，式(5.8.10)同样成立。类似于卡诺热机效率的计算，可得卡诺循环制冷系数为

$$\varepsilon_{卡诺}=\frac{Q_2}{A}=\frac{Q_2}{Q_1-Q_2}=\frac{T_2}{T_1-T_2} \tag{5.8.11}$$

在通常的制冷机中，高温热源的温度 T_1 就是大气温度，逆向卡诺循环的制冷系数的数值取决于希望达到的制冷温度 T_2，T_2 越低，制冷系数 ε 越小，制冷效果越差，说明要从低温热源吸收热量来降低它的温度，必须消耗更多的功。

由卡诺循环效率可知，提高热机效率的重要途径是提高高温热源的温度和降低低温热源的温度。低温热源一般采用自然环境，因而其温度基本上为室温。提高热机效率的主要途径是升高高温热源温度。在现代蒸汽机中，高温热源的温度最高可达200～300℃，所以效率不可能很高，且设备非常笨重。因而目前除在大型火力发电机或核电站等仍在使用蒸汽机外，在通常的动力装置中已不多见。如果工质直接在汽缸内燃烧，则可大大提高其效率。这种使燃料在汽缸内燃烧，以燃烧的气体为工质，产生巨大压强而推动活塞做功的机械称为内燃机。常见的内燃机按所用的燃料不同，可分为煤气机、汽油机、柴油机、喷气发动机等；按燃料燃烧方式不同，可分为点燃式和压燃式。内燃机主要有奥托(N. A. Otto)循环与狄塞尔(Diessel)循环等形式。

例题 5-12 如本例题图所示，一定质量的理想气体，从 a 状态出发，经历一循环，又回到 a 状态。设气体为双原子分子气体。试求：

(1) 各过程中的热量、内能改变以及系统对外所做的功；

(2) 该循环的效率。

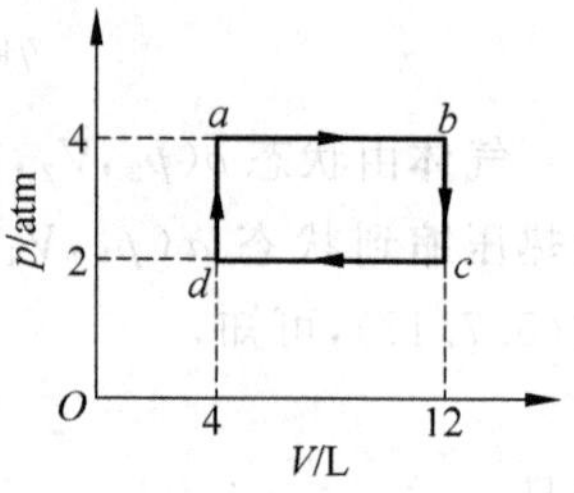

例题 5-12 图

解：(1) $a\to b$ 过程，功等于 ab 曲线下的面积，即

$$A_{ab}=4\times10^5\times(12-4)\times10^{-3}\,\mathrm{J}=3.2\times10^3\,\mathrm{J}$$

$$\Delta U_{ab}=\nu C_{V,\mathrm{m}}(T_b-T_a)=\nu\frac{5}{2}R(T_b-T_a)$$

$$=\frac{5}{2}(p_bV_b-p_aV_a)=8\times10^3\,\mathrm{J}$$

$$Q_{ab}=\Delta U_{ab}+A_{ab}=11.2\times10^3\,\mathrm{J}$$

同理可得

$b\to c$ 过程

$$A_{bc}=0$$

$$Q_{bc}=\Delta U_{bc}=-6\times10^3\,\mathrm{J}$$

$c\to d$ 过程

$$A_{cd}=-1.6\times10^3\,\mathrm{J}$$

$$\Delta U_{cd}=-4\times10^3\,\mathrm{J}$$

$$Q_{cd}=-5.6\times10^3\,\mathrm{J}$$

$d\to a$ 过程

$$A_{da}=0$$

$$Q_{da}=\Delta U_{da}=2\times10^3\,\mathrm{J}$$

(2) 根据热机效率公式，得

$$\eta=\frac{A'}{Q_1}=\frac{A_{ab}+A_{bc}+A_{cd}+A_{da}}{Q_{ab}+Q_{da}}=\frac{(3.2-1.6)\times10^3}{(11.2+2)\times10^3}=12.12\%$$

例题 5-13 奥托循环是内燃机的循环之一。这是四冲程火花塞点燃式汽油发动机的理想循环，也称为等体吸热循环。一定量的理想气体进行如本例题图(a)所示的正奥托循环过程，其中 $c\to d$ 和 $e\to b$ 为等体过程，$b\to c$ 和 $d\to e$ 为绝热过程。若 a 状态和 b 状态的体积分别为 V_2 和 V_1，求该循环效率。

解：如例题 5-13 图(b)所示，奥托循环四冲程为①吸气冲程：打开阀门吸入燃料过程，此时压强约为一个大气压，$a\to b$ 可以认为是等压过程；②压缩冲程：关闭阀门压缩气缸内的混合气体，由于压缩较快，$b\to c$ 可认为是绝热过程；当体积被压缩到 V_2 时，混合气体被电火花点燃后迅速燃烧爆炸，气体压强随之骤增，由于爆炸时间短，活塞在这一瞬间移动的距离极小，$c\to d$ 可以认为是等体过程，且吸收热量为 Q_1；③做功冲程：巨大的压强推动活塞对外界做功，$d\to e$ 可以认为是绝热膨胀过程；④排气冲程：打开阀门将残余气体排出，使气体压强突然降为大气压，$e\to b$ 可以认为气体在等体条件下降压，同时放出热量 Q_2。四冲程结束，形成一个完整的循环。

严格来说，上述内燃机进行的过程不能看作是个循环，因为过程进行中，最初的工质为燃料及助燃空气，后经燃烧，工质变为二氧化碳、水汽等废气，从气缸向外界排出不再回到初

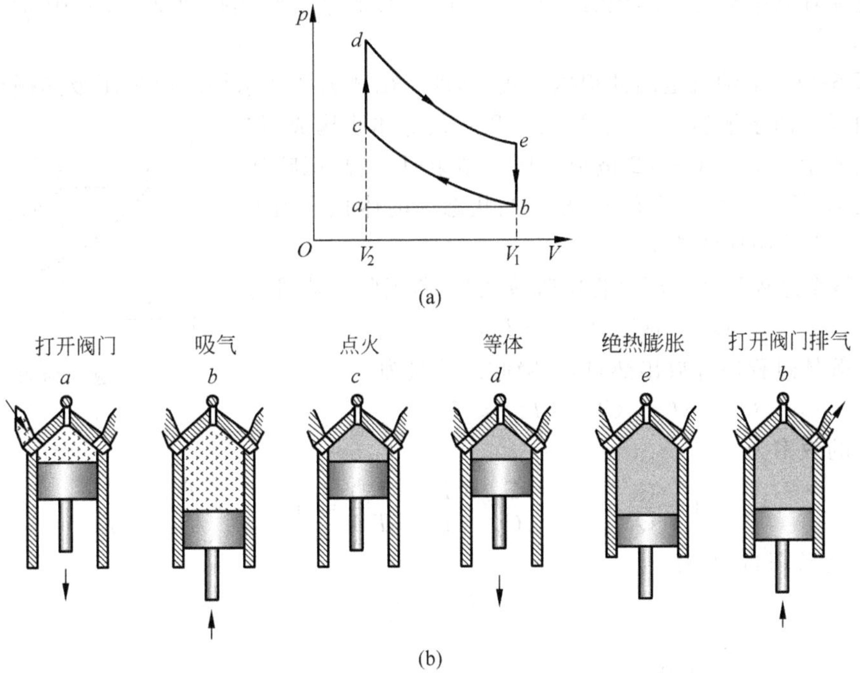

例题 5-13 图

始状态，但因为燃料做功主要是发生在 p-V 图上 $bcdeb$ 这一封闭曲线所代表的过程中，为了分析与计算的方便，我们可换用空气作为工质，经历 $bcdeb$ 这个循环，而把它称为空气奥托循环。

整个循环中，只在等体过程中进行吸热和放热。

$$Q_1 = \nu C_{V,\mathrm{m}}(T_d - T_c)$$

$$Q_2 = \nu C_{V,\mathrm{m}}(T_b - T_e) < 0$$

循环效率为

$$\eta = 1 - \frac{Q_2}{Q_1} = 1 - \frac{T_e - T_b}{T_d - T_c}$$

又因为 bc 和 de 为绝热过程，所以

$$T_c V_2^{\gamma-1} = T_b V_1^{\gamma-1}, T_d V_2^{\gamma-1} = T_e V_1^{\gamma-1}$$

由此得

$$\frac{T_b}{T_c} = \frac{T_e}{T_d} = \frac{T_e - T_b}{T_d - T_c} = \left(\frac{V_1}{V_2}\right)^{1-\gamma}$$

因而奥托循环效率为

$$\eta = 1 - \left(\frac{V_1}{V_2}\right)^{\gamma-1}$$

引入绝热压缩比

$$q = \frac{V_1}{V_2}$$

得

$$\eta = 1 - \frac{1}{q^{\gamma-1}}$$

奥托循环效率只决定体积的压缩比，若取压缩比为 7，绝热指数 $\gamma=1.4$，则 $\eta=55\%$，实际只有 25%。

例题 5-14 柴油机是四冲程压燃式，其理想循环为狄塞尔循环或等压吸热循环。其循环过程曲线由两条绝热线、一条等压线和一条等体线构成，如本例题图所示。空气在 1→2 被绝热压缩结束时，经高压喷油嘴喷入柴油，等压燃烧。状态 1、状态 2、状态 3 的体积分别为 V_1、V_2、V_3，求该循环的效率。

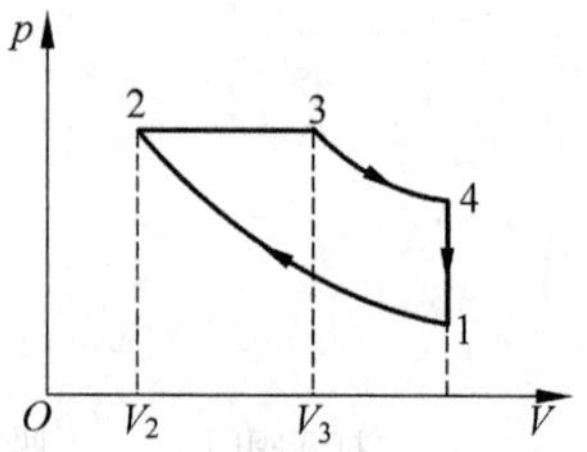

例题 5-14 图

解：整个过程只在等压过程中吸收热量，所吸收的热量为

$$Q_1 = \nu C_{p,\mathrm{m}}(T_3 - T_2)$$

只在等体过程向外放出热量，所吸收的热量为

$$Q_2 = \nu C_{V,\mathrm{m}}(T_1 - T_4) < 0$$

循环的效率为

$$\eta = 1 - \frac{Q_2}{Q_1} = 1 - \frac{\nu C_{V,\mathrm{m}}(T_4 - T_1)}{\nu C_{p,\mathrm{m}}(T_3 - T_2)} = 1 - \frac{1}{\gamma}\cdot\frac{T_4 - T_1}{T_3 - T_2}$$

2→3 为等压过程，有

$$\frac{T_3}{T_2} = \frac{V_3}{V_2}$$

3→4 为绝热膨胀过程，有

$$\frac{T_3}{T_4} = \left(\frac{V_1}{V_3}\right)^{\gamma-1}$$

引入绝热压缩比 $q=V_1/V_2$、等压膨胀比 $\rho=V_3/V_2$，利用上面的关系式将 T_1、T_2、T_4 均用 T_3 表示，可得

$$\frac{T_4 - T_1}{T_3 - T_2} = \frac{\dfrac{T_3}{\delta^{\gamma-1}} - \dfrac{T_3}{\rho q^{\gamma-1}}}{T_3 - \dfrac{T_3}{\rho}} = \frac{\dfrac{1}{\delta^{\gamma-1}} - \dfrac{1}{\rho q^{\gamma-1}}}{1 - \dfrac{1}{\rho}}$$

式中，$\delta=q/\rho$，所以

$$\frac{T_4 - T_1}{T_3 - T_2} = \frac{1}{q^{\gamma-1}}\cdot\frac{\rho^{\gamma}-1}{\rho-1}$$

$$\eta = 1 - \frac{1}{\gamma}\cdot\frac{1}{q^{\gamma-1}}\cdot\frac{\rho^{\gamma}-1}{\rho-1}$$

可见，柴油机的绝热压缩比 q 越大，效率就越高。但压缩比很大时，汽缸必须很粗重，方可承受压缩结束时的压强。

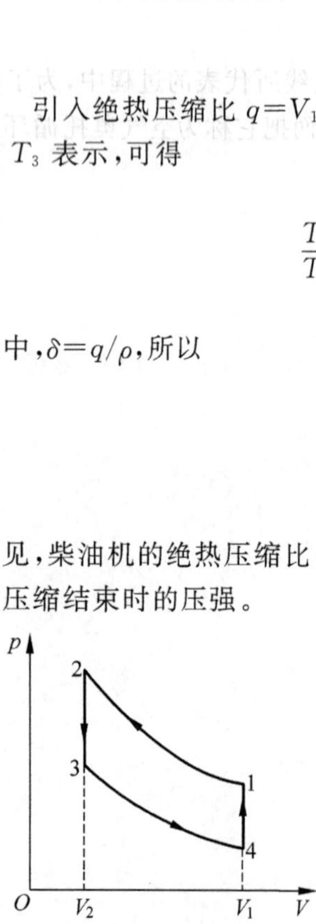

例题 5-15 图

例题 5-15 一个制冷循环如本例题图所示。1→2 和 3→4 为等温过程，温度分别为 T_1 和 T_2；2→3 和 4→1 为等体过程。此循环称为逆向斯特林(Stirling)循环，是回热式制冷机中的工作循环。求这个制冷循环的制冷系数。

解：在该循环中，气体在两个等体过程中与外界交换的热量的代数和为零。工质在等温膨胀过程 3→4 中从低温吸收热量，吸收的热量为

$$Q_2 = \nu R T_2 \ln\frac{V_1}{V_2}$$

在等温压缩过程 1→2 中向外界放出热量，放出的热量为

$$Q_1 = \nu R T_1 \ln \frac{V_1}{V_2}$$

在整个制冷循环中外界对系统所做的功为

$$A = Q_1 - Q_2 = \nu R(T_1 - T_2) \ln \frac{V_1}{V_2}$$

制冷系数为

$$\varepsilon = \frac{Q_2}{A} = \frac{T_2}{T_1 - T_2}$$

该结果表明，逆向斯特林循环的制冷系数与逆向卡诺循环相一致，因此回热式制冷机具有较高的制冷系数。

利用例题 5-15 的结论，可以计算从不同温度的冷库中吸取同样多的热量时所需的功。设环境温度 $T_1 = 300\text{K}$，吸取的热量都是 $Q_2 = 100\text{J}$，则当冷库温度分别为 100K、1K、10^{-3}K 时，由 $A = (T_1 - T_2)Q_2/T_2$ 计算可得，所需的功分别为 $A_1 = 2\times10^2\text{J}$、$A_2 \approx 3\times10^4\text{J}$，$A_3 \approx 3\times10^7\text{J}$。利用核绝热去磁方法，目前可以达到 10^{-6}K 的低温。这时要再从其中吸取 100J 的热量，则需做功 $3\times10^{10}\text{J}$。这些结果表明，物体的温度越低，取出其中同样多热量所需的功越大，因此要再降低温度将越困难。当物体温度接近于 0K 时，只要 Q_2 不为零，则所需的功将接近于无穷大。这表明绝对零度实际上是不能达到的。热力学第三定律（third law of thermodynamics）表述为：**不可能用有限的步骤使物体达到绝对零度**，所以也可表述为**绝对零度不能达到原理**。热力学第三定律是独立于热力学第一定律和热力学第二定律之外的一个新的基本原理。热力学第三定律的证明相当复杂，这里不再介绍。

例题 5-16　一台卡诺制冷机，从 0℃ 的水中吸取热量，向 27℃ 的房间放热。若将质量 $m = 50\text{kg}$ 的 0℃ 的水变为 0℃ 的冰，试求：(1)卡诺制冷机吸收的热量是多少；(2)使制冷机运转需做的功是多少；(3)放入房间的热量是多少？（冰的熔解热 $L_m = 3.35\times10^5\text{J/kg}$）

解：(1) 卡诺制冷机吸收的热量为

$$Q_2 = L_m m = 3.35\times10^5\times50 = 1.665\times10^7(\text{J})$$

(2) 使制冷机运转需做的功，可由制冷系数与功的关系求得。因

$$\varepsilon = \frac{Q_2}{A} = \frac{T_2}{T_1 - T_2} = \frac{273}{300 - 273} = 10.1$$

故

$$A = \frac{Q_2}{\varepsilon} = \frac{1.665\times10^7}{10.1} = 1.65\times10^6(\text{J})$$

(3) 要使制冷机从低温热源 273K 吸收热量 Q_2，向高温热源 300K 放热 Q_1，需对制冷机做功 A，且 $Q_1 = Q_2 + A$。则放入房间的热量，即对高温热源的实际放热为

$$Q_1 = Q_2 + A = 1.665\times10^7 + 1.65\times10^6 = 1.83\times10^7(\text{J})$$

第 5 章思考题

5.1　内能、热量和温度的概念有何不同？它们之间有怎样的联系？内能与机械能有何不同？分析下列两种说法是否正确。(1)物体的温度越高，则热量越多；(2)物体的温度

越高，则内能越大。

5.2 为什么准静态等压加热过程要设想系统依次与很多温度相差很小的热源接触？若用炉子加热一块固体，此过程是否是准静态等压过程？为什么？

5.3 给自行车打气时气筒变热，主要是活塞与筒壁摩擦的结果吗？试对此现象给出正确的解释。

5.4 功是过程量，它与所进行的过程有关。但是为什么绝热过程中做的功却仅与初态和终态有关，而与中间过程无关？

5.5 对于由 p、V、T 物态参量所描述的系统，在很小的准静态过程中，热力学第一定律的数学表达式为

$$đQ = \mathrm{d}U + p\mathrm{d}V$$

其中 U 是两个独立参量的函数（可取 p、V，T、V 或 T、p）。试

(1) 对液体薄膜系统（物态参量是 α、S、T）写出相应的热力学第一定律表达式。

(2) 对可逆电池（物态参量是 ε、q、T）写出相应的表达式。

(3) 若可逆电池中除有功 $\varepsilon\mathrm{d}q$ 外，还有功 $-p\mathrm{d}V$，试写出热力学第一定律的数学表达式。

5.6 在等压下进行的 $2H_2 + O_2 \longrightarrow 2H_2O$ 的气体反应是系统对外做功还是外界对系统做功？

5.7 判断下列说法是否正确，为什么？

(1) 只要系统与外界之间既没有做功，也没有热量及粒子数交换，则在任何过程中系统的内能和焓都是不变的；

(2) 在等压下搅拌绝热容器中的液体，使其温度上升，此时未从外界吸热，因而是等焓的；

(3) 若要计算系统从状态 1 变为状态 2 的过程中吸收或者释放的热量可如此进行：

$$\Delta Q = \int_{Q_1}^{Q_2} \mathrm{d}Q = Q_2 - Q_1$$

5.8 关于绝热过程的泊松公式为 $pV^{\gamma}=$常量，该式对混合理想气体适用吗？其中的 γ 如何计算？该式可否用于理想气体自由膨胀的过程？为什么？

5.9 理想气体经历如本题图所示的各过程时，其热容是正还是负？(1)$1\to2$ 过程；(2)$1'\to2$ 过程；(3)$1''\to2$ 过程。

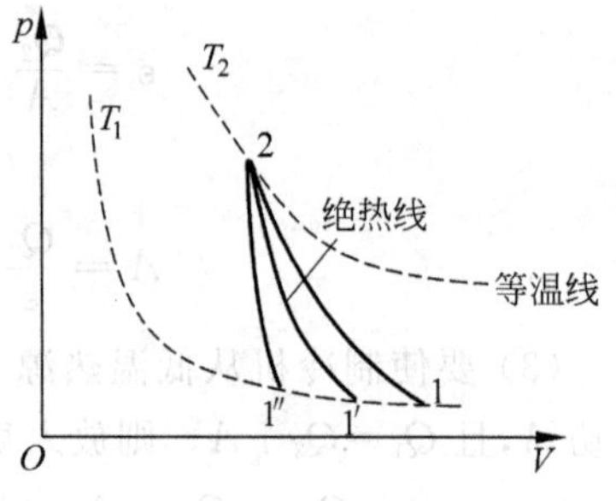

思考题 5.9 图

5.10 物质的量相同但分子的自由度数不同的两种理想气体，在相同的体积以及相同的温度下做等温膨胀，且膨胀的体积相同。问对外做功是否相同？向外吸热是否相同？如果是从同一初态开始做等压膨胀到同一终态，那么对外做功是否相同？向外吸热是否相同？

5.11 讨论理想气体在下述过程中，ΔU、ΔT、A 和 Q 的正负。

(1) 本题图(a)中的 $1\to2\to3$ 过程；(2)本题图(b)中的 $1\to2\to3$ 和 $1\to2'\to3$ 过程。

5.12 理想气体的 $C_p > C_V$ 的物理意义怎样？理想气体等压过程中内能变化能否用 $\mathrm{d}U=\nu C_{p,\mathrm{m}}\mathrm{d}T$ 来计算？

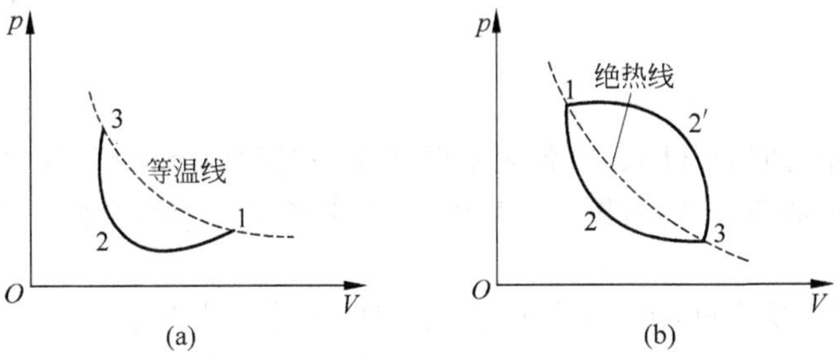

思考题 5.11 图

5.13 为什么气体的比热容的数值可以有无穷多个？什么情况下气体的比热容为零？什么情况下气体的比热容为无穷大？什么情况下为正？什么情况下为负？

5.14 气体由一定的初态绝热压缩至一定体积，一次缓缓地压缩，另一次很快地压缩，如果其他条件都相同，问两次压缩的温度变化是否相同？

5.15 如本题图所示，图(a)、图(b)分别表示两循环过程。(1)指出图(a)中的 3 个过程各是什么过程；(2)指出图(b)中哪个过程吸热，哪个过程放热；(3)在 p-V 图中作出两个循环的相应曲线；(4)试问图(a)与图(b)中闭合曲线包围的面积，是否代表该循环所做的净功？各循环所做的净功是正功还是负功？

5.16 如本题图所示，AB、DC 是绝热过程，CEA 是等温过程，BED 是任意过程，组成一个循环。若图中 $EDCE$ 所包围的面积为 70J，$EABE$ 所包围的面积为 30J，过程中系统放热 100J，求 BED 过程中系统吸热为多少？

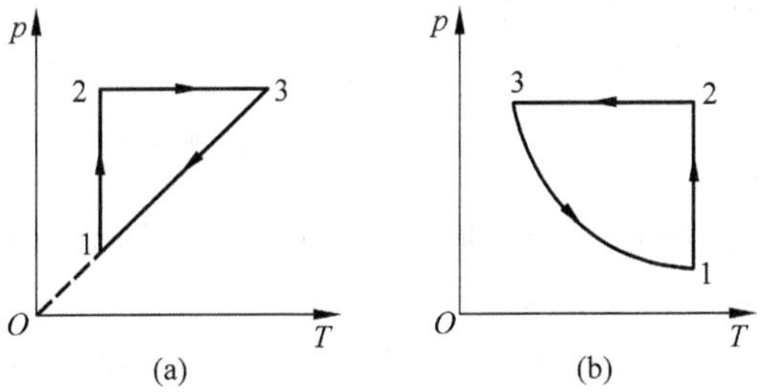

思考题 5.15 图

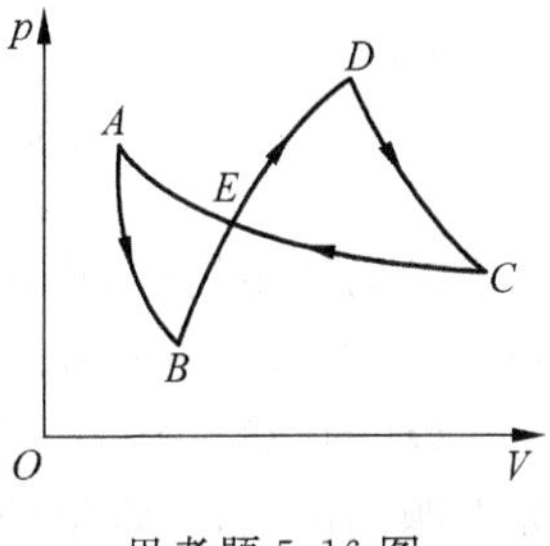

思考题 5.16 图

5.17 一台卡诺机在两个温度一定的热库间工作时，如果工质体积膨胀得多些，它做的净功是否就多些？它的效率是否就高些？

5.18 甲说：“系统经过一个正的卡诺循环后，系统本身没有任何变化。”

乙说：“系统经过一个正的卡诺循环后，不但系统本身没有任何变化，而且外界也没有任何变化。”

甲和乙谁的说法正确？为什么？

5.19 设想某种电离化气体由彼此排斥的离子所组成，当这种气体经历绝热真空自由膨胀时，气体的温度将如何变化？为什么？

5.20 有人说，准静态绝热膨胀与向真空自由膨胀及焦耳-汤姆逊膨胀(即节流膨胀)都是绝热的。同样是绝热膨胀，怎么会出现 3 种截然不同的过程？它们对外做功的情况分别是怎样的？

第 5 章习题

5-1 如本题图所示，图(a)、(b)、(c)各表示联接在一起的两个循环，其中图(c)是两个半径相等的圆构成的两个循环，图(a)和图(b)为半径不等的两个圆。设系统对外做功为正，那么________。

(A) 图(a)总净功为负，图(b)总净功为正，图(c)总净功为零

(B) 图(a)总净功为负，图(b)总净功为负，图(c)总净功为正

(C) 图(a)总净功为负，图(b)总净功为负，图(c)总净功为零

(D) 图(a)总净功为正，图(b)总净功为正，图(c)总净功为负

5-2 如本题图所示，一定量的理想气体从体积 V_1 膨胀到体积 V_2 经历的过程分别是 $A\to B$ 等压过程，$A\to C$ 等温过程，$A\to D$ 绝热过程，其中吸热量最多的过程________。

(A) 是 $A\to B$

(B) 是 $A\to C$

(C) 是 $A\to D$

(D) 既是 $A\to B$ 也是 $A\to C$，两过程吸热一样多

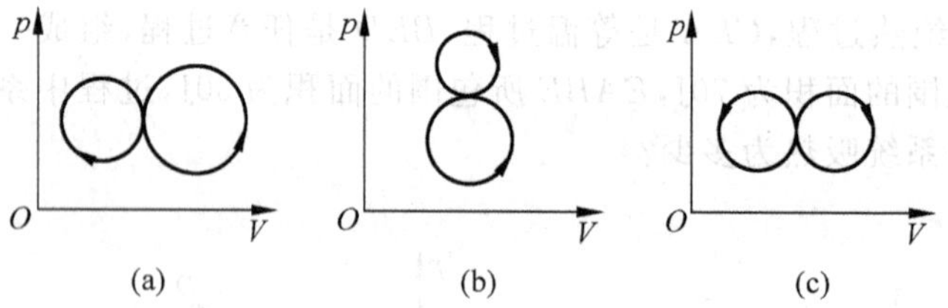

习题 5-1 图

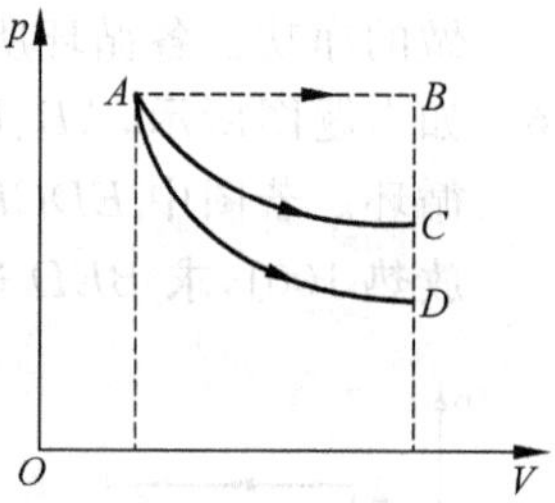

习题 5-2 图

5-3 一定量的理想气体，从状态 a 出发经过①或②过程到达状态 b，acb 为等温线(如图)，则①、②两过程中外界对系统传递的热量 Q_1、Q_2 是________。

(A) $Q_1>0, Q_2>0$　　(B) $Q_1<0, Q_2<0$　　(C) $Q_1>0, Q_2<0$　　(D) $Q_1<0, Q_2>0$

5-4 如本题图所示，一定量的理想气体，沿着图中直线从状态 a(压强 $p_1=4\text{atm}$，体积 $V_1=2\text{L}$)变到状态 b(压强 $p_2=2\text{atm}$，体积 $V_2=4\text{L}$)，则在此过程中________。

(A) 气体对外做正功，向外界放出热量　　(B) 气体对外做正功，从外界吸热

(C) 气体对外做负功，向外界放出热量　　(D) 气体对外做正功，内能减少

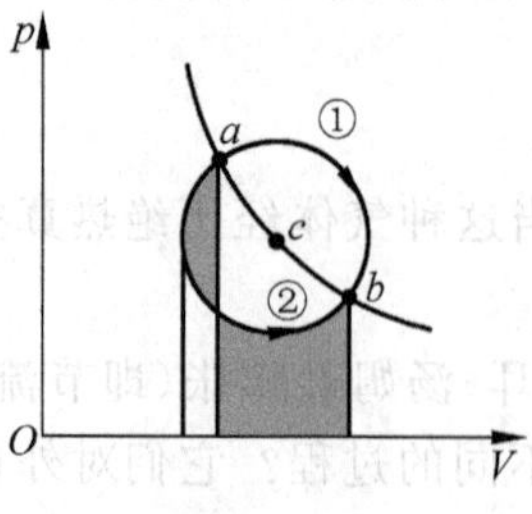

习题 5-3 图

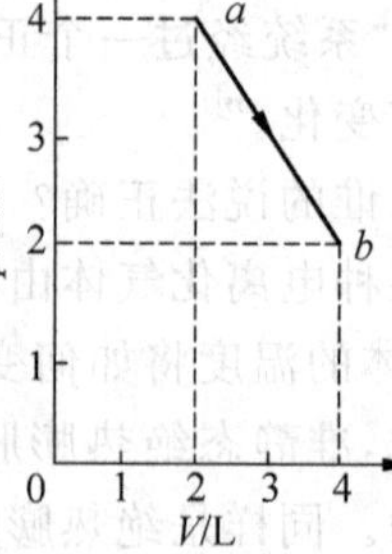

习题 5-4 图

5-5 两个卡诺热机的循环曲线如本题图所示，一个工作在温度分别为 T_1 与 T_3 的两个热源之间，另一个工作在温度分别为 T_2 与 T_3 的两个热源之间。已知这两个循环曲线所包围的面积相等，由此可知________。

(A) 两个热机的效率一定相等

(B) 两个热机从高温热源所吸收的热量一定相等

(C) 两个热机向低温热源所放出的热量一定相等

(D) 两个热机吸收的热量与放出的热量(绝对值)的差值一定相等

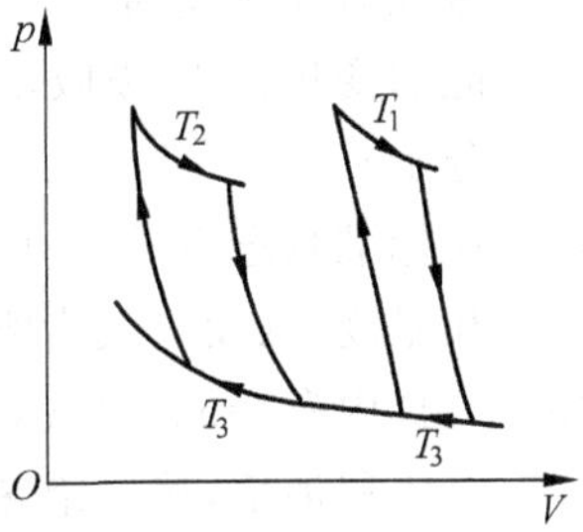

习题 5-5 图

5-6 在 24℃时水蒸气的饱和蒸气压为 2.9824×10^3 Pa。若已知在此条件下水蒸气的焓是 2545.0kJ/kg，水的焓是 100.59kJ/kg，求此条件下水蒸气的凝结热。

5-7 实验数据表明，在压强为 $1.013\,25\times10^5$ Pa 下，300～1200K 温度范围内，铜的摩尔等压热容 $C_{p,\mathrm{m}}$ 可表示为 $C_{p,\mathrm{m}}=a+bT$，其中 $a=2.3\times10^4\mathrm{J/(mol\cdot K)}$，$b=5.92\mathrm{J/(mol\cdot K^2)}$。试计算在 $1.013\,25\times10^5$ Pa 下，当温度从 300K 升高到 1200K 时铜的摩尔焓的改变。

5-8 0.020kg 的氦气温度由 17℃升为 27℃，若在升温过程中：(1)体积保持不变；(2)压强保持不变；(3)不与外界交换热量。试分别求出气体内能的改变、吸收的热量及外界对气体所做的功。$\left(设氦气可看作理想气体，且\ C_{V,\mathrm{m}}=\dfrac{3}{2}R\right)$

5-9 分别通过下列过程把标准状态下的 0.014kg 氮气压缩为原体积的一半：(1)等温过程；(2)绝热过程；(3)等压过程。试分别求出在这些过程中气体内能的改变、传递的热量和外界对气体所做的功。$\left(设氮气可看作理想气体，且\ C_{V,\mathrm{m}}=\dfrac{5}{2}R\right)$

5-10 在标准状态下的 0.016kg 的氧气，分别经过下列过程从外界吸收了 334.4J 热量。(1)若为等温过程，求终态体积；(2)若为等体过程，求终态压强；(3)若为等压过程，求气体内能的变化。$\left(设氧气可看作理想气体，且\ C_{V,\mathrm{m}}=\dfrac{5}{2}R\right)$

5-11 一气缸内盛有一定量的刚性双原子分子理想气体，气缸活塞的面积 $S=0.05\mathrm{m}^2$，活塞与气缸壁之间不漏气，摩擦忽略不计。活塞右侧通大气，大气压强 $P_0=1.0\times10^5$ Pa。劲度系数 $k=5\times10^4$ N/m 的一根弹簧的两端分别固定于活塞和一固定板上，如本题图所示。开始时气缸内气体处于压强、体积分别为 $p_1=p_0=1.0\times10^5$ Pa 和 $V_1=0.015\mathrm{m}^3$ 的初态。现缓慢加热气缸，缸内气体缓慢地膨胀到 $V_2=0.02\mathrm{m}^3$。求在此过程中气体从外界吸收的热量。

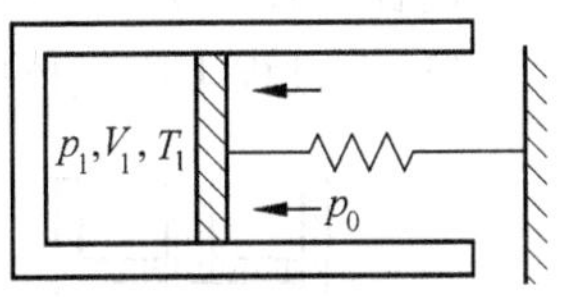

习题 5-11 图

5-12 温度为 25℃、压强为 1atm 的 1mol 刚性双原子分子理想气体，经等温过程体积膨胀至原来的 3 倍。(已知ln3=1.0986)

(1) 计算这个过程中气体对外界所做的功；

(2) 假若气体经绝热过程体积膨胀为原来的 3 倍，那么气体对外界做的功又是多少？

5-13 室温下一定量理想气体氧的体积为 $2.3\times10^{-3}\,m^3$，压强为 $1.0\times10^5\,Pa$。经过一多方过程后体积变为 $4.1\times10^{-3}\,m^3$，压强变为 $0.5\times10^5\,Pa$。试求：(1)多方指数 n；(2)内能的变化；(3)吸收的热量；(4)氧膨胀时对外界所做的功。(设氧气为刚性双原子分子)

5-14 在标准状态下的 0.016kg 氧气，经过一绝热过程对外界做功 80J。求终态压强、体积和温度。(设氧气为刚性双原子分子)

5-15 汽缸内有 2mol 氦气，初始温度为 27℃，体积为 $2.0\times10^{-2}\,m^3$，先将氦气等压膨胀，直至体积加倍，然后绝热膨胀，直至回复至初温为止。把氦气视为理想气体。试求：

(1) 在 p-V 图上大致画出气体的状态变化过程；(2) 在该过程中氦气吸热多少？

(3) 氦气的内能变化是多少？(4) 氦气所做的总功是多少？

5-16 0.0080kg 的氧气，原来的温度为 27℃，体积为 $0.41\times10^{-3}\,m^3$。若(1)经过绝热膨胀体积增加为 $4.1\times10^{-3}\,m^3$，(2)先经过等温过程再经过等体过程达到与(1)同样的终态。试分别计算在以上两种过程中外界对气体所做的功。(设氧气为刚性双原子分子)

5-17 在标准状态下，1mol 单原子理想气体先经过绝热过程，再经过等温过程，最后压强和体积均为原来的 2 倍，求整个过程中系统吸收的热量。若先经过等温过程再经过绝热过程而达到同样的状态，则结果是否相同？

5-18 一定量的氧气在标准状态下体积为 $10\times10^{-3}\,m^3$。求下列过程中气体所吸收的热量。(1)等温膨胀到 $20\times10^{-3}\,m^3$；(2)先等体冷却再等压膨胀到(1)所达到的终态。(设氧气为刚性双原子分子)

5-19 如本题图所示，有一除底部外都是绝热的气筒，被一个位置固定的导热板隔成相等的两部分 A 和 B，其中各盛有 1mol 的理想气体氮。今将 334.4J 的热量缓慢地由底部供给气体。设活塞上的压强始终保持为 $1.01325\times10^5\,Pa$。求 A 和 B 两部分温度的改变以及各吸收的热量(导热板的热容量可以忽略)。若将位置固定的导热板换成可以自由滑动的绝热隔板，重复上述讨论。

5-20 1mol 刚性双原子分子的理想气体，开始时处于 $p_1=1.0\times10^5\,Pa$、$V_1=1\times10^{-3}\,m^3$ 的状态，然后经图示直线过程Ⅰ变到 $p_2=4.0\times10^5\,Pa$、$V_2=2\times10^{-3}\,m^3$ 的状态，后又经过程方程为 $pV^{1/2}=C$(常量)的过程Ⅱ变到压强 $p_3=p_1$ 的状态。求：

(1)在过程Ⅰ中气体吸收的热量；(2)整个过程气体吸收的热量。

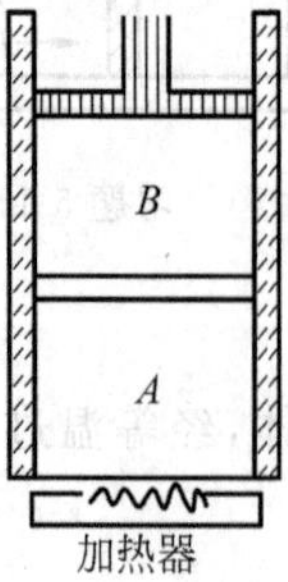

习题 5-19 图

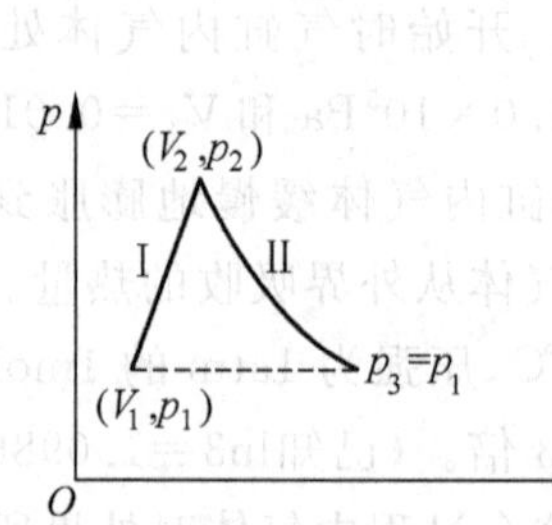

习题 5-20 图

5-21 利用大气压随高度变化的微分公式$\frac{dp}{p}=-\frac{M_m g}{RT}dz$，证明高度 h 处的大气压强为

$$p = p_0\left(1-\frac{M_m gh}{C_{p,m}T_0}\right)^{\gamma/(\gamma-1)}$$

式中，T_0 和 p_0 分别为地面的温度和压强；M_m 为空气的平均摩尔质量。假设上升空气的膨胀是准静态绝热过程。

5-22 如本题图所示，用绝热壁作成一个圆柱形的容器。在容器中间放置一个无摩擦的、绝热的可动活塞。活塞两侧各有 $n$mol 的理想气体，开始状态均为 p_0、V_0、T_0。设气体的等体摩尔热容量 $C_{V,m}$ 为常数，$\gamma=1.5$。将一通电线圈放到活塞左侧气体中，对气体缓慢地加热，左侧气体膨胀同时通过活塞压缩右侧气体，最后使右侧气体压强增为$\frac{27}{8}p_0$。问：

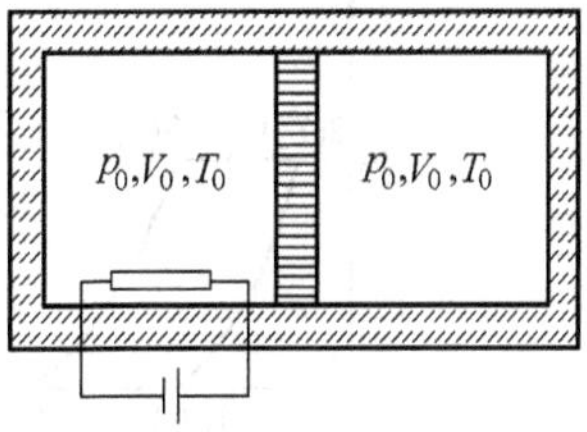

习题 5-22 图

(1) 对活塞右侧气体做了多少功？

(2) 右侧气体的终态温度是多少？

(3) 左侧气体的终态温度是多少？

(4) 左侧气体吸收的热量是多少？

5-23 在原子弹爆炸后 0.1s 所出现的“火球”是半径约为 15m，温度为 3×10^5K 的气体球。试进行一些粗略假设，以估计温度变为 3×10^3K 时气体球的半径。

5-24 理想气体经历一卡诺循环，当热源温度为 100℃，冷却器温度为 0℃时，做净功 800J。今若维持冷却器温度不变，提高热源温度，使净功增为 1.60×10^3J，则此时(1)热源的温度为多少？(2)效率增大到多少？设这两个循环都工作于相同的两条绝热线之间。

5-25 如本题图所示为 1mol 单原子理想气体所经历的循环过程，其中 AB 为等温线。已知 $V_A=3.0\times10^{-3}\text{m}^3$，$V_B=6.0\times10^{-3}\text{m}^3$，求该循环的效率。

5-26 如本题图所示为一理想气体(γ 已知)的循环过程。其中 CA 为绝热过程，A 点的物态参量(T,V_1)和 B 点的物态参量(T,V_2)均为已知。

(1) 气体在 $A\to B$、$B\to C$ 两过程中与外界交换热量吗？是放热还是吸热？

(2) 求 C 点的物态参量。

(3) 该循环是不是卡诺循环？

(4) 求该循环的效率。

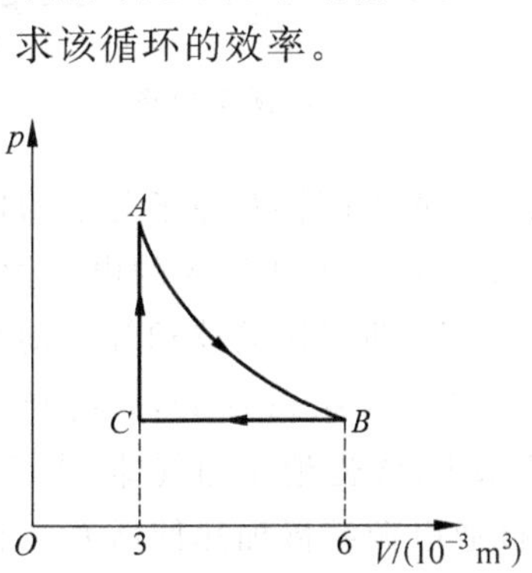

习题 5-25 图

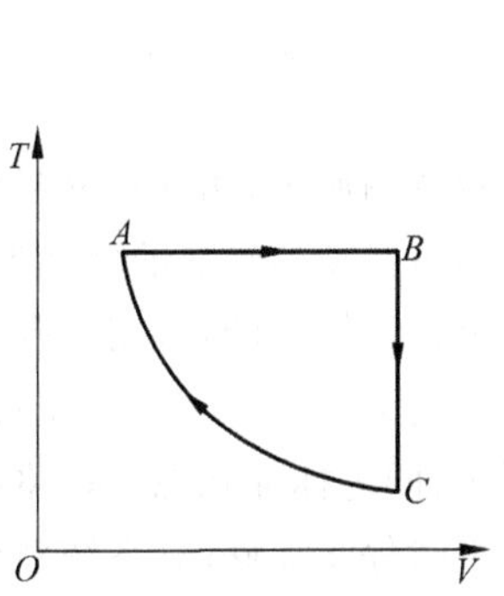

习题 5-26 图

5-27 一定量的理想气体做如本题图所示的正循环，其中 1→2、3→4 为绝热过程；2→3、4→1 为等压过程。各点温度如图所示。试求：

(1) 该循环过程的效率 η；

(2) 若系统按图示线路的逆方向做循环，则其制冷系数 ε 为多大？

5-28 在如本题图所示为理想气体经历的循环过程，该循环由两个等体过程和两个等温过程组成。设 p_1、p_2、p_3、p_4 为已知，试证明

$$p_1p_3 = p_2p_4$$

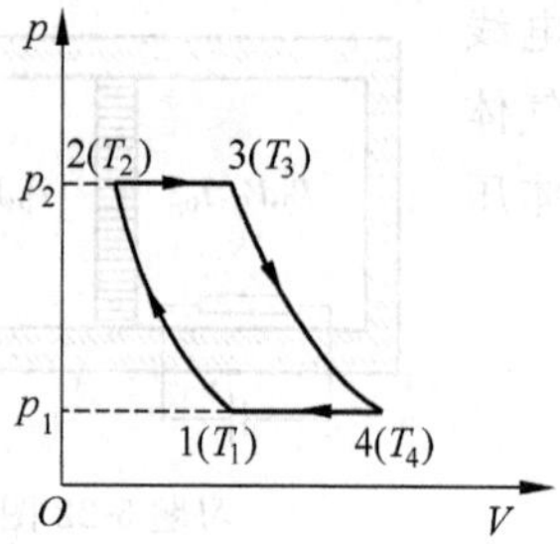

习题 5-27 图

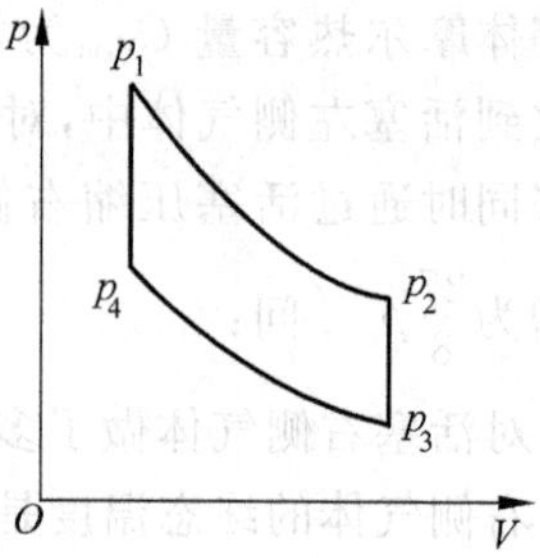

习题 5-28 图

5-29 在如本题图所示的循环中(称为焦耳循环)，设 $T_1 = 300\text{K}$，$T_2 = 400\text{K}$，问燃烧 50.0kg 汽油可得到多少功？已知汽油的燃烧值为 $4.69\times10^7\text{J/kg}$，气体可看作理想气体。

5-30 1mol 双原子分子理想气体做如本题图的循环过程，其中 1→2 为直线，2→3 为绝热线，3→1 为等温线。已知 $T_2 = 2T_1$，$V_3 = 8V_1$，试求：

(1) 各过程的功、内能增量和传递的热量(用 T_1 和已知常量表示)；

(2) 此循环的效率。

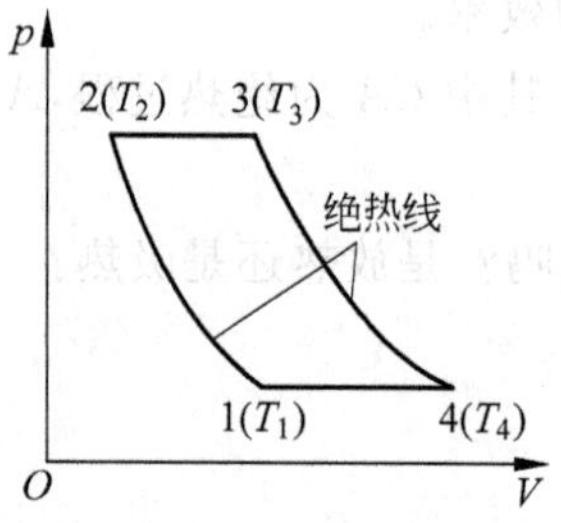

习题 5-29 图

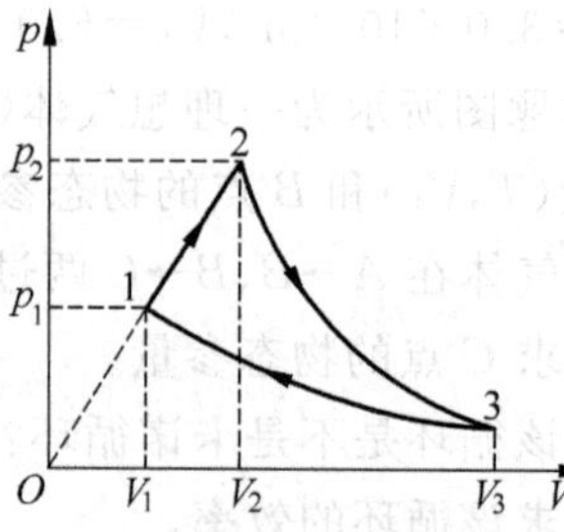

习题 5-30 图

5-31 如本题图所示，用绝热材料包围的圆筒内盛有一定量的刚性双原子分子的理想气体，并用可活动的绝热的轻活塞将其封住。图中 K 为用来加热气体的电热丝，M、N 是固定在圆筒上的环，用来限制活塞向上运动。Ⅰ、Ⅱ、Ⅲ是圆筒体积等分刻度线，每等分刻度为 $1\times10^{-3}\text{m}^3$。开始时活塞在位置Ⅰ(系统对应状态为 a)，系统与大气同温、同压、同为标准状态。现将小砝码逐个加到活塞上，缓慢地压缩气体，当活塞到达位置Ⅲ时停止加砝码(系统对应状态为 b)；然后接通电源缓慢加热使活塞至Ⅱ(系统对应状态为 c)；断开电源，再逐步移去所有砝码使气体继续膨胀至Ⅰ(系统对应状态为 d)，当上升的活塞被环 M、N 挡住后拿去周围绝热材料，系统逐步恢复到原来状

态,完成一个循环。

(1) 在 p-V 图上画出相应的循环曲线;

(2) 求出各分过程的始末状态温度;

(3) 求该循环过程吸收的热量和放出的热量。

5-32 如本题图所示,一金属圆筒中盛有 1mol 刚性双原子分子的理想气体,用可动活塞封住,圆筒浸在冰水混合物中。迅速推动活塞,使气体从标准状态(活塞位置Ⅰ)压缩到体积为原来一半的状态(活塞位置Ⅱ),然后维持活塞不动,待气体温度下降至 0℃,再让活塞缓慢上升到位置Ⅰ,完成一次循环。

(1) 试在 p-V 图上画出相应的理想循环曲线;

(2) 若做 100 次循环放出的总热量全部用来溶解冰,则有多少冰被溶化(已知冰的溶解热 $L=3.35\times10^5$ J/kg)?

5-33 1mol 刚性多原子分子理想气体,经历如本题图所示的循环过程 $ABCA$,图中 AB 为一条直线,气体在 A、B 状态的温度皆为 T_2,在 C 状态的温度为 T_1。试计算此循环的效率。

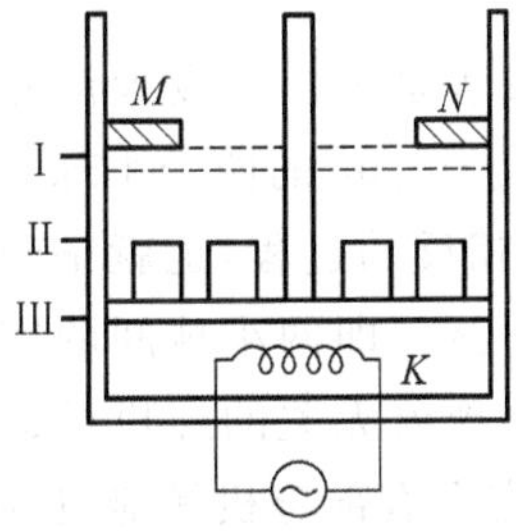

习题 5-31 图

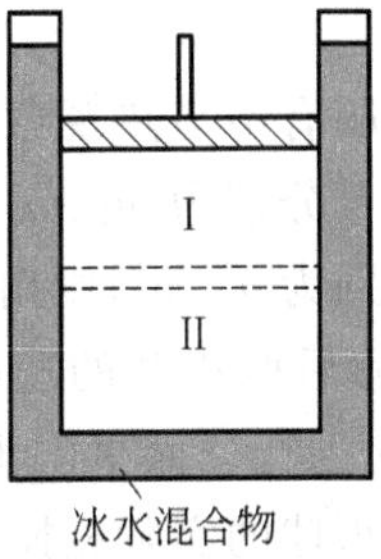

习题 5-32 图

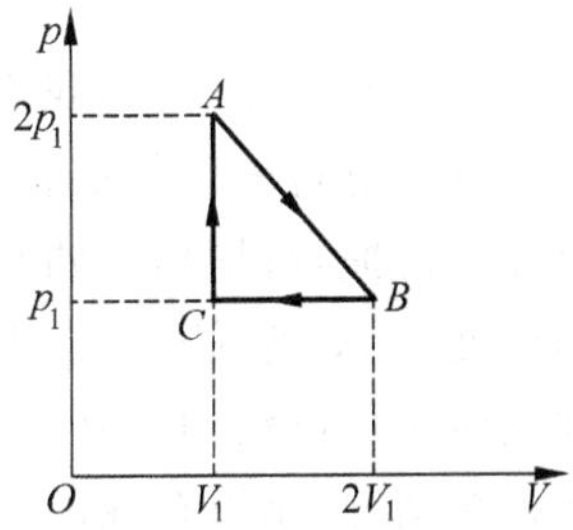

习题 5-33 图

第 6 章　热力学第二定律

热力学第一定律揭示出在自然界所发生的一切与热现象有关的过程中，能量都必须守恒。然而，实验证明，能量守恒的过程并不一定都能够实现。也就是说，热力学第一定律不能说明过程进行的方向和过程进行的程度。这一问题的解决，推动了热力学第二定律的建立。热力学第二定律和热力学第一定律共同构成了热力学的主要理论基础。本章主要介绍热力学第二定律的基本内容及状态函数熵的概念。

6.1 可逆过程与不可逆过程

6.1.1 自然过程的方向

在力学和电磁学中，我们所接触的所有不与热现象相联系的过程是可以自发地沿互为相反的方向进行的。例如在力学中，质量分别为 m_1、m_2，速度分别为 $\boldsymbol{v}_1$、$\boldsymbol{v}_2$ 的两个小球间做完全弹性碰撞，碰撞后的两小球速度分别为 $\boldsymbol{v}_1'$、$\boldsymbol{v}_2'$；则由计算可知，相反的过程，也就是两球以初速度 $\boldsymbol{v}_1'$、$\boldsymbol{v}_2'$ 做完全弹性碰撞，则碰撞后两小球的速度一定是 $\boldsymbol{v}_1$、$\boldsymbol{v}_2$，即两小球间的完全弹性碰撞是可以沿两个互为相反的方向进行。而事实上，这种与热现象无关的纯机械运动只是理想情况，是不存在的。在上述两小球的实际碰撞过程中，必定会有部分机械能自动转换为热，即功变热过程。若两球以初速度 $\boldsymbol{v}_1'$、$\boldsymbol{v}_2'$ 做非弹性碰撞，则碰撞后两小球的速度一定不再是 $\boldsymbol{v}_1$、$\boldsymbol{v}_2$，也就是两小球的运动不可能是完全逆向进行的。再如，在空气中摆动的单摆，同样由于存在功变热过程，单摆最终会停止下来；相反的过程，即热自动转换为机械能使单摆摆动起来的过程是不可能发生的。同样在图 5-7 所示的焦耳实验中，重物可以自动下落，使叶片在水中转动，叶片与水相互摩擦而使水温升高；与此相反的过程，即水温自动降低，产生水流，推动叶片转动，带动重物上升的过程是不可能发生的。此类问题不胜枚举，尽管它们并不违反热力学第一定律。大量实验事实表明，**功热转换具有方向性**。功可以自动地全部转化为热，热不能自动地全部转化为功。

我们再看热传导现象。生活经验告诉我们，两个温度不同的物体相互接触，热量总是自动地由高温物体传向低温物体，使两物体的温度相同而达到热平衡；而相反的过程，即热量自动地从低温物体传向高温物体的过程是不可能发生的。即**热量传递具有方向性**。与热传导类似，用导线连接两个带电体，电流将从高电势体流向低电势体，直到两带电体的电势相等；而电流不会自动地从低电势体流向高电势体。即**电荷的运动具有方向性**。

气体的体积在不做功和不传热的条件下，不能自动收缩，所以**气体的膨胀具有方向性**。

其他例子如磁滞现象、混合气体趋于彼此混合、食盐溶于水、岩石风化、铁生锈等自然过程都具有方向性。**自然界中的一切实际过程都是按一定方向进行的。**

6.1.2 可逆过程与不可逆过程的定义

自然界中的一切实际过程都是按一定方向进行的，即不能自发地沿互为相反的方向进行。为了进一步研究热力学系统的方向性，我们引入可逆过程和不可逆过程这两个概念。在物理学中我们定义：一个热力学系统由某一状态出发，经过某一过程达到另一状态，如果存在另一过程或某种方法，能使系统和外界完全复原（即系统回到原来的状态，对外界也不产生任何影响），则原来的过程称为**可逆过程**（reversible process）；反之，如果用任何方法都不可能使系统和外界完全复原，则原来的过程称为**不可逆过程**（irreversible process）。注意，通常情况下，不可逆过程并不是不能逆向进行的过程，而是当逆过程完成后，对外界的影响不能消除。

自然界中不受外界影响而自然发生的过程称为**自发过程**。孤立系统内发生的与热现象有关的实际过程就是自发过程。实际上，自然界的一切自发过程都是不可逆过程。例如，在6.1.1节中所述的一切按一定方向进行的过程，如通过摩擦而使机械能转换为热能的过程、热传导过程、气体的扩散和自由膨胀、水的气化、固体的升华、各种爆炸过程等都是自发过程，都是不可逆过程。

6.1.3 可逆过程与不可逆过程的举例与区分

判断一个过程是否是可逆的，关键是看系统经过一系列过程后，其对系统产生的影响和在外界留下的痕迹是否可以将原过程产生的影响和痕迹完全消除。

1. 理想气体等温过程

首先来看理想气体无摩擦准静态等温膨胀过程。如图6-1所示，当活塞无限缓慢地移动，使气体的体积由 V_1 等温膨胀到 V_2 的过程中，气体始终处于平衡态，系统内能的改变为

$$\Delta U = 0$$

系统对外界所做的功和从外界吸收的热量为

$$-A = Q = \nu RT\ln\frac{V_2}{V_1}$$

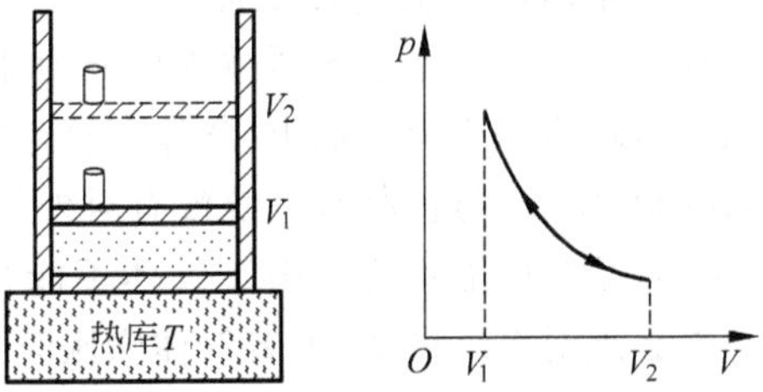

图6-1 准静态等温过程及 p-V 图

式中，A 为外界对系统所做的功。当活塞无限缓慢地逆向移动的过程中，气体的体积由 V_2 等温压缩到 V_1，系统内能的改变仍为

$$\Delta U = 0$$

外界对系统所做的功和系统向外界释放的热量为

$$A = -Q = -\nu RT\ln\frac{V_2}{V_1}$$

系统在从 V_1 到 V_2 和从 V_2 到 V_1 的过程中，内能不变，系统对外界所做的功与外界对系统所做的功数值相等，系统从外界吸收的热量和系统向外界释放的热量数值相等。因为无论是在准静态的膨胀过程还是压缩过程中，由于活塞做无限缓慢地移动，因而活塞两侧的压强差无限小，热源和气体间在无限小温差作用下的热传递速度无限缓慢。故与此过程中

所做的功和传递的热量相比，过程中可能发生的像内摩擦和热传导等不可逆现象可视为高一级的无穷小量忽略不计，最后一切都回到原来状态，对外界没有产生不可消除的影响。因此，无摩擦的准静态等温过程是可逆过程。其实对于任何无摩擦的准静态过程，由于过程进行的每一步都达到平衡且无耗散（一般把机械功、电磁功自发转化为热的过程称为耗散）因素，因此可控制外界条件，使系统按原过程完全相反的逆向进行并消除所有对外界的影响。因而，所有**无摩擦的准静态过程都是可逆的**。

再来看理想气体有摩擦准静态等温膨胀过程。当活塞无限缓慢地移动，使气体的体积由 V_1 等温膨胀到 V_2 的过程中，系统在对外界做功的同时还要克服摩擦阻力做功，克服摩擦阻力所做的功转化为热量，其中的一部分被系统吸收，另一部分释放给外界；而在其反向过程中，即气体的体积由 V_2 等温压缩到 V_1 过程中，系统仍然要克服摩擦阻力做功，这些功仍然转化为热量，并仍有一部分释放给外界，即在正反两个过程中都要克服摩擦阻力做功，功转化为热量，虽然功和热量都是转移的能量，但这两者并不等价。经过逆过程后，对系统和外界造成的影响均无法恢复。因而，**有摩擦的准静态过程是不可逆过程**。

对于理想气体无摩擦非准静态过程，由于活塞快速移动，在活塞附近，气体的压强、温度和密度与远处气体的压强、温度和密度是不相同的。在气体快速膨胀中，活塞附近气体的压强、温度和密度低于远处气体的压强、温度和密度；而在气体被迅速压缩中，活塞附近气体的压强、温度和密度高于远处气体的压强、温度和密度。因此，当气体膨胀后，虽然可以将气体压缩回原来的体积，但气体被压缩时外界对气体所做的功大于气体膨胀时气体对外界所做的功。大出来的这部分功将变为热量而耗散掉，这部分热量无法再转变为功而恢复原状，所以当气体回到原来的体积时，外界对系统做了净功而没有复原。另外，由于是快速膨胀与压缩，在过程进行的每一个瞬间，系统没有确定的物态参量，在逆过程中自然无法复现原过程经过的状态并消除原过程造成的影响，故**非静态过程是不可逆过程**。

2. 气体向真空的自由膨胀

如图 6-2 所示，绝热容器被隔板分为体积相等的两部分，左边容器充满气体，右边容器抽成真空，现将隔板突然抽出，气体向真空自由膨胀，最后在整个容器内达到一个新的平衡。气体在向真空膨胀过程中，系统没有对外界做功，也没有和外界交换热量，根据热力学第一定律可知，系统内能不变。由于气体不能自动收缩回到原来的状态，系统要返回原来的状态，外界必须对系统做功，再者气体膨胀时速度很快，系统处于非平衡态，没有确定的物态参量，所以系统逆向进行时状态是无法重复的，不能消除正过程对系统及外界造成的影响。所以**气体向真空的自由膨胀是不可逆过程**。

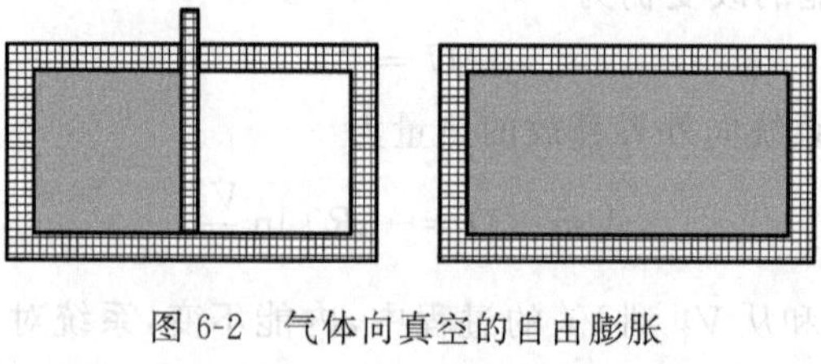

图 6-2　气体向真空的自由膨胀

通过考察这些不可逆过程，不难发现它们有着共同的特征，这就是系统中最初存在着某种不平衡因素，或者过程中存在摩擦等耗散因素。不可逆过程就是系统由不平衡达到平衡的过程。例如，上述的气体自由膨胀是由压强不平衡趋向平衡，热传导是由温度不平衡趋向平衡，功转换为热是做功过程中存在摩擦阻力等耗散因素的缘故等。在达到新的平衡状态后，过程就自动停止。由此可见，**不平衡和耗散等因素的存在是导致过程不可逆的原因**。只要过程中存在力学不平衡、热学不平衡、化学不平衡和耗散等都是不可逆过程。一切自动发生的实际过程中，或者有不平衡因素存在，或者有摩擦等耗散因素存在，因此，**自然界中一切与热现象相联系的宏观实际过程都是不可逆的**。

可逆过程只是一个理想过程或实际过程的近似，只有当过程的每一步，系统都无限地接近平衡态，并且消除了摩擦等耗散因素时，系统按原过程相反方向进行，当系统恢复到原状态时，外界也能恢复到原状态，过程才是可逆过程。所以，只有无摩擦的准静态过程才是可逆过程。但是可逆过程的概念就像质点、刚体、平衡态、理想气体等理想化概念一样，在理论研究中具有重要的意义。特别指出，通常我们所讨论的准静态过程，实际上总是指可逆过程。

一切不可逆过程遵循什么样的规律？其微观本质又是什么？这是热力学第一定律所不能概括的。热力学第二定律就是描述一切不可逆过程所遵循的规律，也就是自然界能量转换（或传递）的方向、条件和限度的规律。

6.2 热力学第二定律的语言表述

热力学第二定律（second law of thermodynamics）描述的是自然过程进行的方向所遵循的规律，每一类自然过程都可作为表述热力学第二定律的基础，因而热力学第二定律有多种等价的表述形式。常用的表述有开尔文表述（Kelvin statement）和克劳修斯表述（Clausius statement）。

6.2.1 开尔文表述

1851 年，英国物理学家开尔文（L. Kelvin，1824—1907）从热功转换的角度出发，首先提出：**不可能只从单一热源吸收热量，使之完全转换为功而不引起其他变化**。此结论称为热力学第二定律的开尔文表述。对于开尔文表述必须指出：

（1）不能将开尔文表述简单地理解为“热量不能全部转换为功”，事实上，将热量完全转换为功是可以的，例如理想气体的等温膨胀过程。问题的关键在于开尔文表述中的“不引起其他变化”，它是指除了工质从热源吸收热量对外界做功外，再也不发生其他变化，即系统和外界都不发生变化。理想气体在等温膨胀过程中，工质从外界热源吸收热量全部转换为功的同时，其体积增大、压强降低，即工质已经发生了变化。还应当注意的是，“单一热源”指的是温度均匀并且恒定不变的热源，如果物质可从热源中温度较高的地方吸热，而向温度较低的地方放热，这时就相当于两个热源。

（2）开尔文表述中在不引起其他变化的条件下，工质将从单一热源所吸收的热量全部转换为机械功是不可能的。例如，热机的效率不可能大于 100%，反映了功热转化过程的不可逆性。历史上曾有人设想制造效率等于 100%的理想热机，在循环过程中，它可以将吸收的热量全部转换为功而不放出热量，这种热机常称为**第二类永动机**（perpetual motion machine of the second kind）。这种永动机不违背热力学第一定律，所以和第一类永动机有本质的区别。但长期的实践无例外地证明，这种永动机是不可能制成的。若这种热机可行的话，就可以只依靠大地、海洋以及大气的冷却而获得机械功，可以估算，仅海洋的温度降 0.01K，所产生的能量就可供全世界 66 亿人口使用 150 年。但是，只用海洋作为单一热源制造出效率等于 100% 的热机，违反了热力学第二定律。因此，开尔文表述又可表述为：**第二类永动机是不可能制成的。**

6.2.2 克劳修斯表述

德国物理学家克劳修斯(R. J. E. Clausius，1822—1888)在大量的客观实践的基础上，从热量传递的方向出发，于 1850 年提出：**不可能使热量从低温物体传向高温物体而不引起其他变化**。此结论称为热力学第二定律的克劳修斯表述。对于克劳修斯表述必须指出：

(1) 按习惯说法可以把克劳修斯表述说成，热量不能自动地从低温物体传向高温物体。这里“自动”二字，也就包括了不引起其他变化的含义。热量总是从高温物体自动地传向低温物体。

(2) 热量可以从低温物体传向高温物体，但必须借助于制冷机，即外界要做功，所以不是自动的。也就是说要引起其他变化。

热力学第二定律与热力学第一定律都是大量实验事实的总结和概括，是不能从其他任何更基本的定律中推导出来的。但是，由热力学第二定律得出的一切推论都是与客观实际相符合的，这也就证明了定律本身的正确性。

6.2.3 不可逆过程的等价性

自然界中各种不可逆过程表面上看来似乎都是互不相关的，但是可以证明，各种不可逆过程都是相互关联、相互依存的。由一种过程的不可逆性可推出另一过程的不可逆性；反之，若一种过程的不可逆性消失了，其他过程的不可逆性也随之消失。下面我们先证明开尔文表述与克劳修斯表述的等价性，再证明开尔文表述与气体向真空膨胀不可逆性的等价性。我们用反证法证明各种表述的等价性，即证明两种表述中，若有一个不成立，则另一个也必然不能成立。

1. 开尔文表述与克劳修斯表述的等价性

先假设克劳修斯表述不成立，则开尔文表述也不成立。假设热量 Q 可以通过**理想制冷机** E(不需要外界做功而能够将热量从低温物体传向高温物体的装置)由低温热源 T_2 处传向高温热源 T_1 处而不产生其他影响，如图 6-3(a)所示。那么可以设计一个卡诺热机 B 工作于上述高温热源 T_1 和低温热源 T_2 之间，并在高温热源 T_1 处吸收热量 Q_1，其中一部分对外做功 A，另一部分 Q 传递给低温热源 T_2，如图 6-3(b)所示。图 6-3(a)和图 6-3(b)两部分联合工作的总效果是低温热源 T_2 不发生变化，高温热源 T_1 放出热量 Q_1-Q，热机对外做功 $A=Q_1-Q$，也就是图 6-3(c)所示的情况，即热机从高温热源 T_1 处吸收热量 Q_1-Q 全部转换为功而不引起其他变化。这显然违反了开尔文表述。由于上述卡诺热机是可以实现的，即证明了如果克劳修斯表述不成立，则开尔文表述也不成立。

再假设开尔文表述不成立，则可推导出克劳修斯表述也不成立。同样用反证法，设开尔文表述不成立，即热量可以完全转换为功而不引起其他变化，或者说可以从单一热源吸收热量使之全部转换为功而不产生其他影响的第二类永动机可以实现。这样一来，就可以利用

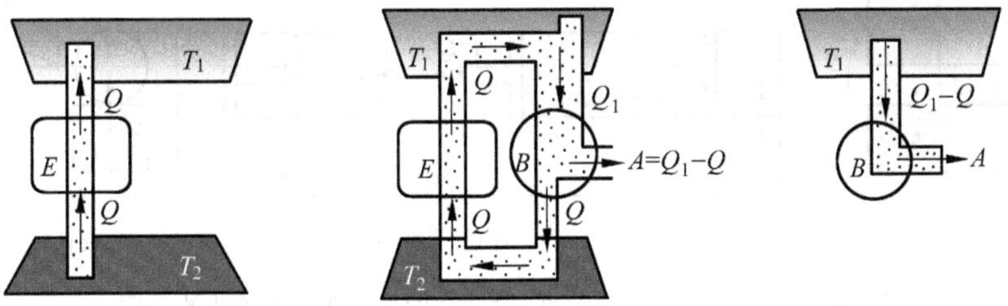

(a) (b) (c)

图 6-3 违背克劳修斯表述与违背开尔文表述的关联

这一热机 C 在一个循环中从高温热源 T_1 吸收热量 Q,使之全部转换为功 A,如图 6-4(a)所示,并利用其输出的功 A 驱动一台制冷机 D 工作,使它在循环工作过程中从低温热源 T_2 吸收热量 Q_2,并向高温热源放出热量 $A+Q_2=Q+Q_2$,如图 6-4(b)所示。两台机器联合工作的总效果,只是热量 Q_2 从低温热源 T_2 传向了高温热源 T_1,而未引起其他任何变化,如图 6-4(c)所示。这说明,如果开尔文表述不成立,那么克劳修斯表述也就不能成立。因而,开尔文表述与克劳修斯表述是等价的。

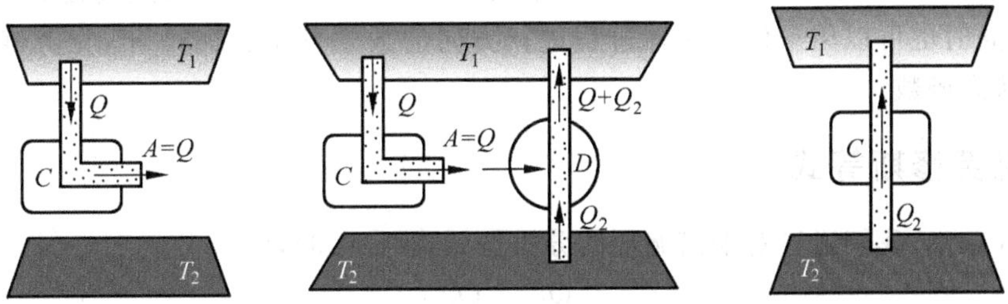

(a) (b) (c)

图 6-4 违背开尔文表述与违背克劳修斯表述的关联

2. 开尔文表述与气体绝热自由膨胀不可逆性的等价性

假设气体向真空膨胀的不可逆性消失,即气体向真空膨胀是可逆的,也就是说膨胀后的气体能自动收缩复原。我们将这一假设过程称为 S 过程,如图 6-5(a)所示。我们设计一个热力学过程,在这个过程中理想气体与单一热源接触,从中吸取热量 Q 进行等温膨胀,对外界做功 A。所引起的气体膨胀,通过假设存在的过程 S 使气体自动收缩复原回到初始状态,如图 6-5(b)所示。总效果则是从单一恒温热源吸收热量完全转换为对外界所做的功而没有引起任何变化,即功变热不可逆性消失,如图 6-5(c)所示。这违背了开尔文表述,故理想气体绝热自由膨胀可逆的假设是不成立的。反之,若假设功变热不可逆性消失,则气体自由膨胀不可逆性也消失。

前面讲到热力学第二定律所有的表述方式都是等效的,即开尔文表述和克劳修斯表述反映了自然界与热现象相关的宏观实际过程的一个总的特征。开尔文表述指出了功转换为热的过程是不可逆的;克劳修斯表述指出了热传导过程的不可逆性。因此,**热力学第二定律又可表述为:与热现象相联系的宏观实际过程都是不可逆的。**

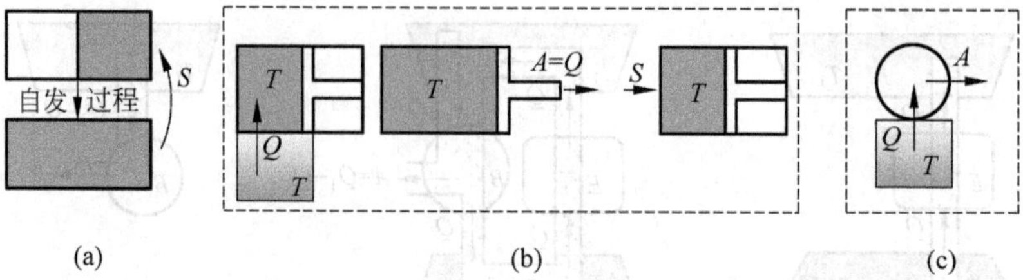

图 6-5　气体自由膨胀的不可逆性与功变热的不可逆性的关联

6.3　热力学第二定律的数学表述和熵增加原理

热力学第二定律表明，一切与热现象相联系的实际宏观过程都是不可逆的。那么，对于这些不可逆过程是否有各自的判断准则？能否用一个共同的准则来判断不可逆过程进行的方向？我们都知道，实际的自发过程不仅反映了其不可逆性，而且也反映出初态和终态之间某种性质上的原则差异，正是这种差异，决定了过程进行的方向。这种性质只由系统所处的初态和终态决定，而与过程进行的方式无关。为了定量地表示系统状态的这种性质，我们希望找到一个新的状态函数，它在初态和终态的数值不同，既可以对不可逆过程的初态和终态进行描述，同时也可以用来作为实际过程进行方向的数学判据。1854 年，克劳修斯首先找到了这个状态函数。

6.3.1　克劳修斯等式

在 5.8 节中，我们通过对卡诺循环的分析得到式(5.8.9)，即

$$\frac{Q_1}{T_1}=\frac{Q_2}{T_2}$$

式中，Q_1 和 Q_2 都是热量的绝对值，如果将 Q_1 和 Q_2 的符号与热力学第一定律中的符号规定一致，即系统吸热 Q 为正，系统放热 Q 为负。则上式可写成

$$\frac{Q_1}{T_1}+\frac{Q_2}{T_2}=0 \tag{6.3.1}$$

在可逆卡诺循环中，两个绝热过程的 $\sum\frac{Q}{T}=0$，因而式(6.3.1)表明：**在整个卡诺循环过程中热量和温度比值的代数和为零。**

此结论可以推广到任意的可逆循环(reversible cycle)过程中。如图 6-6 所示，对于任意一个可逆循环过程，总可以近似视为由若干个微小卡诺循环组合而成。这是因为对于任意两个相邻的微小卡诺循环，总有一段绝热线是共同的，由于进行的方向相反而效果相互抵消，所以这些微小的卡诺循环的总效果和可逆循环过程是等效的。设微小卡诺循环的数目为 n，则其中包含了 $2n$ 个等温过程，若以 ΔQ_j 表示系统从温度为 T_j 的热源吸收的热量，则由式(6.3.1)，对这 n 个微小卡诺循环求和，有

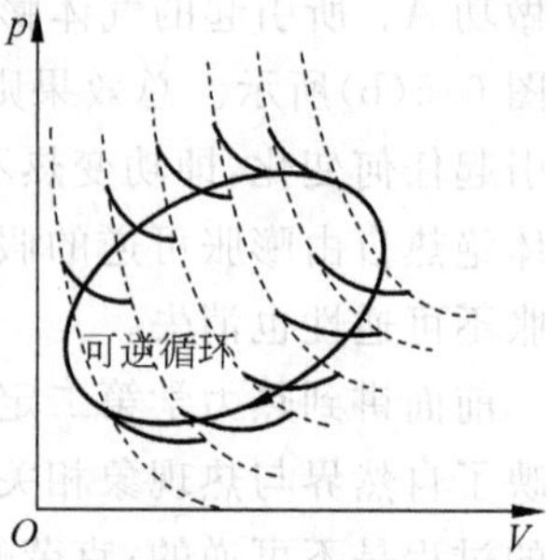

图 6-6　任意可逆循环分解为若干小卡诺循环

$$\sum_{j=1}^{2n}\frac{\Delta Q_j}{T_j}=0$$

使微小卡诺循环的数目 n 趋于无限大，则锯齿形包络线所表示的循环非常接近于所考虑的任意可逆循环过程。因而得到

$$\oint\left(\frac{\text{đ}Q}{T}\right)=0\quad（可逆循环）\tag{6.3.2}$$

式中，$\text{đ}Q$ 表示系统在无限小过程中从温度为 T 的热源吸收的热量。式(6.3.2)称为**克劳修斯等式**(Clausius equality)，它表明，**可逆循环过程中热量与温度比值的积分与路径无关**。

6.3.2　状态函数——熵

如图 6-7 所示，x_0 和 x 是任意两个平衡态，①～⑤是连接两个平衡态的 5 条任意可逆过程的不同路径。如果系统从初态 x_0 通过路径①到达终态 x，再通过路径②回到初态 x_0，组合成一个循环。则根据式(6.3.2)，有

$$\oint\frac{\text{đ}Q}{T}=\underset{①}{\int_{(x_0)}^{(x)}\frac{\text{đ}Q}{T}}+\underset{②}{\int_{(x)}^{(x_0)}\frac{\text{đ}Q}{T}}=0\tag{6.3.3}$$

因为过程是可逆的，上式对路径②的积分可用沿路径②的逆过程的积分表示。由数学原理知

$$\underset{②}{\int_{(x)}^{(x_0)}\frac{\text{đ}Q}{T}}=-\underset{②}{\int_{(x_0)}^{(x)}\frac{\text{đ}Q}{T}}$$

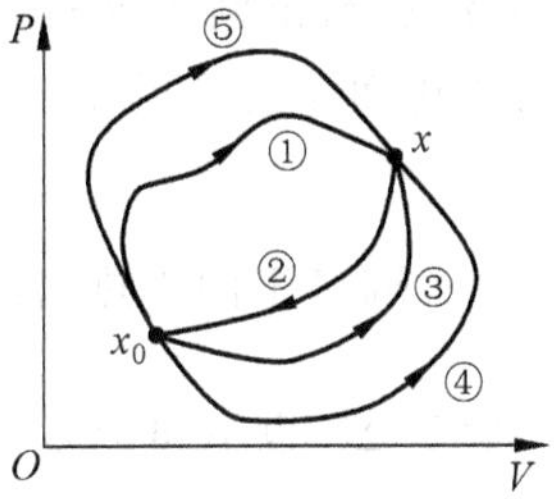

图 6-7　闭合可逆循环路径

于是，式(6.3.3)写为

$$\underset{①}{\int_{(x_0)}^{(x)}\frac{\text{đ}Q}{T}}-\underset{②}{\int_{(x_0)}^{(x)}\frac{\text{đ}Q}{T}}=0$$

即

$$\underset{①}{\int_{(x_0)}^{(x)}\frac{\text{đ}Q}{T}}=\underset{②}{\int_{(x_0)}^{(x)}\frac{\text{đ}Q}{T}}$$

对于完全任意的可逆过程路径③、④、⑤等，同样有

$$\underset{①}{\int_{(x_0)}^{(x)}\frac{\text{đ}Q}{T}}=\underset{②}{\int_{(x_0)}^{(x)}\frac{\text{đ}Q}{T}}=\underset{③}{\int_{(x_0)}^{(x)}\frac{\text{đ}Q}{T}}=\underset{④}{\int_{(x_0)}^{(x)}\frac{\text{đ}Q}{T}}=\underset{⑤}{\int_{(x_0)}^{(x)}\frac{\text{đ}Q}{T}}=\cdots$$

结果表明，系统从初态 x_0 到终态 x，$\int_{(x_0)}^{(x)}\frac{\text{đ}Q}{T}$ 的值与可逆过程的具体路径无关，而只由系统的初态与终态所决定。若将 $1/T$ 看作"广义力"，$\text{đ}Q$ 看作是"力"作用下的"广义位移"，于是，与力学中保守力引入势能函数类似，这里克劳修斯引入新的状态函数，1865 年克劳修斯把这一新的物理量正式定名为"entropy"，1923 年胡刚复教授从其定义式出发称其为"熵"，记为 S，克劳修斯熵(也称宏观熵)定义为

$$\Delta S=S-S_0=\int_{(x_0)}^{(x)}\frac{\text{đ}Q}{T}\quad（可逆过程）\tag{6.3.4}$$

在国际单位制中，熵的单位为焦耳每开尔文，记为 J/K。式(6.3.4)表明，系统从平衡态 x_0 变到平衡态 x 时，其熵的增量 ΔS(也称熵变或熵差)等于由初态 x_0 经过任意一个可逆过程变到终态 x 时热量与温度比值的积分的函数。

对于无限小的可逆过程，有

$$dS = \frac{đQ}{T} \quad (\text{可逆过程}) \tag{6.3.5}$$

式中，dS 为微小可逆过程中的熵变；T 为微小可逆过程中的温度；$đQ$ 为微小可逆过程中吸收的热。式(6.3.5)就是熵的微分定义。

对于状态函数熵，要注意以下几点：

(1) 熵是系统的状态函数，与状态函数内能 U、温度 T、压强 p 的地位相同。即当系统的状态确定时，熵就完全确定了(设参考态的熵已定)。因而，当系统由一个平衡态 x_0 变化到另一个平衡态 x 时，无论变化过程的具体形式如何，也不论过程是可逆的还是不可逆的，系统的熵变 $\Delta S = S - S_0$ 就是一个完全确定的值。

(2) 在式(6.3.4)或式(6.3.5)中，我们只定义了系统在两个状态之间熵的差值或熵变，并没有给出熵的绝对大小。对于实际的热力学问题来说，重要的是两种状态之间的熵的变化而不是它的绝对量。若想确定某个平衡态的熵值，可选任意一个参考态的熵值为零。

(3) 熵 S 不同于热温比的积分 $\int \frac{đQ}{T}$，S 是状态的单值函数，与过程无关，而 $\int \frac{đQ}{T}$ 是过程量。熵变 ΔS 也不同于热温比的积分 $\int \frac{đQ}{T}$，二者只在可逆过程中才有数值相等的关系。

6.3.3 温-熵图(T-S 图)

由式(6.3.5)得 $TdS = đQ$，可知在一个有限的可逆过程中，系统从外界所吸收的热量为 $Q = \int_{x_0}^{x} TdS$，如果知道过程中温度 T 与熵 S 间的函数关系，则可以积分求出热量 Q，而且可以在 T-S 图[称为温-熵图(temperature-entropy diagram)]上把热量 Q 直观地表示出来。

以 T、S 为独立变量，则 T-S 图中的每个点表示系统的一个平衡态，每条曲线表示系统经历的一个可逆过程，一个闭合曲线表示一个可逆循环。对于可逆绝热过程，由于 $đQ = 0$，由式(6.3.5)可以看出，$đQ = TdS = 0$，$dS = 0$，即可逆绝热过程是等熵过程。在 T-S 图中是与 T 轴平行的直线。

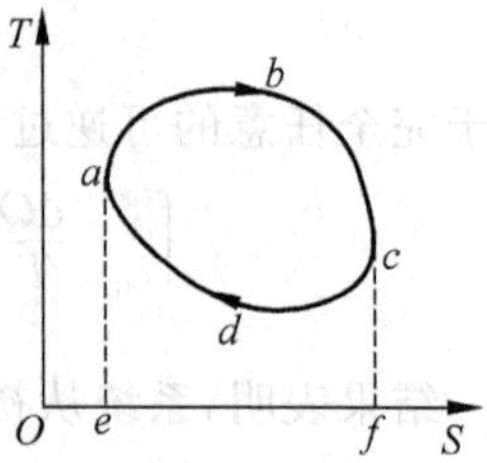

图 6-8 温熵图

图 6-8 所示为某系统从平衡态 a 出发，经历一个可逆循环回到平衡态 a 的正循环(顺时针)过程曲线。系统在循环中吸收的热量 Q_1 等于图中曲边梯形 $eabcfe$ 包围的面积，系统在循环中放出的热量 Q_2 等于图中曲边梯形 $eadcfe$ 包围的面积，封闭曲线 $abcda$ 所包围的面积等于系统经历一个可逆循环后从外界的净吸收的热量 $Q = Q_1 - |Q_2|$。由于在正循环中，系统对外界做净功 $A = Q = Q_1 - |Q_2|$，所以循环的效率 η 等于封闭曲线 $abcda$ 与曲边梯形 $eabcfe$ 的面积之比。

6.3.4 熵变的计算

由于熵是作为热力学函数来定义的，对于任意一个热力学平衡态，总存在有相应的熵值，不管这一系统曾经经历了可逆还是不可逆的变化过程。式(6.3.4)或式(6.3.5)是通过可逆过程定义熵变的，因而，一个可逆过程引起的熵变可以通过热温比沿该可逆路径的积分直接计算。对不可逆过程，可以设计一个与此不可逆过程相同初、终态的可逆过程作热温比的积分，积分过程的选取以计算方便为原则；通过式(6.3.4)或式(6.3.5)，把熵作为物态参量的函数表达式推导出来，再将初态和终态的参量值代入，从而算出不可逆过程中的熵变。因而，确定可逆过程中的熵变是熵变计算的基础和关键。

如果工程上已经对某些物质的一系列平衡态的熵值制出了图表，则可通过查阅图表计算初、终两态的熵变。

熵具有可叠加性。当求一个由几个部分组成的系统的熵值时，总熵值等于各部分熵值之和。

1. 理想气体系统的熵

理想气体的状态可用物态参量压强 p、体积 V、温度 T 中的任意两个物态参量来描述，熵是状态函数，因而理想气体的熵也是物态参量压强 p、体积 V、温度 T 中的任意两个的函数。

根据热力学第一定律 $\mathrm{d}U=\text{đ}Q+\text{đ}A$，并由式(6.3.5)得

$$T\mathrm{d}S=(\text{đ}Q)_{\text{可逆}}$$

理想气体物态方程为

$$pV=\nu RT$$

理想气体内能增量为

$$\mathrm{d}U=\nu C_{V,\mathrm{m}}\mathrm{d}T$$

若只有体积功，则

$$T\mathrm{d}S=\mathrm{d}U+p\mathrm{d}V$$

$$\mathrm{d}S=\frac{\mathrm{d}U+p\mathrm{d}V}{T}=\nu C_{V,\mathrm{m}}\frac{\mathrm{d}T}{T}+\nu R\frac{\mathrm{d}V}{V}$$

求积分，得理想气体的熵变为

$$S-S_0'=\int_{T_0}^{T}\nu C_{V,\mathrm{m}}\frac{\mathrm{d}T}{T}+\int_{V_0}^{V}\nu R\frac{\mathrm{d}V}{V}$$

式中，S_0'为理想气体在参考状态(T_0，V_0)的熵值。若温度范围不大，理想气体的摩尔等体热容 $C_{V,\mathrm{m}}$可视作常数，有

$$S-S_0'=\nu C_{V,\mathrm{m}}\ln\frac{T}{T_0}+\nu R\ln\frac{V}{V_0}\tag{6.3.6}$$

这是以(T，V)为独立变量的熵变的函数表达式，也可写为

$$S=\nu C_{V,\mathrm{m}}\ln T+\nu R\ln V+(S_0'-\nu C_{V,\mathrm{m}}\ln T_0-\nu R\ln V_0)$$

令

$$S_0=S_0'-\nu C_{V,\mathrm{m}}\ln T_0-\nu R\ln V_0$$

则得

$$S=\nu C_{V,\mathrm{m}}\ln T+\nu R\ln V+S_0$$

此即以 T、V 参量表示的理想气体的熵的表达式。

同样可求出以(T，p)为独立变量的熵变函数的表达式为

$$S-S_0'=\nu C_{p,m}\ln\frac{T}{T_0}-\nu R\ln\frac{p}{p_0}\tag{6.3.7}$$

式中，S_0'为在参考状态(T_0，p_0)的熵。以(p,V)为独立变量的熵变函数的表达式为

$$S-S_0'=\nu C_{p,\mathrm{m}}\ln\frac{V}{V_0}+\nu C_{V,\mathrm{m}}\ln\frac{p}{p_0} \tag{6.3.8}$$

式中，S_0'为在参考状态(V_0，p_0)的熵。

2. 相变过程中的熵变

相变过程的典型特征是温度恒定、压强恒定，但通常要吸收热量或放出热量才能实现相的变化。相变(如熔解、汽化)时所吸收(或放出)的热量称为潜热(latent heat)，它正比于物质的质量或物质的量。各种相变过程的潜热有具体的名称，例如，熔解过程中系统放出的热量 Q_S 称为熔解热(heat of fusion)，汽化过程中系统需要吸收的热量 Q_B 称为汽化热(heat of vaporization)，等等。记相变过程中系统吸收或放出的热量为 Q_{pt}，相变前后的状态分别记为1态和2态，则相变过程中的熵变为

$$\Delta S_{pt}=\int_1^2\frac{đQ}{T}=\frac{Q_{pt}}{T} \tag{6.3.9}$$

例题 6-1 如本题图所示，1mol 理想气体氢($\gamma=1.4$)在初态1的体积为 $V_1=20\times10^{-3}\,\mathrm{m}^3$，温度为 $T_1=300\mathrm{K}$，经历3种不同的过程到达终态3。在状态2的体积为 $V_2=2V_1=40\times10^{-3}\,\mathrm{m}^3$。图中，1→2 和 4→3 为等压线，1→3 为等温线，1→4 为绝热线，2→3 为等体线。试分别沿下面3条可逆路径计算气体的熵变 S_3-S_1。

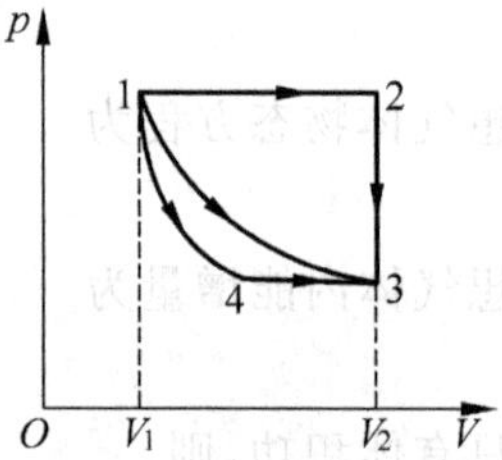

例题 6-1 图

(1) 1→2→3；(2) 1→3；(3) 1→4→3。

解：由式(6.3.4) $\Delta S=\int_{(x_0)}^{(x)}\frac{đQ}{T}$ 求解。

(1) 1→2→3

$$S_3-S_1=\int_1^3\frac{đQ}{T}=\int_{T_1}^{T_2}\frac{C_{p,\mathrm{m}}\mathrm{d}T}{T}+\int_{T_2}^{T_3}\frac{C_{V,\mathrm{m}}\mathrm{d}T}{T}=C_{p,\mathrm{m}}\ln\frac{T_2}{T_1}-C_{V,\mathrm{m}}\ln\frac{T_2}{T_1}$$

$$=R\ln\frac{T_2}{T_1}=R\ln\frac{V_2}{V_1}=R\ln2$$

(2) 1→3

1→3 为等温过程，则

$$đQ=đA'=p\mathrm{d}V,\quad pV=RT$$

$$S_3-S_1==\int_{(1)}^{(3)}\frac{đQ}{T}=\int_{V_1}^{V_3}R\frac{\mathrm{d}V}{V}=R\ln\frac{V_3}{V_1}=R\ln2$$

(3) 1→4→3

1→4 为绝热过程，则

$$S_4-S_1=0$$

故

$$S_3-S_1=S_4-S_3=\int_{T_4}^{T_3}\frac{C_{p,\mathrm{m}}\mathrm{d}T}{T}=C_{p,\mathrm{m}}\ln\frac{T_3}{T_4}$$

从等压线 4→3

$$\frac{T_3}{T_4}=\frac{V_3}{V_4}=\frac{V_2}{V_4}$$

从绝热线 1→4

$$T_1V_1^{\gamma-1} = T_4V_4^{\gamma-1}$$

$$V_4 = V_1\left(\frac{T_1}{T_4}\right)^{\frac{1}{\gamma-1}} = V_1\left(\frac{T_3}{T_4}\right)^{\frac{1}{\gamma-1}}$$

则

$$\frac{T_3}{T_4} = \frac{V_2}{V_4} = \frac{V_2}{V_1}\left(\frac{T_3}{T_4}\right)^{\gamma-1}$$

即

$$\frac{T_3}{T_4} = \left(\frac{V_2}{V_1}\right)^{\frac{\gamma-1}{\gamma}}$$

故

$$S_3 - S_1 = C_{p,\mathrm{m}}\ln\frac{T_3}{T_4} = C_{p,\mathrm{m}}\frac{\gamma-1}{\gamma}\ln\frac{V_2}{V_1} = \left(C_{p,\mathrm{m}} - \frac{C_{p,\mathrm{m}}}{\gamma}\right)\ln\frac{V_2}{V_1}$$

$$= (C_{p,\mathrm{m}} - C_{V,\mathrm{m}})\ln\frac{V_2}{V_1} = R\ln2$$

通过上面的计算可以看出，从状态 1 到达状态 3，虽然经历 3 个不同的过程，但是熵变是相同的。这也可以证实，熵是状态函数，任意两个确定状态间的熵变是定值，不会因路径的不同而改变。

例题 6-2　已知在 $p=1.013\times10^5\,\mathrm{Pa}$ 和 $T=273.15\mathrm{K}$ 下，1.00kg 冰融化为水的熔解热为 $L_\mathrm{m}=334\mathrm{kJ/kg}$。试求：(1)1.00kg 冰融化为水时的熵变；(2)若热源是温度为 20℃的庞大物体，那么热源的熵变为多少？(3)水和热源的总熵变多大？增加还是减少？

解：在本题条件下，冰水共存，若有热源供热则发生冰向水的等温相变。在一个大气压下，冰水共存的温度为 $T=273.15\mathrm{K}$。设想有一恒温热源，其温度比 $T=273.15\mathrm{K}$ 大一个无穷小量 $\mathrm{d}T$，令冰水系统与该热源接触，不断从热源吸取热量以使冰逐渐融化。由于温差为无穷小，状态变化过程进行得无限缓慢，系统在过程的每一步都近似处于温度为 $T=273.15\mathrm{K}$ 的平衡态，这样的过程是可逆的。

(1) 水的熵变为

$$\Delta S_1 = \int_1^2\frac{đQ}{T} = \frac{1}{T_1}\int_1^2 đQ = \frac{Q}{T_1} = \frac{mL_\mathrm{m}}{T_1} = \frac{1\times334}{273.15} = 1.22(\mathrm{kJ\cdot K})$$

(2) 热源的熵变为

$$\Delta S_2 = \frac{Q}{T_2} = \frac{-1\times334\times10^3}{293} = -1.14(\mathrm{kJ/K})$$

(3) 总熵变为

$$\Delta S = \Delta S_1 + \Delta S_2 = 1.22 - 1.14 = 0.08(\mathrm{kJ/K}) > 0$$

总熵变是大于零的。

同样可计算得，水蒸气放热冷却凝结成水的过程，熵是减少的，水再结成冰，熵继续减少。反之，冰溶解再蒸发成水蒸气的过程是一个熵增加的过程。

例题 6-3　νmol 单一组分理想气体由初态 1 自由膨胀到终态 2。设该膨胀过程的膨胀比为 $n(n>1)$，试确定该过程中理想气体系统的熵变。

解：在 6.3.3 节中，我们以(T,V)为独立变量得到理想气体熵变函数表达式为

$$\Delta S = \nu C_{V,\mathrm{m}} \ln \frac{T_2}{T_1} + \nu R \ln \frac{V_2}{V_1}$$

对于膨胀比为 n 的自由膨胀，$T_1 = T_2$，$V_2 = nV_1$，则

$$\Delta S = \nu C_{V,\mathrm{m}} \ln \frac{T_2}{T_1} + \nu R \ln \frac{V_2}{V_1} = \nu C_{V,\mathrm{m}} \ln 1 + \nu R \ln n = \nu R \ln n$$

若以(T,p)或(p,V)为独立变量$(p_2 = p_1/n)$，同样可得

$$\Delta S = \nu R \ln n$$

这表明，不论以何种物态参量表示熵，膨胀比为 n 的自由膨胀过程中的熵变都是 $\Delta S = \nu R \ln n$。因为膨胀比 $n > 1$，所以自由膨胀过程中的熵变恒大于零。

例题 6-4 设在一个由绝热材料做成的容器里，放有两个物体 A 和 B，温度分别为 T_A 和 T_B，且 $T_A > T_B$，若两物体接触，则将发生热传导，如本例题图所示。求两物体达到共同温度 T 时系统的熵变。

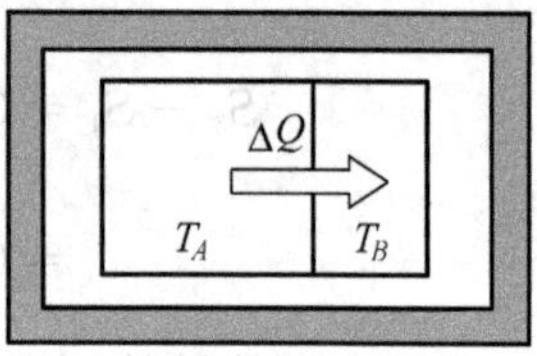

例题 6-4 图

解：设在微小时间 $\mathrm{d}t$ 内，从 A 传到 B 的热量为 $đQ$，且是在可逆的等温过程中进行，则物体 A 的熵变为

$$\mathrm{d}S_A = -\frac{|đQ|}{T_A}$$

物体 B 的熵变为

$$\mathrm{d}S_B = \frac{|đQ|}{T_B}$$

两物体熵变的总和为

$$\mathrm{d}S = \mathrm{d}S_A + \mathrm{d}S_B = |đQ| \left(\frac{1}{T_B} - \frac{1}{T_A} \right)$$

由于 $T_A > T_B$，所以整个系统的熵变 $\mathrm{d}S > 0$。

例题 6-5 焦耳热功当量实验，如本例题图所示。求水从初态(T_1, p)变到终态(T_2, p)系统的熵变。

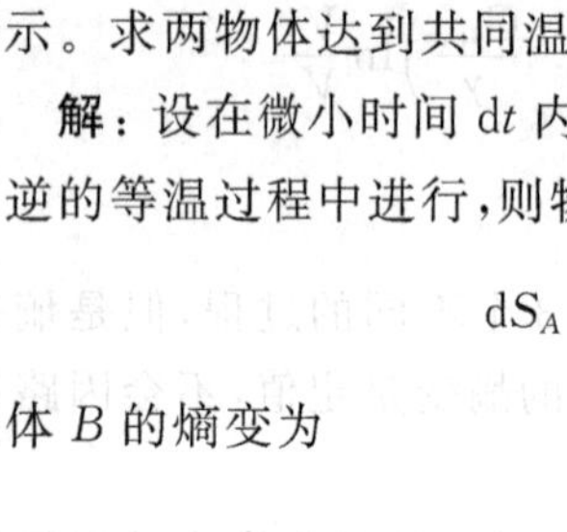

例题 6-5 图

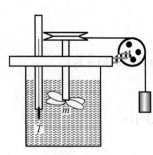

解：在焦耳热功当量实验中，重物下落做功、旋转叶片、搅动盛于绝热容器中的水，使水温升高。

由于重物下落是纯机械运动，所以

$$\Delta S_1 = 0$$

水在定压下温度由 T_1 升到 T_2，设计一个定压可逆过程，有

$$\Delta S_2 = \int \frac{đQ}{T} = \int \frac{mc_p \mathrm{d}T}{T}$$

m 为水的质量，c_p 为水的等压比热容。若 c_p 为常量，则得

$$\Delta S_2 = mc_p \ln \frac{T_2}{T_1}$$

因为 $T_2 > T_1$，所以 $\Delta S_2 > 0$。

系统总熵变为

$$\Delta S = \Delta S_1 + \Delta S_2 > 0$$

这再次验证了不可逆过程中熵增加。

6.3.5 克劳修斯不等式与熵增加原理

1. 克劳修斯不等式

如何通过状态函数来判断过程进行的方向？

克劳修斯指出，对于热力学系统经历的任意循环，吸收的热量与相应热源的温度 T 的比值沿循环回路的积分满足以下关系：

$$\oint \frac{đQ}{T} \leqslant 0 \tag{6.3.10}$$

式中，等号适用于可逆循环，不等号适用于不可逆循环。等式称为克劳修斯等式（Clausius equality），而不等式称为克劳修斯不等式（Clausius inequality）。克劳修斯不等式被认为是热力学第二定律的一种数学表述形式。

图 6-9 中虚线①为连接初态 x_0 和终态 x 的不可逆过程，路径②是在初态 x_0 和终态 x 之间的可逆过程。则不可逆过程①和可逆过程②组成不可逆循环。由式(6.3.10)可知

$$\int_{(x_0)}^{(x)} \underset{①}{\frac{đQ}{T}} + \int_{(x)}^{(x_0)} \underset{②}{\frac{đQ}{T}} < 0$$

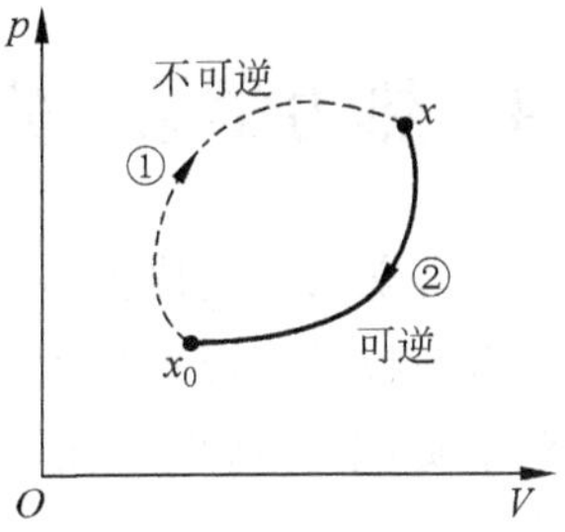

图 6-9 闭合循环路径

即

$$\int_{(x_0)}^{(x)} \underset{①}{\frac{đQ}{T}} < \int_{(x_0)}^{(x)} \underset{②}{\frac{đQ}{T}}$$

将式(6.3.4)代入上式，则得

$$\int_{(x_0)}^{(x)} \underset{①}{\frac{đQ}{T}} < S - S_0 \tag{6.3.11}$$

综合考虑式(6.3.4)和式(6.3.11)可知，对于任意一个由初态 x_0 到终态 x 的过程，系统吸收的热量与系统温度的比值的积分与两状态间的熵变满足如下关系：

$$\int_{(x_0)}^{(x)} \frac{đQ}{T} \leqslant S - S_0 \tag{6.3.12}$$

式中，等号适用于可逆过程，不等号适用于不可逆过程，并且，对无限小过程，有

$$dS \geqslant \frac{đQ}{T} \tag{6.3.13}$$

式(6.3.12)和式(6.3.13)分别称为热力学第二定律数学表述的积分形式和微分形式。

2. 熵增加原理

如果系统是绝热系统或孤立系统，则 $đQ=0$，由式(6.3.13)得

$$dS \geqslant 0 \tag{6.3.14}$$

式中，不等号对应于不可逆过程，等号对应于可逆过程。式(6.3.14)称为**熵增加原理**（principle of entropy increase）。熵增加原理指出：热力学系统从一个平衡态绝热地到达另一个平衡态的过程中，它的熵永不减少。若过程是可逆的，则熵不变；若过程是不可逆的，则沿着熵增加的方向进行。

熵增加原理又可表述为：孤立系统的熵永不减少。孤立系统必然是绝热系统。一个孤

立系统中，自发进行的过程总是沿着熵增加($dS>0$)的方向进行。系统达到平衡时，熵达到最大。也就是说，熵增加原理给出了热现象的不可逆过程进行的方向和限度。而在热力学第二定律中又指出，热量只能自动地从高温物体传递到低温物体。比较两种表述后可以认为，熵增加原理是热力学第二定律的一种数学表示。

在6.3.4节的例题中对一些不可逆过程熵变的计算，如理想气体自由膨胀、热传导过程和焦耳热功当量实验，都得到绝热系统不可逆过程中熵变大于零的结果。

熵增加原理只适用于孤立系统或绝热系统，孤立系统的熵永不减少。对于开放系统而言，熵是可以增加或减少的。例如，一杯放在空气中冷却的热水，对于杯子和水这个系统，水放热冷却，熵是减少的，这是因为该系统并非孤立系统。如果把这杯水和环境看作是一个系统，这时系统为孤立系统，整个系统的熵是增加的。

6.4 热力学第二定律的统计意义及玻尔兹曼熵

热力学第二定律指出，一切与热现象相联系的宏观实际过程都是不可逆的，而热现象是大量微观粒子无规则热运动的集体表现，服从统计规律。为进一步认识热力学第二定律的微观本质，本节从微观角度解释实际过程的不可逆性，认识热力学第二定律和熵的统计意义。

6.4.1 气体自由膨胀不可逆性的微观解释

如图6-10所示，设有一容器，被隔板分为体积相等的A、B两个小室。下面我们来研究打开隔板后，气体分子的位置分布情况。如果容器内只有一个分子运动，分子可能运动到B室，也可能回到A室，出现在A或B的概率是相等的，都是1/2；若容器内有2个分子，分别标记为a、b，打开隔板后，它们在无规则运动的任意时刻可能处在A室或B室任意一边，有4种(2^2)可能的分布，如表6-1所示。从表中可以看出，两个分子自动处于A室或B室的概率均为$1/2^2$。对于容器内有3个分子(分别标记为a、b、c)和4个分子(分别标记为a、b、c、d)的情形，其可能的分布分别见表6-2和表6-3。

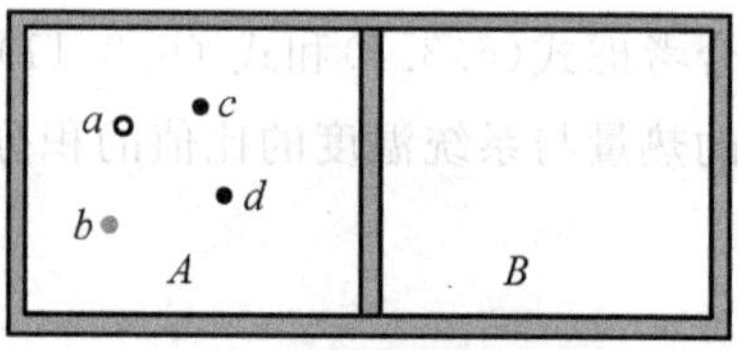

图6-10 气体自由膨胀的不可逆性分析

表6-1 2个分子在容器中的位置分布

宏观状态	Ⅰ		Ⅱ		Ⅲ	
	$A(2)$	$B(0)$	$A(1)$	$B(1)$	$A(0)$	$B(2)$
微观状态	ab		b	a		ab
			a	b		
W	1		2		1	

注：W指的是一个宏观状态包含的微观状态数。

表 6-2　3 个分子在容器中的位置分布

宏观状态	Ⅰ		Ⅱ		Ⅳ		Ⅴ	
	$A(3)$	$B(0)$	$A(2)$	$B(1)$	$A(1)$	$B(2)$	$A(0)$	$B(3)$
微观状态	abc		bc	a	a	bc		abc
			ac	b	b	ac		
			ab	c	c	ab		
W	1		3		3		1	

表 6-3　4 个分子在容器中的位置分布

宏观状态	Ⅰ		Ⅱ		Ⅲ		Ⅳ		Ⅴ	
	$A(4)$	$B(0)$	$A(3)$	$B(1)$	$A(2)$	$B(2)$	$A(1)$	$B(3)$	$A(0)$	$B(4)$
微观状态	$abcd$		bcd	a	ab	cd	a	bcd		$abcd$
			bcd	b	ac	bd	b	acd		
			abd	c	ad	bc	c	abd		
			abc	d	bc	ad	d	acd		
					bd	ac				
					cd	ab				
W	1		4		6		4		1	

从表 6-2 和表 6-3 可以看出，由 3 个分子组成的系统，它们在 A 与 B 中有 2^3 种可能的分布，每种分布出现的概率均为 $1/2^3$，即膨胀后发生自动收缩的概率为 $1/2^3$；由 4 个分子组成的系统，它们在 A 与 B 中就有 2^4 种可能的分布，膨胀后发生自动收缩的概率为 $1/2^4$。即对于少数分子构成的系统，其自由膨胀过程并非不可逆。

而实际的热力学系统都包含有大量分子。如果系统由 N 个分子组成，它们在 A 与 B 中共有 2^N 种分布，每种分布出现的概率都是 $1/2^N$。例如，在容器 A 室放入 1mol 气体，B 室为真空，打开隔板后，对于全部分子回到 A 室的概率为

$$\frac{1}{2^{N_A}}=\frac{1}{2^{6\times 10^{23}}}$$

这个概率趋近于零，实际上是不会实现的。故气体是不可能自动收缩回到原状态，这也说明气体自由膨胀过程是不可逆过程。但是从统计的观点看来，这不是绝对的不可逆，而是概率太小，实际上观察不到。

6.4.2　热力学第二定律的统计意义

在气体的自由膨胀例子中，由表 6-3 可知，标记为 a、b、c、d 的 4 个分子在容器中有 16 种分布，每一种分布称为一种微观状态，即共有 16 种微观状态。从宏观上描述系统的状态时，无法区分各个分子，只能以 A 或 B 中分子数目的多少来区分系统的不同状态，只要是分子数目分布情况相同的状态就称为同一宏观状态，即每种宏观状态可能对应有许多微观

状态。例如，由表 6-3 可以看出，容器中 4 个分子的 16 种微观状态，可归结为 5 种宏观状态，在各种宏观状态中，以 4 个分子全部退回到 A 室或 B 室的这种宏观状态所包含的微观状态数(1 种)最小，而分子在 A、B 两边均匀分布的这种宏观状态所包含的微观状态数目(6 种)最多。我们把某一宏观状态所包含的微观状态数与所有可能出现的微观状态数之比称为此宏观状态出现的概率(以处于平衡态的孤立系统的各种微观态出现的概率相等作为基本假设)，则前者的概率为 1/16，后者的概率为 6/16。由于每一个微观状态出现的概率相同，因而每一宏观状态所对应的微观状态数越多，这一宏观态出现的概率越大。

气体可以自由膨胀但却不能自动收缩，这是因为气体自由膨胀的初始状态(全部分子集中在 A 或 B 中)所对应的微观状态数目最少，因而概率最小；而最后的均匀分布状态对应的微观状态数目最多而概率最大。过程的不可逆性，实质上是反映了这个系统内部自发过程总是由概率小的宏观状态向概率大的宏观状态进行，也即由包含微观状态数目少的宏观状态向包含微观状态数目多的宏观状态进行。相反的过程，如果没有外界的影响，实际上是不可能发生的。最后观察到的系统状态——平衡态，就是概率最大的状态，即微观状态数目最多的状态。

这一结果对于孤立系统中进行的一切不可逆过程(如热传导、功热转换等)具有普遍意义。对于功热转换来说，由于机械运动是物体有规律的宏观运动，而热运动是分子无规则的微观运动，所以功转换为热就是有规律的宏观运动转变为分子的无规则的热运动，这种转变的概率极大，可以自动发生。相反，热转换为功则是分子的无规则热运动转变为物体有规则的宏观运动，这种转变的概率极小，因而实际上不可能自动发生。在热传导过程中，由于高温物体中分子的平均动能比低温物体的平均动能大，所以两物体接触时，能量从高温物体传向低温物体的概率要比从低温物体传向高温物体的概率大得多。也就是说，最终达到两个物体中分子平均动能相等的那种宏观状态的概率，远大于一个物体中分子平均动能比另一物体分子平均动能大的那种宏观状态的概率。因此，热量会自动地从高温物体传向低温物体，最终使两物体的温度趋于一致，相反的过程实际上不可能自动发生。

热力学第二定律的实质就是一切与热现象相联系的宏观实际过程都是不可逆的。因此，热力学第二定律的统计意义是：**一个不受外界影响的孤立系统，其内部发生的一切实际过程，总是由概率小**(微观状态数少)**的宏观状态向概率大**(微观状态数多)**的宏观状态进行**。热力学第二定律的统计意义同时表明了它的适用范围只能是由大量微观粒子组成的宏观孤立系统，对于少数粒子组成的系统是没有意义的。

6.4.3 玻尔兹曼熵

熵增加原理指出：孤立系统内部发生的过程，总是沿着熵增加的方向进行的。熵的微观本质是什么呢？从微观上看，系统的每一宏观状态都对应于确定的微观状态数。因此，热力学系统的微观状态数 W 是最重要的物理量之一，那么，可以设想通过微观状态数目 W 从微观上引入熵的概念。

1877 年，玻尔兹曼给出了热力学熵 S 与微观状态数目 W 的关系，即

$$S \propto \log W$$

1900 年，普朗克引入比例系数 k，即玻尔兹曼常量，现今上式写为

$$S = k\ln W \tag{6.4.1}$$

式(6.4.1)称为玻尔兹曼公式(Boltzmann entropy formula),也称玻尔兹曼熵。它指出,**一个系统的熵是该系统的可能微观状态数的量度**。

热力学第二定律的统计意义指出,孤立系统中发生的一切实际过程,总是由微观状态数少的状态向微观状态数多的状态进行;达到平衡态时,系统就处于微观状态数最多的宏观状态。由式(6.4.1)可以看出,孤立系统中发生的一切实际过程,都是熵增加的过程,达到平衡态时系统的熵最大。如果孤立系统进行的是可逆过程,就意味着过程中任意两个状态的概率或微观状态数都相等,因而熵也相等,即孤立系统在可逆过程中熵不变。由此,从微观上同样得到熵增加原理,**孤立系统的熵永不减少**。

如果用无序(disorder)和有序(order)来描述微观状态数目,则微观状态数目越少,系统内部的运动越是单一化,越趋近于有序;随着微观状态数目增多,内部的运动越混乱,越无序。前面指出,不可逆过程的方向是由微观状态数少的状态向微观状态数多的状态进行的,用有序和无序的概念,就可以说,不可逆过程的方向是由有序状态(混乱程度小)向无序状态(混乱程度大)进行的。例如,气体的全部分子收缩在某一小部分空间,或者具有差不多相同速度的状态,就是比较有序或无序程度低的状态;而气体分子均匀分布在容器的整个空间,或者速度分布在一个很大范围内的状态,就是比较无序或无序程度高的状态。微观状态数目 W 就是系统无序程度的量度,因而**熵 S 的微观意义就是系统内分子热运动的无序程度的量度**。因此,熵增加原理实际上指出:孤立系统发生的一切自然过程总是沿着无序性增大的方向进行。例如功变热过程,实质上是机械能变为内能的过程。机械能是系统中所有分子都做同样的定向运动所对应的一种有序能量,而内能则是与分子无规则热运动联系着的无序能量。功变热的过程就是有序能量变为无序能量的过程;热传导过程就是分子无规则热运动从无序程度低向无序程度高的发展过程。因此,热力学第二定律又可表述为:**自发过程进行的方向总是从有序程度高的状态向无序程度高的状态进行,而平衡态则对应着最无序的状态**。

由于熵的增加就是无序程度的增加,这使得熵概念的内涵变得十分丰富而且充满了生命活力。现在,熵的相关理论已广泛地应用于社会生活、生产和社会科学等领域,特别是负熵的概念。例如,生命系统是一个高度有序的开放系统,熵越低就意味着系统越完美,生命力越强。生物的进化,也是由于生物与外界有着物质、能量以及熵的交流,因而从单细胞生物逐渐演化为多姿多彩的自然界。如果说,人类前几次的工业革命是能量革命,即以获取更多的能量为目的,那么今后人类社会的工业革命将是走向负熵的革命,即获取更多的负熵。负熵是人类赖以生存和工作的条件,是人类的物质与精神食粮。

为了纪念玻尔兹曼给予熵统计解释的卓越贡献,在他的墓碑上镌刻着 $S=k\log W$,表达了人们对玻尔兹曼的深深怀念和尊敬。

6.4.4 克劳修斯熵与玻尔兹曼熵的关系

这里,以理想气体的自由膨胀来研究克劳修斯熵与玻尔兹曼熵的关系。1mol 理想气体在体积由 V_1 到 V_2 的自由膨胀中,N_A 个分子膨胀前后两种宏观状态所对应的微观态数之比为

$$\frac{W_2}{W_1}=\left(\frac{V_2}{V_1}\right)^{N_A}$$

在体积由 V_1 到 V_2 的自由膨胀中，理想气体的熵变为

$$\Delta S_B = k\ln\frac{W_2}{W_1} = N_A k\ln\frac{V_2}{V_1} = R\ln\frac{V_2}{V_1}$$

若 $V_2=2V_1$，则 $\Delta S_B=R\ln 2$。

利用例题 6-1 的结果，1mol 理想气体在膨胀比为 2 的自由膨胀过程中，克劳修斯熵变为

$$\Delta S_C = R\ln 2$$

经过比较可知，对于理想气体的自由膨胀过程，有

$$\Delta S_B = \Delta S_C$$

利用类似方法可以证明，在所有的可逆热力学过程中，克劳修斯熵变与玻尔兹曼熵变完全相同。也就是说，克劳修斯熵与玻尔兹曼熵等价。

因而，玻尔兹曼公式将宏观熵与微观状态数联系起来，从而能以概率的形式表述熵及热力学第二定律的重要物理意义。

6.5 热力学第二定律的应用举例

热力学第一定律指出：热力学过程中能量是守恒的。热力学第二定律阐明了一切与热现象相联系的物理、化学过程进行的方向的规律，表明自发过程是沿着有序向无序转化的方向进行。热力学第二定律和热力学第一定律是互不包含、彼此独立、相互制约的，并一起构成了热力学的理论基础，在生产和科学发展中得到广泛应用，且发挥重要作用。这里仅简单介绍热力学第二定律在热机技术发展及温标建立两方面的应用。

6.5.1 卡诺定理

根据热机的循环的特点，我们可将其分为两类：对于循环可逆的称为可逆机；对于循环不可逆的则称为不可逆机。卡诺以他富于创造性的想象力，建立了理想模型——卡诺可逆热机（卡诺热机），并且于 1824 年提出了作为热力学重要理论基础的卡诺定理，从理论上给出了热机效率的极限，解决了提高热机效率途径的根本问题。下面我们由热力学第二定律来推导卡诺定理。

对任意一个热机工作循环，工作物质从高温热源（温度为 T_1）吸收热量 Q_1，在低温热源（温度为 T_2）放出热量 Q_2，整个复合系统包括高温热源、低温热源和工作物质三部分。由于高温热源和低温热源的温度分别保持不变，经过一个循环后工作物质恢复到原状态，那么，在一个循环中，高温热源、低温热源及工作物质的熵变分别为

$$\Delta S_h = -\frac{Q_1}{T_1},\quad \Delta S_l = \frac{Q_2}{T_2},\quad \Delta S_m = 0$$

由于高温热源、低温热源及工作物质三部分组成的系统是一个封闭的孤立系统，则由熵增加原理可知，整个复合系统的熵变为

$$\Delta S = \Delta S_h + \Delta S_l + \Delta S_m = -\frac{Q_1}{T_1} + \frac{Q_2}{T_2} \geqslant 0$$

于是有

$$\frac{Q_2}{T_2} \geqslant \frac{Q_1}{T_1} \tag{6.5.1}$$

和热机中的工作物质经过一个循环

$$\Delta U = 0$$

由热力学第一定律 $\Delta U = Q + A$ 可得，在一个循环工作过程中热机对外做功为

$$A' = -A = Q_1 - Q_2$$

即

$$Q_2 = Q_1 - A'$$

代入式(6.5.1)得

$$\frac{Q_1 - A'}{T_2} \geqslant \frac{Q_1}{T_1}$$

解得

$$A' \leqslant \frac{(T_1 - T_2)}{T_1} Q_1$$

所以热机效率为

$$\eta = \frac{A'}{Q_1} \leqslant 1 - \frac{T_2}{T_1} \tag{6.5.2}$$

式中，等号适用于可逆循环，不等号适用于不可逆循环。

由于热力学第二定律适用于所有孤立的热力学系统，所以以热力学第二定律为基础的式(6.5.2)也适用于所有的热机系统，于是卡诺定理表述为：

(1) 在相同高温热源(温度为 T_1)和低温热源(温度为 T_2)之间工作的任意工作物质的一切可逆热机，其效率相同，且 $\eta = 1 - T_2/T_1$。

(2) 工作在相同的高温热源和低温热源之间的一切不可逆热机的效率都不可能大于可逆热机的效率，即 $\eta < 1 - T_2/T_1$，且与工作物质无关。

卡诺定理从理论上指出了提高热机效率的方法。就热源而言，尽可能地提高它们的温度差可以极大地增加热机的效率。但是，在实际过程中，降低低温热源的温度较困难，通常只能采取提高高温热源温度的方法，如选用高燃料值材料等；其次，要尽可能地减少造成热机循环的不可逆性的因素，如减少摩擦、漏气、散热等耗散因素等。卡诺定理推动了热机技术的发展。

然而，历史上卡诺在先于热力学第二定律发现(1850年)之前的26年，即1824年，就提出了卡诺定理。卡诺定理是在热质说的基础上提出的，而热质说本身是错误的。事实上，由上述推导过程可知，卡诺定理是热力学第二定律的必然结果。这说明卡诺定理不仅实际应用价值重大，还具有坚实的热力学基础。由此还可以知道，热力学第二定律不仅解决了热力学过程中自发过程进行的方向问题，还解决了热机效率的最大极限及提高热机效率应采取的措施问题。

6.5.2 热力学温标

在1.2.4节中已讨论过温标，其中提到热力学温标是在热力学第二定律的基础上建立的不依赖任何测温物质、任何测温属性的理论温标。实际上它是由开尔文于1848年在卡诺定理的基础上建立起来的一种理想模型。

卡诺定理表明，工作于相同的高温热源和相同的低温热源之间的一切可逆热机的效率都相等，且与工作物质无关。设有温度分别为 T_1'、T_2' 的两恒温热源，可逆卡诺热机的工作物质在 T_1' 处吸收的热量为 Q_1，在 T_2' 处放出的热量为 Q_2，则其效率为

$$\eta = 1 - \frac{Q_2}{Q_1}$$

我们可以这样选择温标 T'，使得

$$\frac{Q_1}{Q_2} = \frac{T_1'}{T_2'} \tag{6.5.3}$$

由卡诺定理可知，式(6.5.3)对任意工作物质都成立。那么，据此来标定温度 T_1'、T_2' 的数值就与具体测温物质无关，但这样仅确定了两温度的比值。为确定每个温度的数值，规定水的三相点的温度为 273.16K，则有

$$T' = 273.16 \frac{Q}{Q_3} \mathrm{K}$$

式中，Q_3 为工作物质在规定温度为 273.16K 的热源处吸收或放出的热量。这样，从卡诺定理出发，就建立了不依赖于具体测温物质的温标。由于卡诺定理是热力学第二定律的必然结果，则这样建立的温标的理论基础是热力学第二定律。这种以热力学第二定律为基础的、不依赖任何测温物质的普适温标称为**热力学温标或绝对温标**，也称为开尔文温标。

此前，在理想气体温标的基础上，得到可逆卡诺机的效率为

$$\eta = 1 - \frac{Q_2}{Q_1} = 1 - \frac{T_2}{T_1}$$

在热力学温标的基础上，得到

$$\eta = 1 - \frac{Q_2}{Q_1} = 1 - \frac{T_2'}{T_1'}$$

比较两式，则得

$$\frac{T_2'}{T_1'} = \frac{T_2}{T_1}$$

而在热力学温标和理想气体温标中都规定水的三相点温度为 273.16K，则对于理想气体温标适用范围内的任意温度，有

$$T' = T$$

即理想气体温标与热力学温标测定的温度相同，因而我们不必再区分 T' 与 T。因此，理想气体温标在其适用范围内是热力学温标的一种具体实现方式，这为热力学温标的广泛应用奠定了基础。

6.6 信息熵简介*

6.6.1 熵与信息

熵的概念源于物理学。起初，熵的概念与信息并未发生联系。直到 1948 年，贝尔实验室的电气工程师香农(Claude E. Shannon)创立了信息论，才将熵的基本理论应用于信息学中，并提出了信息熵的概念。信息熵是一个数学上颇为抽象的概念，这里我们只做简单的介绍。

信息是 20 世纪中叶出现的一个重要概念。早年的信息就是消息的同义词，现如今，信

息包含人类所有的文化知识，也包括通过我们的感官所能感受到的一切。要全面地研究信息相当困难，因为很难对每一信息的价值做出准确的评估，目前还无法用自然科学的方法进行研究。当代的“信息论”这门科学，主要是对信息的数量进行研究。香农从概率角度出发定义了信息量。

1. 信息量

信息与概率有什么关系？信息的获得是与情况的不确定性的减少相联系的。假定我们最初面对一个可能存在 P_0 个解答的问题，只要获得某些信息，就可使可能解答的数目减少。若我们能获得足够的信息，就能得到唯一的解答。例如，某人给出一张无任何信息的面朝下的扑克牌，则它可能是一副扑克牌 54 张中的任意一张；如果被告知是一张“Q”，则它只能是 4 个“Q”中的任意一张；若又被告知是红桃，则这张牌的唯一解答就是红桃“Q”。因而，**信息的获得意味着在各种可能性中概率分布的集中**。

如何来计算信息量？虽然通常的事物有多种可能性，但最简单的情况是仅有两种可能性。例如，“是和否”、“有和无”等。现代计算机普遍采用二进制，数据的每一位非 0 即 1，也就是两种可能性，在没有信息的情况下每种可能性的概率都是 1/2。在信息论中，把从两种可能性中作出判断所需的信息量称为 **1 比特**，记为 bit（这是“二进制数字”binary digit 的缩写），并把 bit 作为信息量的单位。当然，实际的问题并不一定是只有两种可能性，假定有一事件可能有 x_1、x_2、…、x_N 种结果，每一种结果出现的概率为 P_i，香农把这类事件的信息量定义为

$$I=-\sum_{i=1}^{N}P_i\log_2 P_i \tag{6.6.1}$$

若 N 种可能性出现的概率相同，即 $P_1=P_2=\cdots=P_N=\dfrac{1}{N}$，则

$$I=-\left[\frac{1}{N}\log_2\frac{1}{N}+\frac{1}{N}\log_2\frac{1}{N}+\cdots+\frac{1}{N}\log_2\frac{1}{N}\right]=-\log_2\frac{1}{N}=\log_2 N \tag{6.6.2}$$

这就是经常用到的计算信息量的公式。

2. 信息熵

将香农对信息量的定义式(6.6.2)与玻尔兹曼熵的表达式(6.4.1)对比，可以发现二者极为相似。式(6.6.2)中的 N 相当于玻尔兹曼熵中的热力学概率 W。为此，香农把熵的概念引用到信息论中，称为信息熵，也称广义熵。这里要说明的是，香农虽然提出了信息熵的概念，但他并未指出信息熵与热力学熵之间的关系，二者之间的关系是由法国物理学家布里渊(Brillouin，1889—1969)于 1956 年通过信息和能量之间的内在联系而建立的。熵是体系混乱程度或无序度的量度。一个系统越是有序，信息熵就越低；反之，一个系统越是混乱，信息熵就越高。信息熵也可以说是系统有序化程度的一个量度。实际上，信息就是熵的对立面，但获得信息却使不确定性减少，即减少系统的熵。信息论中的信息熵的定义为

$$S=-K\sum_{i=1}^{N}P_i\ln P_i \tag{6.6.3}$$

香农所定义的信息熵，实际上就是平均信息量，从式(6.6.3)可知

$$S=K\sum_{i=1}^{N}P_i\ln\frac{1}{P_i}$$

式中，P_i 为第 i 种事件出现的概率，则 $\ln(1/P_i)$ 为第 i 种事件的不确定性。例如 $P_i=1$，即

100%可能性出现时，则 $\ln(1/P_i)=0$，表示不确定性为零；当 $P_i=0$ 时，即 100%不可能出现时，$\ln(1/P_i)\to\infty$，表示不确定性为无穷大。由信息熵的定义知，$K\ln(1/P_i)$ 为第 i 种事件的信息量。既然 P_i 为第 i 种事件出现的概率，则利用概率分布求平均值的公式可知，信息熵的表达式(6.6.3)就是平均信息量。可以证明，对于等概率事件 $P_i=1/N$，将它代入式(6.6.3)有

$$S = K\ln N = -K\ln P \tag{6.6.4}$$

将式(6.6.4)分别与式(6.6.1)和式(6.6.2)对比，发现其不同仅在于对数的底上，因而差一个常数 K，显然，$K=\dfrac{1}{\ln 2}=1.443$。

从 N 种等概率可能性中作出完全判断所需要的信息量为

$$I = \log_2 N = K\ln N = \frac{1}{\ln 2}\ln N \quad (\text{bit}) \tag{6.6.5}$$

例如，天气预报明天下雨和不下雨两种可能性，因此，确定两种可能性之一的信息量为 1bit，若下雨的概率为 $P_1=0.8$，不下雨的概率为 $P_2=0.2$，则由式(6.6.3)得信息熵为

$$S = -K(P_1\ln P_1 + P_2\ln P_2) = -\frac{1}{\ln 2}(0.8\ln 0.8 + 0.2\ln 0.2) = 0.722(\text{bit})$$

即比全部所需信息(1bit)还少 0.722bit，因此这句话的有效信息量是 $I=1-S=1\text{bit}-0.722\text{bit}=0.278\text{bit}$。

同理，如果天气预报改为明天下雨的概率为 $P_1=0.9$，不下雨的概率为 $P_2=0.1$，则相应的信息熵为 0.469bit，也就是说，天气预报提供的有效信息量为 $I=1-S=1\text{bit}-0.469\text{bit}=0.531\text{bit}$。

可见，信息熵的减少意味着信息量的增加，在一个过程中 $\Delta I=-\Delta S$，或者说信息量相当于负熵。

对比信息熵式(6.6.4)和玻尔兹曼熵式(6.4.1)，二者单位之间的关系为

$$1\text{bit} = k\ln 2\,\text{J/K} = 0.957\times 10^{-23}\,\text{J/K} \tag{6.6.6}$$

该换算关系有什么物理意义吗？由热力学的熵增加原理知，要使计算机里的信息量存储加 1bit，它的熵减少 $k\ln 2\,\text{J/K}$，这只能以环境的熵至少增加这么多为代价，即在温度的 T 下处理每个比特，计算机至少消耗能量 $kT\ln 2\,\text{J}$。这是能耗的理论下限，实际上当代最先进的微电子元件，每比特的能耗也在 $10^8 kT$ 的数量级以上。

信息熵概念的建立，为测试信息的多少找到了一个统一的科学的定量计量方法，其理论已广泛应用于通信、自动控制、生物遗传、生理、心理、社会经济与社会政治等许多领域。

6.6.2 麦克斯韦妖与信息

1867 年，麦克斯韦设想了一个能观察到所有分子轨迹和速度的小精灵，这个小精灵把守着气体容器中间隔板上一小孔的闸门，如图 6-11 所示。对从容器左边来的高速运动的分子，精灵就打开门让它们运动到右边，如果分子的运动速度较慢，精灵就让门处于关闭的状态。反之，对从容器右边来的低速运动的分子，精灵就打开门让它们运动到左边，如果分子运动速度较快，精灵就让门关闭。假设闸门无摩擦，于是小精灵操作闸门无需做功，但其结果可使容器左边的气体变得更冷，右边的气体变得更热，从而系统的熵降低，与

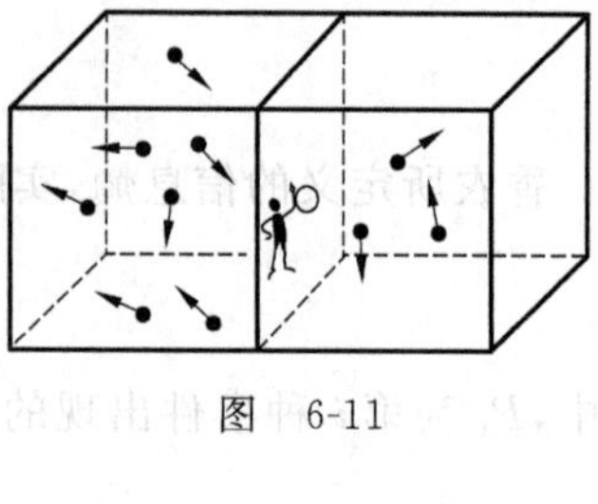
图 6-11

热力学第二定律产生了矛盾。这个小精灵被人们称为麦克斯韦妖(Maxwell's demon)。

1929年,匈牙利物理学家西拉德(L. Szilard)指出麦克斯韦妖有获得信息、储存信息和运用信息的能力,而且指出在麦克斯韦妖发挥作用的过程中必然有熵的产生。1956年,法国物理学家布里渊(L. Brillouin)全面地论述了信息与熵的关系。在麦克斯韦妖的操作过程中,首先它要看得见运动的分子,并且能够判断其运动速度,这就要借助于光源来探测,光照在分子上,被分子散射的光子为麦克斯韦妖的眼睛所吸收。这一过程涉及热量从高温热源转移到低温热源的不可逆过程,使系统熵增加。另一方面,麦克斯韦妖运用信息来决定是否开启闸门,使高速与低速运动的分子得以分离来减少系统的熵。信息的获得会导致系统熵的增加,而操作闸门减少系统中的熵,就数量而言,后者并不能超过前者。这两个步骤的全过程的总熵还是增加的。布里渊认为,有关熵的减少过程,是由于信息对麦克斯韦妖的作用引起的,故信息应视为系统熵的负项,即信息是负熵。正是由于这个负熵的作用,才使系统的熵减小,但若包括所有的过程,总熵依然是有所增加的。这充分说明,麦克斯韦妖只能而且必须是一个可以从外部环境引入负熵的开放系统,正因为如此,它的工作方式并不违背热力学第二定律。

6.7 自由能与吉布斯函数

根据热力学第二定律及卡诺定理可以确定热机对外界做功与从高温热源吸热的比值的极限,但不能直接确定一个系统可对外界做功的最大本领。为回答这一问题,需要引入热力学系统的自由能的概念。本节在熵的概念的基础上对此及有关概念予以简单讨论。

6.7.1 自由能

在实际生活中,常会遇到等温过程,如等温、等压条件下发生的气液相变等;也有许多近似的等温过程,如一切生物的日常变化,多数无需特别加热就能进行的化学反应等都是这样的过程。将热力学第一定律和第二定律运用于等温过程,可以引入一个新的热力学函数——自由能。

考虑一个在恒温器内放置密闭容器的系统。由熵增加原理知,在封闭系统内发生的一个热力学过程中,系统的熵变和温度满足如下关系:

$$T\mathrm{d}S \geqslant \text{đ}Q$$

代入热力学第一定律 $\text{đ}Q=\mathrm{d}U-\mathrm{d}A=\mathrm{d}U+\text{đ}A'$,得

$$\text{đ}A' \leqslant T\mathrm{d}S-\mathrm{d}U$$

式中,$\mathrm{d}A'$为系统对外界所做的功。在等温条件下,有

$$\text{đ}A' \leqslant \mathrm{d}(TS-U) \tag{6.7.1}$$

由于温度 T 是系统的物态参量,熵 S 和内能 U 是系统的状态函数,都具有确定的物理意义和数值。那么,对于一个确定的状态,T、S、U 的组合 $TS-U$ 或 $U-TS$ 也具有确定的数值和意义。于是可以定义 $U-TS$ 为热力学系统的另一个状态函数,称之为系统的亥姆霍兹自由能(Helmholtz free energy)或亥姆霍兹函数,简称**自由能**,记为 F,于是有

$$F=U-TS \tag{6.7.2}$$

将自由能的定义式(6.7.2)代入式(6.7.1),则得

$$đA' \leqslant -\mathrm{d}F \tag{6.7.3a}$$

对于一个有限过程,则有

$$A' \leqslant -(F_2 - F_1) = F_1 - F_2 \tag{6.7.3b}$$

这就是说,**在等温过程中,系统对外界所做的功A'不可能大于系统自由能的减小**。在可逆等温过程中,系统对外界所做的功等于自由能的减少;在不可逆等温过程中,系统对外界所做的功小于自由能的减少。这也就是说,在等温过程中,系统所做的功,至多等于自由能的减少。在可逆等温过程中,减少的自由能是系统所能做出的最大功,这样就确定了在一个过程中系统可对外界做功的最大本领,该规律称为**最大功原理**。

由式(6.7.2)可得

$$U = F + TS \tag{6.7.4}$$

即系统内能由两部分组成,自由能是内能的一部分。由式(6.7.3a)和式(6.7.3b)可以看出,这部分能量是与等温过程的功相联系的。在可逆等温过程中,系统对外界所做的功,只等于系统自由能的减少。所以F是内能中可以对外界做功的、自由的部分,这就是"自由能"名称的意义。内能中的另一部分TS是不能转变为功的能量,乘积TS称为系统的束缚能。由此还可以知道熵增加使得系统内能中的束缚能增大,而可以对外界做功的自由能相对来说减小,也就是说,**熵增加使得能量贬值**。

由最大功原理式(6.7.3a)和式(6.7.3b)知,在等温过程中,系统的自由能的变化和对外界所做的功满足如下关系:

$$\mathrm{d}F \leqslant -đA'$$

显然,在只有体积变化功的情形下,当体积不变时,即$đA'=0$时,知

$$\mathrm{d}F \leqslant 0$$

即在等温等体条件下系统的自由能永不增加。于是得到热力学系统的等温等体过程的自由能判据:**在等温等体条件下,系统中所发生的不可逆过程总是沿着自由能减小的方向进行**,达到平衡时,系统的自由能最小。所以,可以用自由能的变化判断等温等体过程进行的方向。

这里需要作一点说明,如果所研究的系统是只有两个物态参量的简单系统,当系统的初态是具有确定的T、V值时,系统将不会再发生热力学意义上的变化。在这里,我们讨论的实际上是更为复杂的系统,如多元系(多种物质组成的系统,如合金等)或复相系(指有两个以上的相,如冰水系统就是单元复相系)。这些系统在T、V确定后,其状态仍可能发生变化。

6.7.2 吉布斯函数

实际问题中也往往会遇到约束在等温等压条件下的系统。考虑一个温度T和压强p可控制不变的系统。做功可以有多种方式,即不仅有体积功,还有非体积功。记非体积功为$đA''$,则系统对外界做功为

$$đA' = p\mathrm{d}V + đA''$$

代入最大功原理式(6.7.3a)中,则有

$$p\mathrm{d}V + đA'' \leqslant -\mathrm{d}F$$

若过程是既等温又等压的过程,则

$$đA'' \leqslant -\mathrm{d}F - p\mathrm{d}V = -\mathrm{d}(F + pV) \tag{6.7.5}$$

由于 F 为状态函数，p、V 为物态参量，则 $F+pV$ 构成系统的另一个状态函数，称为吉布斯自由能(Gibbs free energy)或**吉布斯函数**，记为 G。于是，可以由系统的自由能、压强和体积定义系统的吉布斯函数为

$$G = F + pV \tag{6.7.6}$$

又由 $F=U-TS$ 知

$$G = U + pV - TS$$

因为 $U+pV=H$ 为系统的焓，则吉布斯函数又可定义为

$$G = H - TS \tag{6.7.7}$$

由此可知

$$H = G + TS \tag{6.7.8}$$

这表明，吉布斯函数是在等温等压过程中，热力学系统的可以用来对外界做功的那一部分焓。所以，吉布斯函数又称为吉布斯自由焓，简称**自由焓**(free enthalpy)。

由式(6.7.5)和式(6.7.6) 知

$$đA'' \leqslant -\mathrm{d}G \tag{6.7.9}$$

如果 $đA''=0$，则

$$\mathrm{d}G \leqslant 0 \tag{6.7.10}$$

这说明，在除体积功以外没有其他形式的功存在的情况下，热力学系统的吉布斯函数永不增加。于是有：在等温等压条件下，系统中的**不可逆过程总是沿着吉布斯函数减小的方向进行，当达到热平衡态时，系统的吉布斯函数最小**。这是热平衡的自由焓判据。由于许多的热力学过程(如化学反应、相变等)是在大气压下进行的，这个判据具有特殊的重要意义。

类似地，如果所研究的系统是只有两个物态参量的简单系统，当系统的初态是具有确定 T、p 值的平衡时，系统将不会再发生热力学意义上的变化。我们在这里实际上是讨论更为复杂的系统，如复相系或多元系。这些系统在 T、p 确定后，其状态仍可能发生变化。

6.7.3 热力学方程

将热力学第二定律 $\mathrm{d}S \geqslant đQ/T$ 应用于可逆过程，则有

$$T\mathrm{d}S = đQ = \mathrm{d}U - đA$$

在只有体积功的条件下，$đA = -p\mathrm{d}V$，于是有

$$\mathrm{d}U = T\mathrm{d}S - p\mathrm{d}V \tag{6.7.11}$$

式(6.7.11)是热力学第一定律和第二定律直接应用于仅有体积功的 p-T-V 系统的结果，表示热力学系统的不同形式的能量之间满足的基本关系，所以式(6.7.11)常称为**热力学基本方程**。

由焓的定义 $H=U+pV$ 知

$$\mathrm{d}H = \mathrm{d}U + p\mathrm{d}V + V\mathrm{d}p$$

与热力学基本方程式(6.7.11)联立，则得

$$\mathrm{d}H = T\mathrm{d}S + V\mathrm{d}p \tag{6.7.12}$$

此即是用**焓表示的热力学方程**。

有时我们需要知道 T、V 变化时自由能 F 的变化。由自由能的定义 $F=U-TS$ 知

$$dF = dU - TdS - SdT$$

与热力学基本方程式(6.7.11)联立，则有

$$dF =- SdT - pdV \tag{6.7.13}$$

此即是用**自由能表示的热力学方程**。

有时我们需要知道 T、p 变化时自由焓 G 的变化。由吉布斯函数(自由焓)的定义 $G=U+pV-TS$ 知

$$dG = dU - TdS - SdT + pdV + Vdp$$

与热力学基本方程式(6.7.11)联立，则得

$$dG =- SdT + Vdp \tag{6.7.14}$$

此即是用**自由焓表示的热力学方程**。

总之，一个热力学系统有 5 个态函数：内能 U、焓 H、熵 S、自由能 F、自由焓 G，还有 3 个典型的物态参量：压强 p、体积 V 和温度 T。这些量之间有 4 个关系，即式(6.7.11)～式(6.7.14)表示的 4 个热力学方程。考察这 4 个方程可知，熵具有与物态参量 p、V、T 同等重要的地位，所以常称为最基本的热力学量。由于状态函数可以表示为物态参量的函数，在此基础上可以建立一系列微分关系式。上述热力学方程及微分关系构成热力学的数学框架，由此可以讨论可逆热力学或平衡态热力学的性质和基本规律。

第6章思考题

6.1 为什么热力学第二定律可以有多种不同的表述形式？试任选一种宏观实际过程表述热力学第二定律。

6.2 普朗克针对焦耳热功当量的实验提出：不可能制造一个机器，在循环动作中把一个重物升高而同时使一个热库冷却。这就是热力学第二定律的普朗克表述，试由开尔文表述论证该表述成立。

6.3 用热力学第一定律和第二定律分别证明，对于任何物质，在 p-V 图上，绝热线与等温线不能有两个交点。

6.4 下列过程是否可逆？为什么？(1)桌上热餐变凉；(2)通过活塞缓慢地压缩容器中的气体(设活塞与器壁间无摩擦)；(3)糖在水中溶解；(4)高速行驶的汽车突然刹车停止；(5)将封闭在导热性能不好的容器里的空气浸到恒温的热浴中，使其温度缓慢地由原来的 T_1 升到热浴的温度 T_2；(6)无支持的物体自由下落；(7)光合作用；(8)木头或其他燃料的燃烧。

6.5 试判断下列结论是否正确？为什么？(1)不可逆过程一定是自发的，而自发过程一定是不可逆的；(2)自发过程的熵总是增加的；(3)为了计算由初态出发经绝热不可逆过程到达终态的熵变，可设计一个连接初、终态的某一绝热可逆过程进行计算。

6.6 西风吹过南北纵贯的山脉，空气由山脉西边的谷底越过，流动到山顶到达东边，再向下流动。空气在上升时膨胀，下降时压缩。若认为这样的上升、下降过程是准静态的，试问这样的过程是不是可逆的？若空气中含有大量的水汽，空气从西边流到山顶时就开始凝结成雨，试问这样的过程也是可逆的吗？若仅凝结为云而没有下雨又如何？在这

两个过程中的熵是如何变化的？

6.7 有人认为节流膨胀与准静态绝热膨胀一样都是可逆过程，理由是节流膨胀也能在 T-p 图上画出等焓线。既然节流过程的焓是相等的，等焓线是平衡态点的集合，当然节流过程是可逆过程。这种说法是否正确？为什么？

6.8 一乒乓球瘪了(不漏气)，放在热水中浸泡，它重新鼓起来，是否是一个“从单一热源吸热的系统对外做功的过程”，这违背热力学第二定律吗？

6.9 设想有一装有理想气体的导热容器，放在温度恒定的盛水大容器中，令其缓慢膨胀，这时因为它在膨胀过程中温度不变，所以内能也不变。因此，气体膨胀过程中对外界所做的功在数值上等于由水传给它的热量，如把水看作热源，这一过程是否违背了热力学第二定律？

6.10 如本题图所示，体积为 $2V_0$ 的导热容器，中间用隔板隔开，左边盛有理想气体，压强为 p_0，右边为真空，外界温度恒定为 T_0。

(1) 将隔板迅速抽掉，气体自由膨胀到整个容器，问在此过程中外界对气体做功及传递的热量各等于多少？

(2) 然后，利用活塞 B 将气体缓慢地压缩到原来的体积 V_0，在此过程中外界对气体做功及传热各等于多少？由于有过程(2)，能否说过程(1)是可逆过程？为什么？

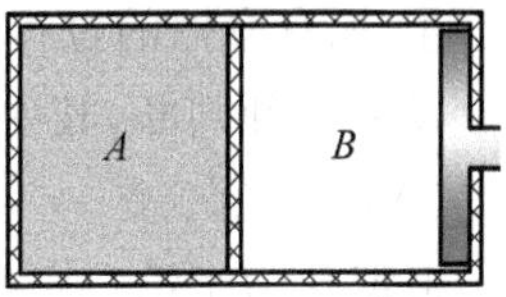

思考题 6.10 图

6.11 在 T-S 图上，画出下列理想气体准静态过程曲线：(1)等体过程；(2)等压过程；(3)等温过程；(4)绝热过程。

6.12 试在 T-S 图、T-u 图、T-V 图、h-V 图上分别画出理想气体的卡诺循环曲线。其中 u、h 分别表示理想气体的单位质量的内能和单位质量的焓。

6.13 有人声称设计出一种热机可工作于两个温度恒定的热源之间，高温热源和低温热源分别为 $T_1=400\text{K}$ 和 $T_2=250\text{K}$；当热机从高温热源吸收热量为 $2.5\times10^7\,\text{cal}$ 时，对外做功 $20\text{kW}\cdot\text{h}$，而向低温热源放出的热量恰为两者之差，这可能吗？

6.14 北方的酷暑季节有时比较干燥，在这种情况下即使气温高过体温，人们还是可以通过汗的蒸发将身体的热量向外散发。这违背热力学第二定律吗？

6.15 在一个卡诺循环中，整个系统(工作物质＋高温热源＋低温热源)的熵是否增加了？这是否是熵增加原理的体现？

6.16 地球每天要吸收一定太阳光的热量 Q_1，同时又向太空排放一定的热量 Q_2，平均来说 $Q_1=Q_2$(为什么?)。这两个过程是可逆的吗？这两个过程合起来使地球的熵增加还是减少？是否违背熵增加原理？

6.17 熵的负值被定义为负熵。有人说“人们在地球上的日常活动中并没有消耗能量，而是不断地消耗负熵。”他的说法对吗？

6.18 一定量的气体经历绝热自由膨胀。既然是绝热的，即 $đQ=0$，那么熵变也应为零。这种说法对吗？为什么？

6.19 在两个体积相同、温度相等的球形容器中，盛有质量相等的同一种气体，当连接两容器的阀门打开时，系统的熵如何变化？

6.20 冰融化成水需要吸热，因而其熵是增加的；但水结成冰，这时要放热，即 $\mathrm{d}Q$ 为负，其熵是减少的。这是否违背了熵增加原理？试解释之。

6.21 在进行可逆的绝热膨胀过程中，其热力学系统的热力学概率 W 将如何变化？

6.22 把盛有 1mol 气体的容器等分成 100 个小格，如果分子在任意一个小格内的概率都相等，试计算所有分子都跑进同一小格的概率。

第 6 章习题

6-1 关于可逆过程和不可逆过程的判断：

① 可逆热力学过程一定是准静态过程；

② 准静态过程一定是可逆过程；

③ 不可逆过程就是不能向相反方向进行的过程；

④ 凡有摩擦的过程，一定是不可逆过程

以上 4 种判断，其中正确的是________。

(A) ①、②、③　(B) ①、②、④　(C) ②、④　(D) ①、④

6-2 根据热力学第二定律可知________。

(A) 功可以全部转换为热，但热不能全部转换为功

(B) 热可以从高温物体传到低温物体，但不能从低温物体传到高温物体

(C) 不可逆过程就是不能向相反方向进行的过程

(D) 一切与热现象有关的自发过程都是不可逆的

6-3 热力学第二定律表明________。

(A) 不可能从单一热源吸收热量使之全部变为有用的功

(B) 在一个可逆过程中，工作物质净吸热等于对外界做的功

(C) 摩擦生热的过程是不可逆的

(D) 热量不可能从温度低的物体传到温度高的物体

6-4 设有以下一些过程：

① 两种不同气体在等温下互相混合；　② 理想气体在定体下降温；

③ 液体在等温下汽化；　④理想气体在等温下压缩；

⑤ 理想气体绝热自由膨胀

在这些过程中，使系统的熵增加的过程是________。

(A) ①、②、③　(B) ②、③、④　(C) ③、④、⑤　(D) ①、③、⑤

6-5 关于在相同的高温恒温热源和相同的低温恒温热源之间工作的各种热机的效率，以及它们在每一循环中对外界所做的净功，有以下几种说法，其中正确的说法是________。

(A) 这些热机的效率相等，它们在每一循环中对外界做的净功也相等

(B) 不可逆热机的效率一定小于可逆热机的效率，不可逆热机在每一循环中对外界所做的净功一定小于可逆热机在每一循环中对外界所做的净功

(C) 各种可逆热机的效率相等，但各种可逆热机在每一循环中对外界所做的净功不一定相等

(D) 这些热机的效率及它们在每一循环中对外界所做的净功大小关系都无法断定

6-6　一定量的理想气体经节流膨胀后，其________。

(A) 温度不变，熵增加　　(B) 温度降低，熵增加

(C) 温度不变，熵不变　　(D) 温度降低，熵不变

6-7　某空调器是由采用可逆卡诺循环的制冷机所制成。它工作于某房间(设其温度为 T_2)及室外(设其温度为 T_1)之间，消耗的功率为 P。

(1) 若在 1s 内它从房间吸取热量 Q_2，向室外放热 Q_1，则 Q_2 是多大？(以 T_1、T_2 表示)。

(2) 若室外向房间的热流遵循牛顿冷却定律，即 $\mathrm{d}Q/\mathrm{d}t=-D(T_1-T_2)$，其中 D 是与房屋结构有关的常数。试问制冷机长期连续运转后，房间所能达到的最低温度 T_2 是多大？(以 T_1、P、D 表示)。

(3) 若室外温度为 30℃，温度控制器开关使其间断运转 30% 的时间(例如开了 3min 就停 7min，如此交替开停)，发现这时室内保持 20℃ 温度不变。试问在夏天仍要求维持室内温度 20℃，则该空调器可允许正常运转的最高室外温度是多少？

(4) 在冬天，制冷机从外界吸热，向室内放热，制冷机起了热泵的作用，仍要求维持室内为 20℃，则它能正常运转的最低室外温度是多少？

6-8　一制冰机低温部分的温度为 −10℃，散热部分的温度为 35℃，所耗功率为 1500W，制冰机的制冷系数是逆向卡诺循环制冷机制冷系数的 1/3。今用此制冰机将 25℃ 的水制成 −10℃ 的冰，问制冰机每小时能制冰多少千克？(已知冰的熔解热为 334kJ/kg，冰的比热为 2.09kJ/(kg・K))

6-9　你一天约向周围环境散发 8×10^6J 的热量。试估算你一天产生多少熵？忽略你进食带进体内的熵，环境的温度按 273K 计算。

6-10　试计算质量为 8.0g 的氧气(视为刚性分子理想气体)，在由温度 $t_1=80$℃、体积 $V_1=10$L 变成温度 $t_2=300$℃、体积 $V_2=40$L 的过程中熵的增量为多少？

6-11　把 1.00kg 的 0℃ 的冰投入大湖中，设大湖温度比 0℃ 高出一微小量，于是冰逐渐熔化。试计算：(1)冰的熵变；(2)大湖的熵变；(3)两者熵变之和。

6-12　一汽车匀速行驶时，消耗在各种摩擦上的功率是 20kW。求由于这个原因而产生熵的速率(J/(K・s))是多大？设大气温度为 12℃。

6-13　如本题图所示，一长为 0.8m 的圆柱形容器被一薄的活塞分隔成两部分。开始时活塞固定在距左端 0.3m 处。活塞左边充有 1mol 压强为 5×10^5Pa 的氦气，右边充有压强为 1×10^5Pa 的氖气，它们都是理想气体。将气缸浸入 $1\times10^{-3}\mathrm{m}^3$ 的水中，开始时整个系统的温度均匀地处于 25℃。(可不考虑气缸及活塞的热容。)放松以后振动的活塞最后将位于新的平衡位置。试问此时：(1)水温升高多少？(2)活塞将静止在距气缸左边什么位置？(3)整个系统的总熵增加多少？

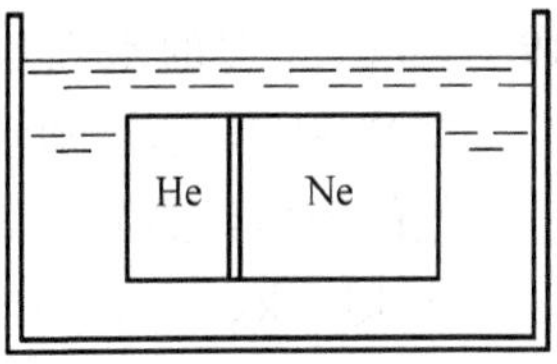

习题 6-13 图

6-14　在一绝热容器中，质量为 m、温度为 T_1 的液体和相同质量的但温度为 T_2 的液体，在一定压强下混合后达到新的平衡态。求从初态到终态系统的熵的变化，并说明熵增

加。已知液体等压比热 c_p 为常数。(注:液体的体膨胀系数是非常小的)

6-15 一热力学系统由 2mol 单原子分子理想气体与 2mol 双原子分子(刚性分子)理想气体混合组成。该系统经历如本题图所示的 $abcda$ 可逆循环过程,其中 ab、cd 为等压过程,bc、da 为绝热过程,且 $T_a=300\text{K}$,$T_b=900\text{K}$,$T_c=450\text{K}$,$T_d=150\text{K}$。求:

(1) ab 过程中系统的熵变;

(2) cd 过程中系统的熵变;

(3) 整个循环中系统的熵变。

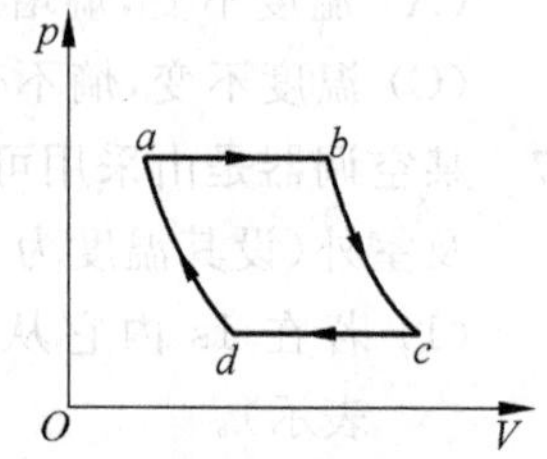

习题 6-15 图

6-16 一实际制冷机工作于两恒温热源之间,热源温度分别为 $T_1=400\text{K}$,$T_2=200\text{K}$。设工作物质在每一循环中,从低温热源吸收的热量为 200cal,向高温热源放热 600cal。

(1) 在工作物质进行的每一循环中,外界对制冷机做了多少功?

(2) 制冷机经过一循环后,热源和工作物质熵的总变化 ΔS 是多少?

(3) 如假设上述制冷机为可逆机,则经过一次循环后,热源和工作物质熵的总变化应是多少?

(4) 若(3)中的可逆制冷机在一次循环中从低温热源吸收的热量仍为 200cal,试用(3)中结果求该可逆制冷机的工作物质向高温热源放出的热量以及外界对它所做的功。

6-17 一实际制冷机工作于两恒温热源之间,热源温度分别为 $T_1=400\text{K}$,$T_2=200\text{K}$。设工作物质在每一循环中,从低温热源吸收的热量为 200cal,向高温热源放热 600cal。

(1) 试由计算数值证明:实际制冷机比可逆制冷机额外需要的外界功值恰好等于 $T_1\Delta S$;

(2) 实际制冷机要外界多做的额外功最后转化为高温热源的内能。设想利用在同样的两恒热源之间工作的可逆热机,把此内能中的一部分再变为有用的功,问能产生多少?

6-18 如本题图所示的循环过程,其中 ab、cd、ef 均为等温过程,其相应的温度分别为 $3T_0$、T_0、$2T_0$;bc、de、fa 均为绝热过程。设该循环过程所包围的面积为 A_1,cd 过程曲线下的面积为 A_2。求 $cdefa$ 过程的熵的增量。

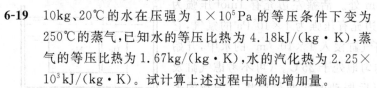

6-19 10kg、20℃的水在压强为 $1\times10^5\,\text{Pa}$ 的等压条件下变为 250℃的蒸气,已知水的等压比热为 $4.18\text{kJ/(kg}\cdot\text{K)}$,蒸气的等压比热为 $1.67\text{kg/(kg}\cdot\text{K)}$,水的汽化热为 $2.25\times10^3\text{kJ/(kg}\cdot\text{K)}$。试计算上述过程中熵的增加量。

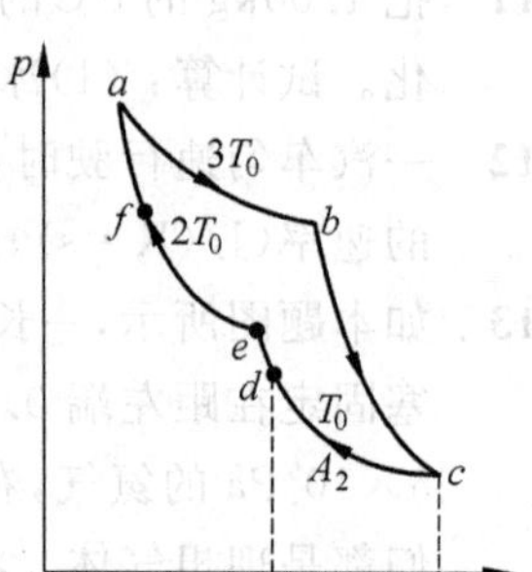

习题 6-18 图

6-20 水的等压比热容是 $4.18\text{kJ/(kg}\cdot\text{K)}$。(1) 1kg、0℃的水与一个 373K 的大热源相接触,当水的温度到达 373K 时,水的熵改变多少?(2)如果先将水与一个 323K 的大热源接触,然后再让它与一个 373K 的大热源接触,求整个系统的熵变;(3)说明怎样才可使水从 273K 变到 373K 而整个系统的熵不变。

6-21 气缸内盛有一定量的氧气(可视为刚性分子的理想气体),做如本题图所示的循环过程,其中 ab 为等温过程,bc 为等体过程,ca 为绝热过程。已知 a 点的物态参量为 p_a、V_a、T_a,b 点的体积 $V_b=3V_a$,求:

(1) 该循环的效率 η;

(2) 从状态 b 到状态 c,氧气的熵变 ΔS。

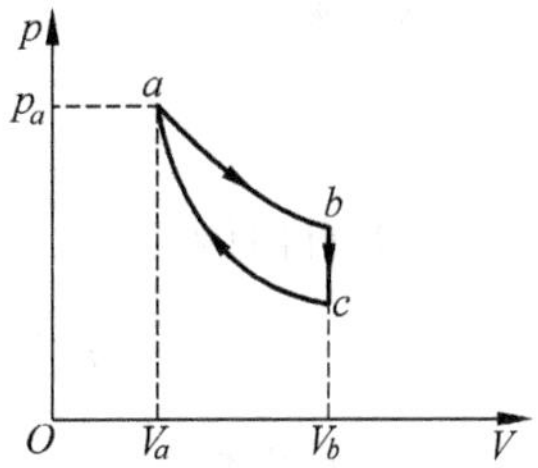

习题 6-21 图

6-22 质量和材料都相同的两个固态物体,其热容量为 C。开始时,两物体的温度分别为 T_1 和 T_2($T_1>T_2$)。今有一热机以这两个物体为高温和低温热源,经若干次循环后,两个物体达到相同的温度,求热机能输出的最大功 $A_{\max}$。

6-23 一直立的气缸被活塞封闭有 1mol 理想气体,活塞上装有重物,活塞及重物的质量为 M,活塞面积为 A,重力加速度为 g,气体的等体摩尔热容 $C_{V,\mathrm{m}}$ 为常数。活塞与气缸的热容及活塞与气缸间摩擦均可忽略不计,整个系统都是绝热的。初始时活塞位置固定,气体体积为 V_0,温度为 T_0。活塞被放松后将振动起来,最后活塞静止于具有较大体积的新的平衡位置,不考虑活塞外的环境压强。试问:(1)气体的温度是升高、降低还是保持不变?(2)气体的熵是增加、减少还是保持不变?(3)计算气体的终态温度 T。

6-24 假设水的等压比热 c_{p1} 是常数,等于 4.18kJ/(kg·K)。在 0.1MPa 下水蒸气的比热 c_{p2} 也是常数,等于 1.985kJ/(kg·K),又知水蒸气的潜热为 2.26×10^3kJ/(kg·K)。试问将 1kg 水在 0.1MPa 下从 273K 加热到 433K 时所发生的焓变和熵变分别是多少?

6-25 1mol 氮气(可视为刚性双原子分子的理想气体)遵循状态变化方程 $pV^2=$常量,现由初态 $p_1=10\text{atm}$,$V_1=10\text{L}$,膨胀至终态 $V_2=40\text{L}$。求:(1)氮气对外界所做的功;(2)氮气内能的增量;(3)氮气熵的增量。

6-26 假定在 100℃和 0.1MPa 下水蒸气的潜热为 $l=2.26\times10^3$kJ/(kg·K),水蒸气的比容(单位质量的体积)为 $v_g=1.65\text{m}^3/\text{kg}$。试计算:

(1) 在汽化过程中所提供的能量用于做机械功的百分比;

(2) 1kg 水在正常沸点下汽化时,其焓、内能、熵的变化。

6-27 已知 24℃、2982.4Pa 的饱和水蒸气的比焓(单位质量的焓)为 2545.0kJ/kg,而在同样条件下的水的比焓为 100.59kJ/kg。求 1kg 这种水蒸气变为相同条件下的水的熵变。

6-28 试证明:在相同的升温范围(由 T_1 加热至 T_2)内,理想气体的可逆等压加热过程中熵的增加值是可逆等体加热过程中熵的增加值的 γ 倍(γ 为比热容比),即 $(\Delta S_p/\Delta S_V)=\gamma$。

6-29 某热力学系统从状态 1 变到状态 2,已知状态 2 的热力学概率是状态 1 的 2 倍,试确定系统熵的增量。

6-30 试根据范德瓦尔斯方程推导出下列热力学函数的表达式:

(1) 熵

$$S(T,V)=\int_{T_0}^{T}\frac{C_V}{T}\mathrm{d}T+\nu R\ln(V-\nu b)+S_0$$

(2) 自由能

$$F(T,V)=\int_{T_0}^{T}C_V\left(1-\frac{T}{T'}\right)\mathrm{d}T'-\frac{\nu^2 a}{V}-\nu RT\ln(V-\nu b)+F_0$$

(3) 自由焓

$$G(T,V)=\int_{T_0}^{T}C_V\left(1-\frac{T}{T'}\right)\mathrm{d}T'+\frac{\nu RTV}{V-\nu b}-\frac{2\nu^2 a}{V}-\nu RT\ln(V-\nu b)+G_0$$

习题参考答案

第 1 章

1-1 B

1-2 C

1-3 A

1-4 C

1-5 (1) 9.08×10^{3} Pa;　　(2) 90.4K

1-6 约 400.5K

1-7 272.9K

1-8 (1) −205.4℃;　　(2) 1.063Pa

1-9 9×10^{-3} m; 3.6×10^{-2} m

1-10 $F=5.4\times10^{3}$ N

1-11 $\dfrac{(M_1-M_2)RT}{(p_1-p_2)V}$

1-12 15.5%

1-13 9.6 天

1-14 (1) 0.75×10^{5} Pa;　　(2) 0.002kg

1-15 0.997×10^{5} Pa

1-16 1.48×10^{-3} kg

1-17 637 次

1-18 870 个; 660.8kg

1-19 28.9×10^{-3} kg/mol, 1.29kg/m^3

1-20 氧气 1atm, 氮气 2.5atm, 混合气体 3.5atm

1-21 氦气 1.33×10^{4} Pa, 氖气 4.0×10^{3} Pa, 总压强 1.73×10^{4} Pa

1-22 1.47×10^{-4} m^3

1-23 14

第 2 章

2-1 D

2-2 D

2-3 B

2-4 C

2-5 6.08kg/m^3

2-6 25cm^{-3}

2-7 6.7×10^{-20}J, 1.6×10^{-52}J

2-8 1.88×10^{18}个

2-9 4.14×10^{5}J; 2.76×10^{5}Pa

2-10 0.023Pa

2-11 (1) $2.45\times10^{25}\mathrm{m}^{-3}$； (2) 1.14kg/m^3； (3) 4.65×10^{-26}kg； (4) 3.44×10^{-9}m； (5) 6.21×10^{-21}J

2-12 (1) 8.27×10^{-21}J； (2) 400K

2-13 (1) 485m/s； (2) 28.9

2-14 2.7×10^{-5}m/s

2-15 3.5×10^{-4}m/s; 30m

2-16 $3.58\times10^{27}\mathrm{s}^{-1}$

2-17 (1) $2\times10^{26}\mathrm{m}^{-3}$； (2) 4.15×10^{23}； (3) 略； (4) 6.73×10^{-20}J

2-18 9.19×10^{7}Pa

2-19 略

2-20 342K； $2.8\times10^{-5}\mathrm{m}^3$

2-21 398K

第 3 章

3-1 C

3-2 D

3-3 B

3-4 D

3-5 C

3-6 C

3-7 395m/s； 446m/s； 483m/s

3-8 4.94×10^{16}

3-9 0.969

3-10 $\sqrt{\dfrac{2m}{\pi kT}}$

3-11 (a) $0,\dfrac{a^2}{3},\dfrac{a}{2}$； (b) $a,\dfrac{4a^2}{3}$； (c) $0,\dfrac{a^2}{6}$

3-12 (1) 略； (2) $\dfrac{1}{v_0}$； (3) $\dfrac{1}{2}v_0$

3-13 (1) $\dfrac{2N}{3v_0}$； (2) $\dfrac{N}{3}$； (3) $\dfrac{11}{9}v_0$

3-14 $\dfrac{16\pi}{625}\left(\dfrac{a}{\pi}\right)^{\frac{3}{2}}\cdot \mathrm{e}^{-64a}$

3-15 0.83%

3-16 $\dfrac{\mathrm{d}M}{\mathrm{d}t}=\sqrt{\dfrac{M_{\mathrm{m}}}{2\pi RT}}S(p_1-p_2)$

3-17 $\frac{kT}{m}, \frac{1}{2}kT$

3-18 2.3×10^{3}m

3-19 2.0×10^{3}m

3-20 1.13×10^{5}m

3-21 略；$\frac{1}{2}kT$；$\frac{3}{2}kT$

3-22 kT

3-23 10^{18}K

3-24 2.1×10^{-22}kg

3-25 6.42K；6.67×10^{-4}Pa；2.00×10^{3}J；1.33×10^{-22}J

3-26 7.31×10^{6}J；4.16×10^{4}J；0.856m/s

3-27 (1) 1.35×10^{5}Pa； (2) 7.5×10^{-21}J；362K

3-28 2.2kg；3.2kg

3-29 (1) 8.28×10^{-21}J； (2) 400K

3-30 5.89×10^{3}J/K

3-31 略

第 4 章

4-1 D

4-2 A

4-3 B

4-4 A

4-5 C

4-6 2.1×10^{-3}m；$8.1\times10^{9}\text{s}^{-1}$

4-7 9.5×10^{-6}m；$4.5\times10^{7}\text{s}^{-1}$

4-8 $3.87\times10^{9}\text{s}^{-1}$

4-9 (1) 1.4； (2) 3.45×10^{-7}m； (3) 1.1×10^{-7}m

4-10 10^{-6}m

4-11 (1) 2.9×10^{-10}m； (2) $1.9\times10^{10}\text{s}^{-1}$

4-12 略

4-13 略

4-14 (1) 3679； (2) 67； (3) 2387；
(4) 37； (5) 不能确定

4-15 2.65×10^{-7}m

4-16 2.36×10^{-2}J/(m·s·K)

4-17 1.3×10^{-7}m；2.5×10^{-10}m

4-18 (1) 2.83； (2) 0.112； (3) 0.112

4-19 9.8rad/s

4-20 $f=\frac{p}{2}\cdot\sqrt{\frac{2M_m}{\pi RT}}\cdot(v_A-v_B)$

第 5 章

5-1 C

5-2 A

5-3 A

5-4 B

5-5 D

5-6 −2444.4kJ/kg

5-7 2.47×10^7J/mol

5-8 (1) $A=0, Q=\Delta U=623.25$J；(2) $\Delta U=623.25$J；$Q=1038.75$J；$A=-415.5$J；(3) $Q=0$；$A=\Delta U=623.25$J

5-9 (1) $\Delta U=0, Q=-A=-786$J；(2) $Q=0, A=\Delta U=906$J；(3) $Q=-1985$J, $\Delta U=-1418$J, $A=567$J

5-10 (1) 1.5×10^{-2}m^3；(2) 1.13×10^5Pa；(3) $\Delta U=239$J

5-11 7×10^3J

5-12 (1) 2.72×10^3J；(2) 2.20×10^3J

5-13 (1) 1.2；(2) $\Delta U=-63$J；(3) $Q=63$J；(4) 126J

5-14 9×10^4Pa；12.3×10^3m^3；256K

5-15 (1) 略；(2) 1.25×10^4J；(3) $\Delta U=0$；(4) 1.25×10^4J

5-16 (1) −938J；(2) −1435J

5-17 2.52×10^4J；6.3×10^3J

5-18 (1) 702J；(2) 507J

5-19 (1) $\Delta T_A=\Delta T_B=6.7$K, $Q_A=139.2$J, $Q_B=195.2$J；(2) $\Delta T_A=11.4$K, $\Delta T_B=0$K, $Q_A=334.4$J, $Q_B=0$J

5-20 (1) 2.02×10^3J；(2) 1.29×10^4J

5-21 略

5-22 (1) νRT_0；(2) $\frac{3}{2}T_0$；(3) $\frac{21}{4}T_0$；(4) $\frac{19}{2}p_0V_0$

5-23 696m

5-24 473K；42.3%

5-25 13.4%

5-26 (1) 略；(2) $T_c=T\left(\frac{V_1}{V_2}\right)^{\gamma-1}$；(3) 略；

(4) $1-\dfrac{1-\left(\dfrac{V}{V_2}\right)^{\gamma-1}}{(\gamma-1)\ln\dfrac{V_2}{V_1}}$

5-27 $\eta=1-\dfrac{T_3}{T_2}$；$\varepsilon=\dfrac{T_3}{T_2-T_3}$

5-28 略

5-29 5.86×10^8J

5-30 (1) 1→2 过程：$\Delta U_1=\dfrac{5}{2}RT_1, A_1=\dfrac{1}{2}RT_1, Q_1=3RT_1$；2→3 过程：$\Delta U_2=-\dfrac{5}{2}RT_1$，$A_2=\dfrac{5}{2}RT_1, Q_2=0$；3→1 过程：$\Delta U_3=0, A_3=-2.08RT_1, Q_3=-2.08RT_1$；

(2) 30.7%

5-31 (1) 略；　(2) $T_b=424$K，$T_c=848$K，$T_d=721$K；

(3) 吸热 $Q_{bc}=1.65\times10^3$J，放热 $|Q_{da}|=1.24\times10^2$J

5-32 (1) 略；　(2) 7.16×10^{-2}kg

5-33 10.4%

第 6 章

6-1 D

6-2 D

6-3 C

6-4 D

6-5 C

6-6 A

6-7 (1) $\dfrac{T_2P}{T_1-T_2}$；　(2) $T_1+\left(\dfrac{P}{2D}-\dfrac{1}{2}\sqrt{\left(\dfrac{P}{D}\right)^2+4T_1\dfrac{P}{D}}\right)$；　(3) 38.11℃；

(4) 1.59℃

6-8 22kg

6-9 3.4×10^3J/K

6-10 5.4J/K

6-11 (1) 1225J/K；　(2) −1225J/K；　(3) 0

6-12 70J/(K·s)

6-13 (1) 不变；　(2) 0.6m；　(3) 3.22J/K

6-14 略

6-15 (1) 1.10×10^2J/K；　(2) -1.10×10^2J/K；　(3) 0

6-16 (1) 1672J；　(2) 2.09J/K；　(3) 0；

(4) 1672J，836J

6-17 (1) 略；　(2) 418J

6-18 $\dfrac{A_2-A_1}{T_0}$

6-19 7.61×10^4 J/K

6-20 (1) 1.30×10^3 J/K； (2) 97J/K； (3) 略

6-21 (1) 19.0%； (2) $-\frac{p_a V_a}{T_a}\ln 3$

6-22 $C(T_1+T_2)-2C\sqrt{T_1 T_2}$

6-23 (1) 略； (2) 略； (3) $T=\frac{1}{\gamma}\left(T_0+\frac{Mg}{AC_{V,\mathrm{m}}}V_0\right)$

6-24 2.8×10^6 J；7.7×10^3 J/K

6-25 (1) 7.6×10^3 J； (2) −1.90×10^4 J； (3) −17.3J/K

6-26 (1) 7.4%； (2) 2.26×10^6 J，2.1×10^6 J，6.06×10^6 J/K

6-27 −8.25kJ/K

6-28 略

6-29 0.96×10^{-23} J/K

6-30 略

主要参考书目

[1] 李椿,章立源,钱尚武.热学[M].2版.北京：高等教育出版社,2008.
[2] 刘玉鑫.大学物理通用教程——热学[M].北京：北京大学出版社,2002.
[3] 黄淑清,聂宜如,申先甲.热学教程[M].3版.北京：高等教育出版社,2011.
[4] 秦允豪.普通物理学教程——热学[M].2版.北京：高等教育出版社,2004.
[5] 赵凯华,罗蔚茵.新概念物理教程——热学[M].北京：高等教育出版社,1998.
[6] 包科达.热学教程[M].北京：科学出版社,2011.
[7] 常树人.热学[M].天津：南开大学出版社,2001.
[8] 吴瑞贤,章立源.热学研究[M].成都：四川大学出版社,1987.
[9] 梁绍荣,刘昌年,盛正华.普通物理学·第二分册——热学[M].3版.北京：高等教育出版社,2006.
[10] 张三慧.大学物理·第二册——热学[M].2版.北京：清华大学出版社,2001.
[11] 吴百诗.大学物理(上册)[M].第3次修订本B.西安：西安交通大学出版社,2009.
[12] 邓开明,潘国顺,华文玉.大学物理(上册)[M].北京：机械工业出版社,2006.
[13] 汪志诚.热力学·统计物理[M].4版.北京：高等教育出版社,2008.
[14] 赵凯华.定性与半定量物理学[M].2版.北京：高等教育出版社,2008.
[15] 冯端,冯步云.熵[M].北京：科学出版社,1992.
[16] 夏学江.工科大学物理课程试题库[M].3版.北京：清华大学出版社,2003.
[17] Ashley H. Carter. Classical and statistical thermodynamics[M].北京：清华大学出版社,2007.